衝撃ミステ
ファイ

UFO《ユーフォー》 宇宙人《うちゅうじん》

大《だい》図《ず》鑑《かん》

編著：宇宙ミステリー研究会

西東社

本《ほん》物《もの》! UFO・宇《う》宙《ちゅう》人《じん》写《しゃ》真《しん》集《しゅう》

山《やま》口《ぐち》敏《びん》太《た》郎《ろう》㊙《ひ》レポート

UFO・宇宙人《うちゅうじん》は本当《ほんとう》にいる! 世界各地《せかいかくち》で目撃《もくげき》された驚《おどろ》きのUFO・宇宙人《うちゅうじん》の写真《しゃしん》を研究家《けんきゅうか》、山口敏太郎《やまぐちびんたろう》が厳選《げんせん》してレポートする!

山《やま》口《ぐち》敏《びん》太《た》郎《ろう》とは?

作家《さっか》、オカルト研究家《けんきゅうか》。山口敏太郎《やまぐちびんたろう》タートルカンパニー代表取締役《だいひょうとりしまりやく》。妖怪《ようかい》から宇宙人《うちゅうじん》、超常現象《ちょうじょうげんしょう》まで幅広《はばひろ》く奇妙《きみょう》・奇怪《きかい》な物《もの》ごと・現象《げんしょう》について調査《ちょうさ》している。

FILE《ファイル》 01 突《とつ》如《じょ》、公《こう》園《えん》に現《あらわ》れた宇《う》宙《ちゅう》人《じん》・UFO!

山《やま》口《ぐち》レポ

これは2012年《ねん》12月《がつ》に中国《ちゅうごく》・遼寧省《りょうねいしょう》の森林公園《しんりんこうえん》で、ピクニックを楽《たの》しんでいた若者《わかもの》によって撮影《さつえい》された映像《えいぞう》だ。人間《にんげん》よりはるかに高《たか》い知能《ちのう》を持《も》っている代《か》わりに体力《たいりょく》がないのだろうか? 宇宙人《うちゅうじん》は終始《しゅうし》ふらふらとした動《うご》きをしていた。

出没年《しゅつぼつねん》 2012年《ねん》
出没場所《しゅつぼつばしょ》 中国《ちゅうごく》・遼寧省《りょうねいしょう》
本《ほん》物《もの》認《にん》定《てい》

ファイル
FILE 02

本物《ほんもの》認定《にんてい》

夜空《よぞら》に輝《かがや》く渦巻《うずま》き状《じょう》の光《ひかり》は 異次元《いじげん》への通路《つうろ》か!?

山口《やまぐち》レポ

2009年《ねん》12月《がつ》9日《か》ノルウェー北部《ほくぶ》の上空《じょうくう》に出現《しゅつげん》した渦巻《うずま》き型《がた》の光《ひかり》。回転《かいてん》しながら螺旋《らせん》を描《えが》いていたという。これは異次元《いじげん》への通路《つうろ》、ワームホールが開《ひら》いていく様子《ようす》ではないだろうか…！　UFOがはるか遠《とお》くの宇宙空間《うちゅうくうかん》に帰《かえ》っていく様子《ようす》をとらえた瞬間《しゅんかん》の可能性《かのうせい》がある。

出没年《しゅつぼつねん》　2009年《ねん》

出没場所《しゅつぼつばしょ》　ノルウェー・北部《ほくぶ》

ファイル
FILE 03

闇夜《やみよ》にまぎれて 地球《ちきゅう》に侵入《しんにゅう》か!?

山口《やまぐち》レポ

2003年《ねん》。カリフォルニア州《しゅう》で目撃《もくげき》されたグレイ。カメラのフラッシュがまぶしかったのだろうか、顔《かお》を隠《かく》そうとしている。毛《け》の生《は》えていない頭部《とうぶ》に大《おお》きな目《め》、普通《ふつう》の人間《にんげん》よりもはるかに細《ほそ》い腕《うで》の典型的《てんけいてき》なグレイタイプだ。

出没年《しゅつぼつねん》　2003年《ねん》

出没場所《しゅつぼつばしょ》　アメリカ・カリフォルニア州《しゅう》

本物《ほんもの》認定《にんてい》

ファイル FILE 04

本物《ほんもの》認定《にんてい》

山口《やまぐち》レポ

現在《げんざい》は私《わたし》の妖怪博物館《ようかいはくぶつかん》で展示《てんじ》してある。頭《あたま》は大《おお》きく体《からだ》が異様《いよう》に小《ちい》さいなど、グレイと特徴《とくちょう》が似《に》ている。まるで宇宙人《うちゅうじん》のミイラのようだ。宇宙《うちゅう》からやってきた宇宙人《うちゅうじん》が地球《ちきゅう》の環境《かんきょう》が合《あ》わなかったために、死《し》んでしまってミイラ化《か》したのかもしれない。

正体不明《しょうたいふめい》の宇宙人《うちゅうじん》のミイラか!?

出没年《しゅつぼつねん》 ？

出没場所《しゅつぼつばしょ》 日本《にほん》

ファイル FILE 05

本物《ほんもの》認定《にんてい》

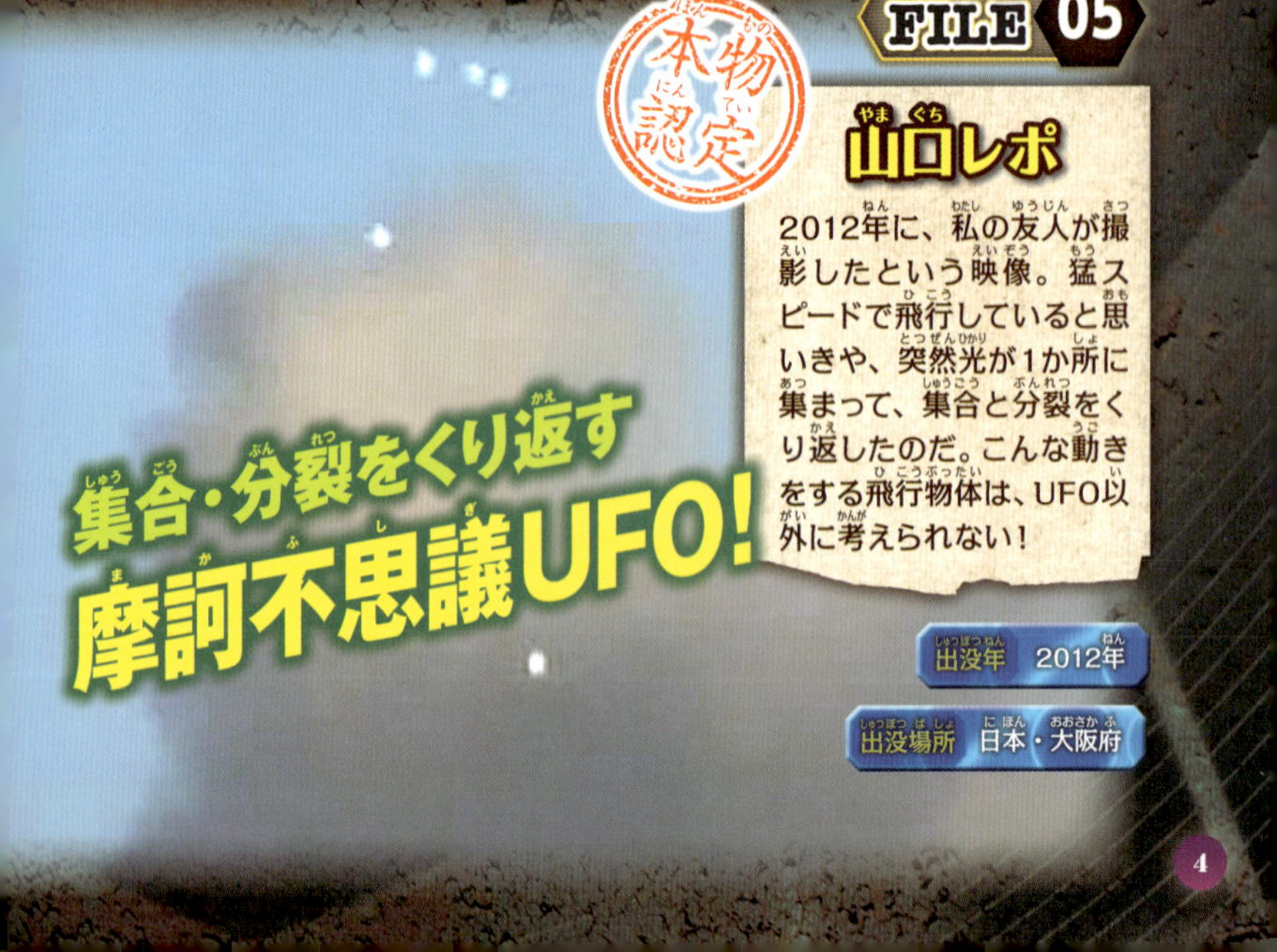

山口《やまぐち》レポ

2012年《ねん》に、私《わたし》の友人《ゆうじん》が撮影《さつえい》したという映像《えいぞう》。猛《もう》スピードで飛行《ひこう》していると思《おも》いきや、突然光《とつぜんひかり》が1か所《しょ》に集《あつ》まって、集合《しゅうごう》と分裂《ぶんれつ》をくり返《かえ》したのだ。こんな動《うご》きをする飛行物体《ひこうぶったい》は、UFO以外《いがい》に考《かんが》えられない！

集合《しゅうごう》・分裂《ぶんれつ》をくり返《かえ》す摩訶不思議《まかふしぎ》UFO!

出没年《しゅつぼつねん》 2012年《ねん》

出没場所《しゅつぼつばしょ》 日本《にほん》・大阪府《おおさかふ》

ファイル
FILE 06

一般《いっぱん》家庭《かてい》に侵入《しんにゅう》したUFO!?

本物《ほんもの》認定《にんてい》

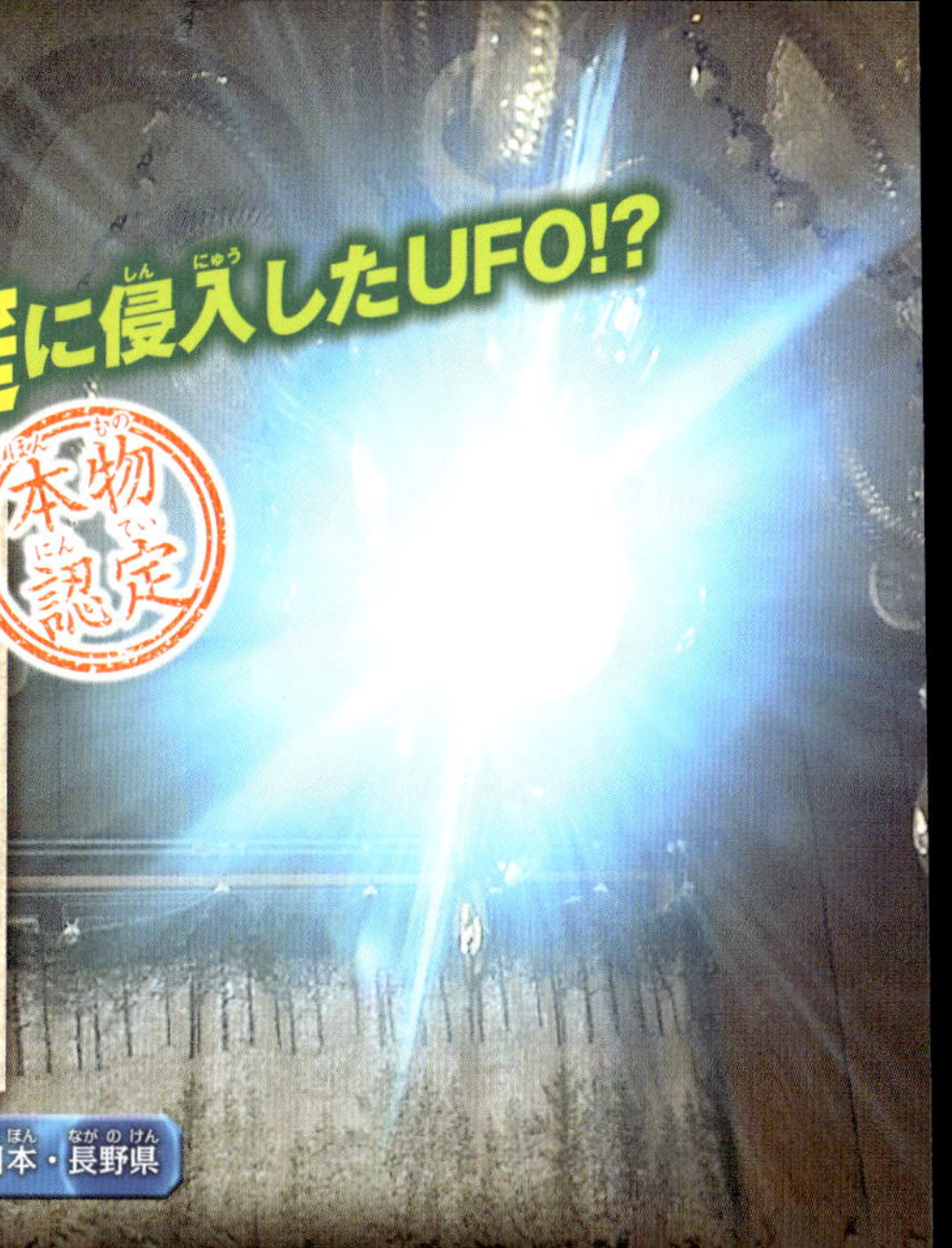

山口《やまぐち》レポ

この写真《しゃしん》は、長野県《ながのけん》に住《す》む一般《いっぱん》の方《かた》から送《おく》られてきたものだ。部屋《へや》の中《なか》に突如《とつじょ》、青《あお》い発光体《はっこうたい》が現《あらわ》れ、数秒後《すうびょうご》にスッと消《き》えてしまったらしい。この光《ひか》る物体《ぶったい》は、家《いえ》に飛《と》び込《こ》んできたUFOなのかもしれない。

出没年《しゅつぼつねん》 2013年《ねん》

出没場所《しゅつぼつばしょ》 日本《にほん》・長野県《ながのけん》

ファイル
FILE 07 P42

農場《のうじょう》に降《お》り立《た》った銀色《ぎんいろ》スーツの宇宙人《うちゅうじん》!

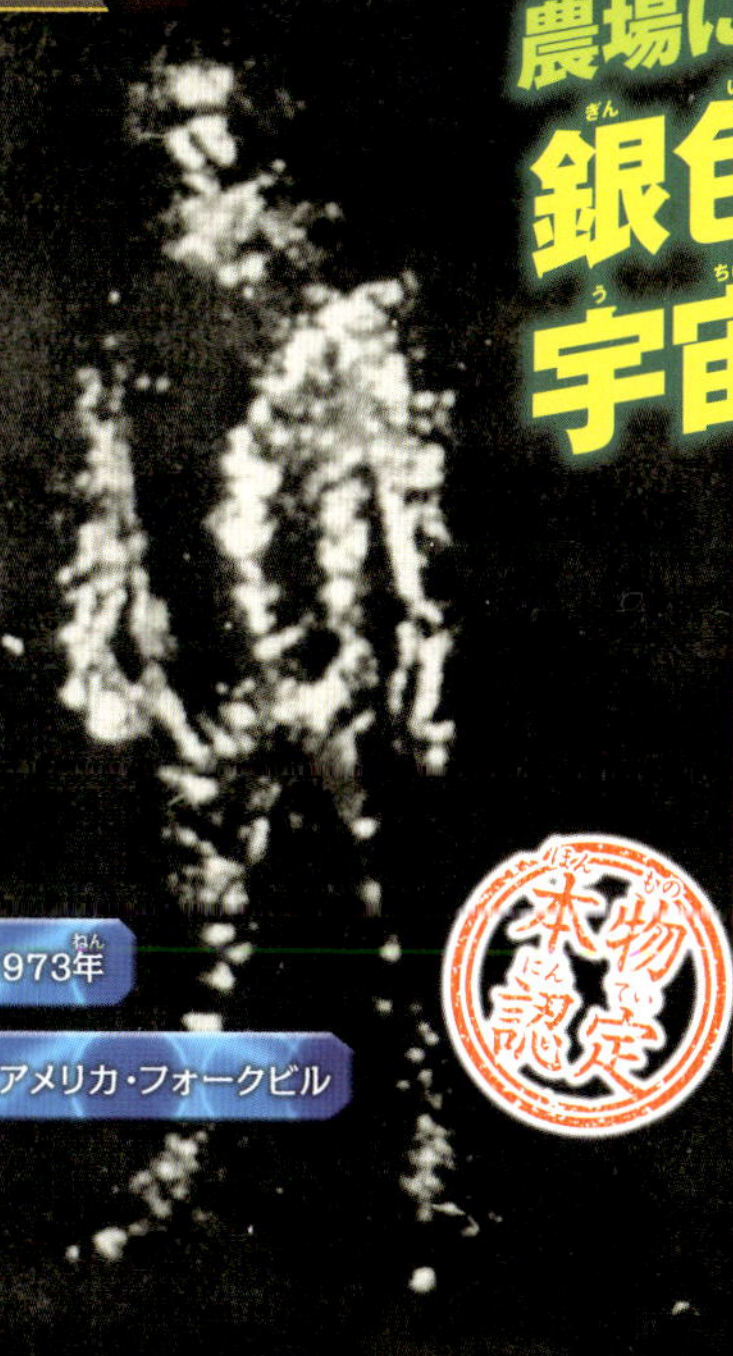

出没年《しゅつぼつねん》 1973年《ねん》

出没場所《しゅつぼつばしょ》 アメリカ・フォークビル

山口《やまぐち》レポ

農場《のうじょう》に着陸《ちゃくりく》したUFOから出《で》てきたという宇宙人《うちゅうじん》。銀色《ぎんいろ》の服《ふく》のようなものをまとっている。この写真《しゃしん》を撮影したのはなんと地元の警察署長《けいさつしょちょう》。そんな人《ひと》がウソをついているとは思《おも》えないし、本物《ほんもの》の可能性《かのうせい》が非常《ひじょう》に高《たか》い!

本物《ほんもの》認定《にんてい》

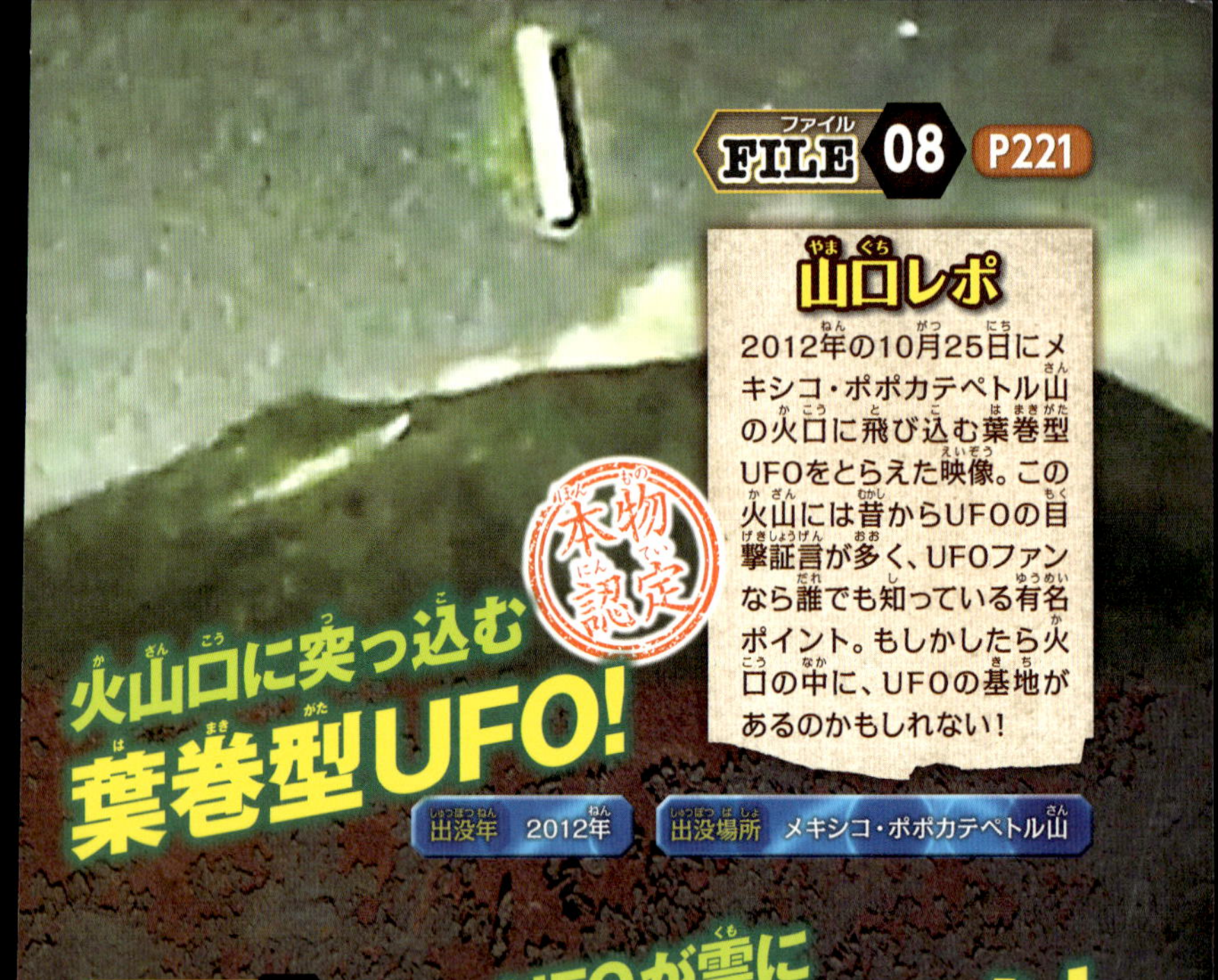

FILE《ファイル》 08

P221

火《か》山《ざん》口《こう》に突《つ》っ込《こ》む 葉《は》巻《まき》型《がた》UFO!

本《ほん》物《もの》認《にん》定《てい》

山《やま》口《ぐち》レポ

2012年《ねん》の10月《がつ》25日《にち》にメキシコ・ポポカテペトル山《さん》の火《か》口《こう》に飛《と》び込《こ》む葉《は》巻《まき》型《がた》UFOをとらえた映像《えいぞう》。この火《か》山《ざん》には昔《むかし》からUFOの目《もく》撃《げき》証《しょう》言《げん》が多《おお》く、UFOファンなら誰《だれ》でも知《し》っている有《ゆう》名《めい》ポイント。もしかしたら火《か》口《こう》の中《なか》に、UFOの基《き》地《ち》があるのかもしれない!

出《しゅつ》没《ぼつ》年《ねん》　2012年《ねん》

出《しゅつ》没《ぼつ》場《ば》所《しょ》　メキシコ・ポポカテペトル山《さん》

FILE《ファイル》 09

P160

UFOが雲《くも》に擬《ぎ》態《たい》した瞬《しゅん》間《かん》をとらえた!

山《やま》口《ぐち》レポ

1974年《ねん》、デンマークのユトランド半《はん》島《とう》中《ちゅう》部《ぶ》、ヴィボーで撮《さつ》影《えい》された雲《くも》を吸《す》い込《こ》むUFO。一《いっ》説《せつ》にはリング雲《くも》ではないかとも言《い》われているが、それにしては上《うえ》の球《きゅう》体《たい》部《ぶ》分《ぶん》の形《けい》状《じょう》がはっきりとしすぎている。やはり、UFOが雲《くも》に擬《ぎ》態《たい》する瞬《しゅん》間《かん》ではないだろうか。

本《ほん》物《もの》認《にん》定《てい》

出《しゅつ》没《ぼつ》年《ねん》　1974年《ねん》

出《しゅつ》没《ぼつ》場《ば》所《しょ》　デンマーク・ヴィボー

ファイル
FILE 10 P40

地球《ちきゅう》の環境《かんきょう》を調査《ちょうさ》しにきた宇宙人《うちゅうじん》か!?

本物《ほんもの》認定《にんてい》

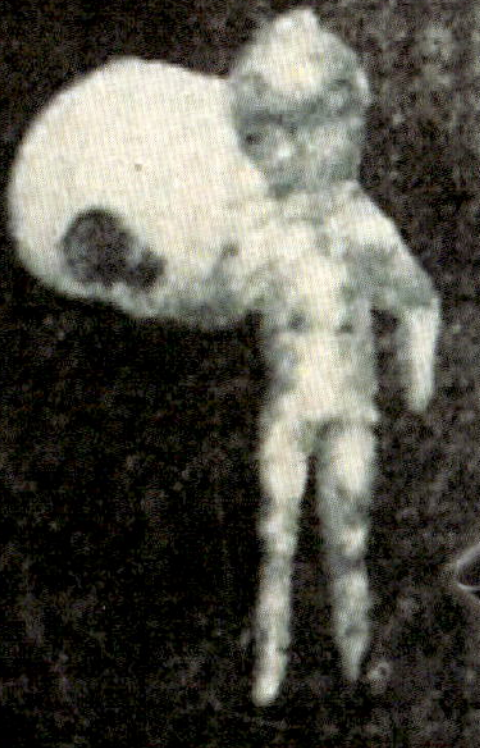

山口《やまぐち》レポ

アメリカ・ノースカロライナ州《しゅう》に住《す》むロニー・ヒル少年《しょうねん》が自宅裏庭《じたくうらにわ》で撮影《さつえい》した宇宙人《うちゅうじん》。この宇宙人《うちゅうじん》はうしろのUFOから降《お》りてくると、手《て》にしていた黒《くろ》い謎《なぞ》の機器《きき》を地面《じめん》に差《さ》し、すぐにUFOの中《なか》に戻《もど》っていったという。地球《ちきゅう》の土《つち》をサンプルとして採取《さいしゅ》していたのかもしれない。

出没年《しゅつぼつねん》　1967年《ねん》
出没場所《しゅつぼつばしょ》　アメリカ・ノースカロライナ州《しゅう》

本物《ほんもの》認定《にんてい》

ファイル
FILE 11

自衛隊《えいたい》基地《きち》にUFO出現《しゅつげん》!

山口《やまぐち》レポ

2015年《ねん》1月《がつ》、千葉県《ちばけん》の自衛隊駐屯地《じえいたいちゅうとんち》にて私《わたし》が偶然《ぐうぜん》撮影《さつえい》した映像《えいぞう》。たまたまイベントで自衛隊基地《じえいたいきち》に行《い》ったら、突然《とつぜん》、白《しろ》く丸《まる》い飛行物体《ひこうぶったい》が出現《しゅつげん》し、そして瞬時《しゅんじ》に消えたのだ! UFOは軍事機密《ぐんじきみつ》を探《さぐ》っていたのだろうか…。

出没年《しゅつぼつねん》　2015年《ねん》
出没場所《しゅつぼつばしょ》　日本《にほん》・千葉県《ちばけん》

ファイル
FILE 12 P84

少女《しょうじょ》の背後《はいご》に光学迷彩《こうがくめいさい》の宇宙人《うちゅうじん》？

本物《ほんもの》認定《にんてい》

山口《やまぐち》レポ

1964年《ねん》5月《がつ》23日《にち》、公園《こうえん》で男性《だんせい》が娘《むすめ》の写真《しゃしん》を撮影《さつえい》した際《さい》に、偶然《ぐうぜん》宇宙人《うちゅうじん》が写《うつ》り込《こ》んだ。父親《ちちおや》はこの写真《しゃしん》を撮影《さつえい》したとき、背後《はいご》には誰《だれ》もいなかったと証言《しょうげん》している。もしかしたら地球人《ちきゅうじん》に姿《すがた》を悟《さと》られないよう、光学迷彩《こうがくめいさい》をまとっていたのかもしれない。

出没年《しゅつぼつねん》　1964年《ねん》
出没場所《しゅつぼつばしょ》　イギリス・カーライル

空《そら》に停止《ていし》する銀色《ぎんいろ》の丸型《まるがた》UFO

ファイル
FILE 13

出没年《しゅつぼつねん》　2014年《ねん》
出没場所《しゅつぼつばしょ》　日本《にほん》・長野県《ながのけん》

本物《ほんもの》認定《にんてい》

山口《やまぐち》レポ

この写真《しゃしん》は知人《ちじん》が中央道《ちゅうおうどう》を走《はし》っていた際《さい》に、撮影《さつえい》した1枚《まい》だ。遠《とお》くではあるが、銀色《ぎんいろ》の物体《ぶったい》が空《そら》に浮《う》かんでいるのがわかる。この物体《ぶったい》は2～3分《ぶん》同《おな》じ位置《いち》に停止《ていし》した後《あと》に、消《き》えたという。

ファイル
FILE 14

全長《ぜんちょう》3kmもの超巨大《ちょうきょだい》UFO!?

山口《やまぐち》レポ

1997年《ねん》3月《がつ》13日《にち》。アメリカ・アリゾナ州《しゅう》フェニックスで撮影《さつえい》された発光体《はっこうたい》。多《おお》くの人《ひと》に目撃《もくげき》されたという超巨大《ちょうきょだい》UFO。写真《しゃしん》などから大《おお》きさを推測《すいそく》すると、なんと1.6kmから3.2kmもの大《おお》きさになるのだ！

本物《ほんもの》認定《にんてい》

出没年《しゅつぼつねん》　1997年《ねん》
出没場所《しゅつぼつばしょ》　アメリカ・フェニックス

FILE《ファイル》 15

最新型《さいしんがた》のUFOは
ここまで複雑化《ふくざつか》していた!?

出没年《しゅつぼつねん》 2007年《ねん》
出没場所《しゅつぼつばしょ》 アメリカ・カリフォルニア州《しゅう》

本物《ほんもの》認定《にんてい》

山口《やまぐち》レポ

2007年《ねん》4月《がつ》にアメリカ・カリフォルニア州《しゅう》に出現《しゅつげん》したドローンズ。この写真《しゃしん》のドローンズは、形状《けいじょう》から見《み》て人《ひと》が乗《の》れるようには見《み》えない。きっと無人偵察《むじんていさつ》機《き》だろう。

FILE《ファイル》 16

本物《ほんもの》認定《にんてい》

山口《やまぐち》レポ

この生物《せいぶつ》は茂《しげ》みの中《なか》で射殺《しゃさつ》されたという。通常《つうじょう》の動物《どうぶつ》に比《くら》べて、かなり長《なが》い顔《かお》をしているのがわかる。もしかすると、これは地球外《ちきゅうがい》からやってきた、エイリアン・アニマルなのかもしれない。

茂《しげ》みの中《なか》の
エイリアンの死体《したい》!?

出没年《しゅつぼつねん》 2012年《ねん》
出没場所《しゅつぼつばしょ》 コロンビア

謎《なぞ》の生物《せいぶつ》の正体《しょうたい》は
グレイの赤《あか》ちゃんか!?

出没年《しゅつぼつねん》 2013年《ねん》
出没場所《しゅつぼつばしょ》 イラン

本物《ほんもの》認定《にんてい》

山口《やまぐち》レポ

2013年《ねん》8月《がつ》、アメリカのUFO研究《けんきゅう》センターに、イラン在住《ざいじゅう》の人物《じんぶつ》から送《おく》られてきたという謎《なぞ》の写真《しゃしん》。サイズはかなり小《ちい》さいが、不釣《ふつ》り合《あ》いに大《おお》きな頭《あたま》と目《め》がグレイタイプの宇宙人《うちゅうじん》に酷似《こくじ》している。これはグレイの胎児《たいじ》かもしれない。

FILE《ファイル》 17

FILE《ファイル》 18 P81

世界《せかい》で初《はじ》めて宇《う》宙《ちゅう》人《じん》をとらえた写真《しゃしん》！

出没年《しゅつぼつねん》 1952年《ねん》

出没場所《しゅつぼつばしょ》 スイス・ベルニナ山脈《さんみゃく》

山口《やまぐち》レポ

1952年《ねん》7月《がつ》31日《にち》にイタリア人《じん》のモングッチが、スイスのベルニナ山脈《さんみゃく》で撮影《さつえい》。この写真《しゃしん》は、世界《せかい》で初《はじ》めて宇《う》宙人《ちゅうじん》を撮影《さつえい》したものと言《い》われている。UFO・宇《う》宙人《ちゅうじん》の歴史《れきし》を語《かた》る上《うえ》で、欠《か》かすことのできない1枚《まい》なのだ！

FILE《ファイル》 19

あり得《え》ない急加速《きゅうかそく》で急《きゅう》旋《せん》回《かい》!!

山口《やまぐち》レポ

1956年《ねん》3月《がつ》5日《か》。ハワイ・ホノルル在住《ざいじゅう》の夫妻《ふさい》が発《はっ》見《けん》した3つのUFO。通常《つうじょう》の飛行機《ひこうき》などではありえない急加速《きゅうかそく》や急上昇《きゅうじょうしょう》など、かなり特徴的《とくちょうてき》な飛《と》び方《かた》をする。この写真《しゃしん》は急旋回《きゅうせんかい》をした一瞬《いっしゅん》だと思《おも》われる。

出没年《しゅつぼつねん》 1956年《ねん》

出没場所《しゅつぼつばしょ》 アメリカ・ハワイ

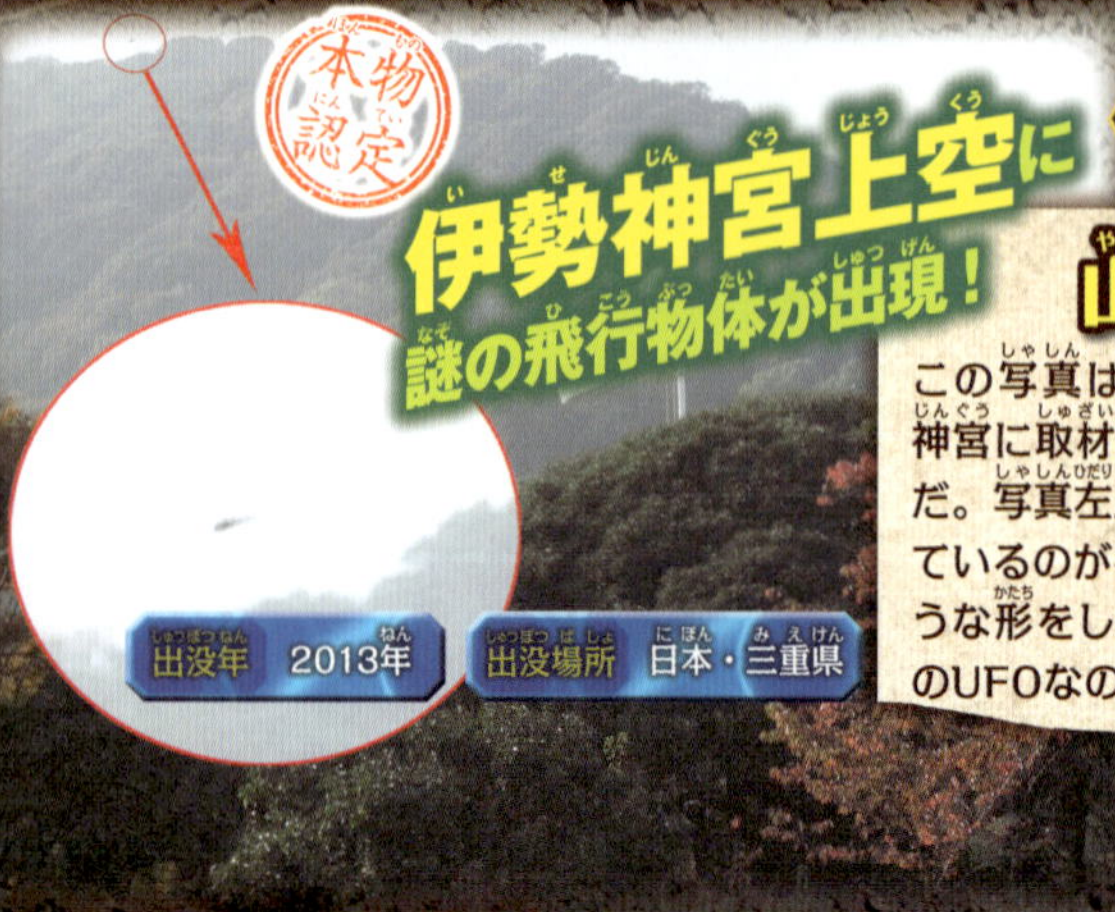

FILE《ファイル》 20

伊《い》勢《せ》神《じん》宮《ぐう》上《じょう》空《くう》に謎《なぞ》の飛《ひ》行《こう》物《ぶつ》体《たい》が出《しゅつ》現《げん》！

出没年《しゅつぼつねん》 2013年《ねん》

出没場所《しゅつぼつばしょ》 日本《にほん》・三重県《みえけん》

山口《やまぐち》レポ

この写真《しゃしん》は私《わたし》が三重県《みえけん》の伊勢《いせ》神宮《じんぐう》に取材《しゅざい》にいったときのものだ。写真左上《しゃしんひだりうえ》に謎《なぞ》の物体《ぶったい》が写《うつ》っているのがわかる。流線型《りゅうせんけい》のような形《かたち》をしている。これも新種《しんしゅ》のUFOなのかもしれない。

小《ちい》さいが人間《にんげん》を誘《ゆう》かいした おそろしい宇宙人《うちゅうじん》

FILE《ファイル》 21 P58

山口《やまぐち》レポ

写真《しゃしん》の撮影《さつえい》に気《き》づいたのか、宇宙人《うちゅうじん》は手《て》を払《はら》うようなしぐさをしてUFOへ戻《もど》って去《さ》ったという。不鮮《ふせん》明《めい》な写真《しゃしん》だが、手《て》の長《なが》い緑色《みどりいろ》の宇宙人《うちゅうじん》が写《うつ》っている。身長《しんちょう》は低《ひく》そうだが、なんと撮影者《さつえいしゃ》がこの宇宙人《うちゅうじん》に誘《ゆう》かいされたのだ!

出没年《しゅつぼつねん》 1987年《ねん》　出没場所《しゅつぼつばしょ》 イギリス・イルクリー

FILE《ファイル》 22 P112

極秘兵器《ごくひへいき》の可能性《かのうせい》も!?

山口《やまぐち》レポ

世界各地《せかいかくち》で報告《ほうこく》されている三角型《さんかくがた》UFO。中《なか》には100人《にん》が同時《どうじ》に目撃《もくげき》した例《れい》もある。この奇妙《きみょう》なUFOはベルギーをはじめ世界各国《せかいかっこく》で目撃《もくげき》されていて、実在性《じつざいせい》はかなり高《たか》い。秘密裏《ひみつり》に開発《かいはつ》された新型《しんがた》の戦闘機《せんとうき》という説《せつ》もある。

出没年《しゅつぼつねん》 1990年《ねん》　出没場所《しゅつぼつばしょ》 ベルギー・リエージュ

PART 2

ＵＦＯ目撃《もくげき》ファイル

PART 3 UFO・宇宙人接近事件《うちゅうじんせっきんじけん》

この本《ほん》の見《み》方《かた》

この本《ほん》はおもに 再現《さいげん》イラスト データ 特徴《とくちょう》 の3つで構成《こうせい》している。また、UFO・宇宙人《うちゅうじん》に関《かん》しては、その形《かたち》・姿《すがた》によってそれぞれタイプ分《わ》けしている。この本《ほん》を読《よ》むにあたり、参考《さんこう》にしてほしい。

PART1・PART2の見《み》方《かた》

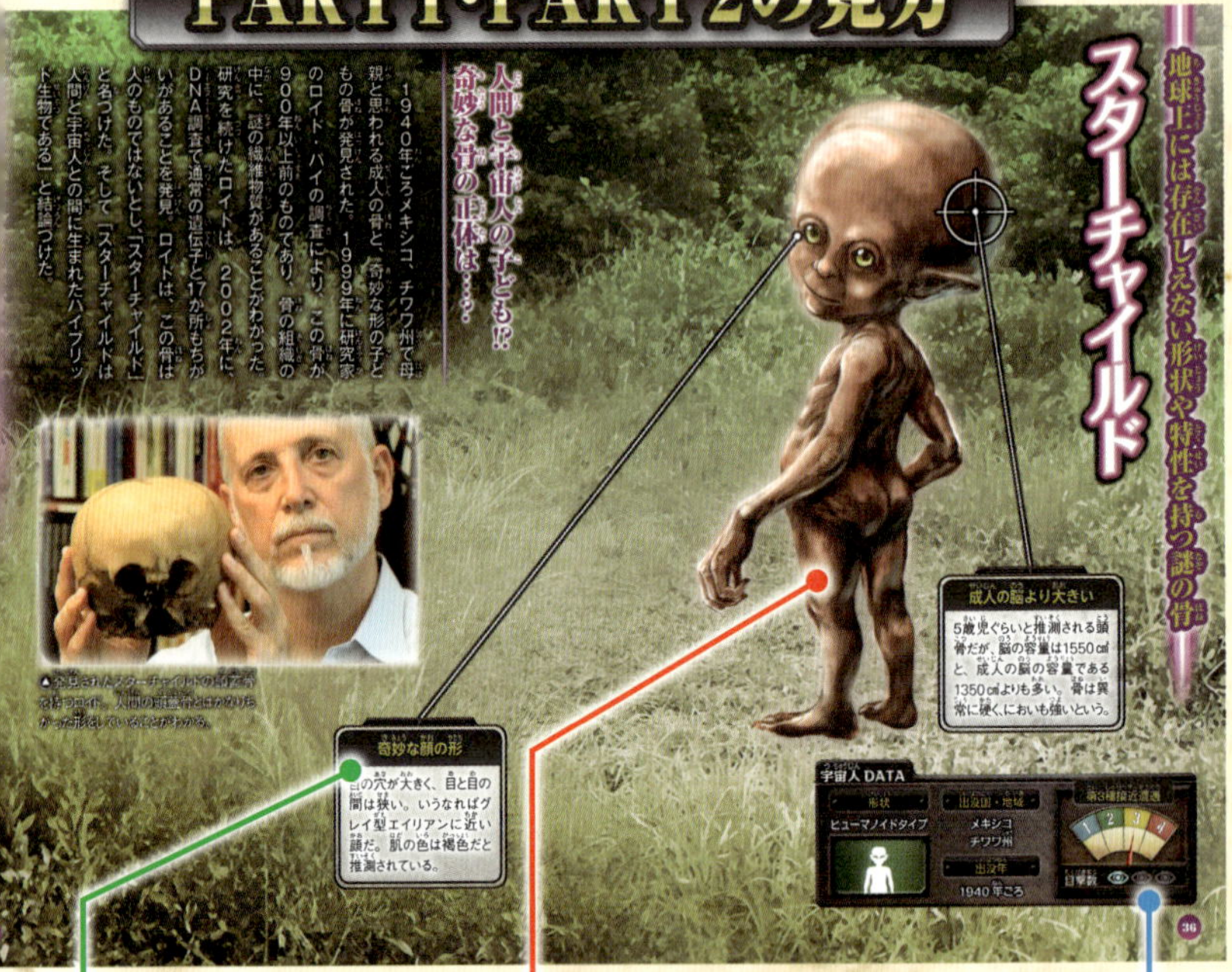
スターチャイルド
地球上には存在しえない形状や特性を持つ謎の骨
人間と宇宙人の子ども!?
奇妙な骨の正体は……
1940年ごろメキシコ、チワワ州で母親と思われる成人の骨と、奇妙な形の子どもの骨が発見された。1999年に研究家のロイド・パイの調査により、この骨が900年以上前のものであり、骨の組織の中に、謎の繊維物質があることがわかった。研究を続けたロイドは、2002年に、DNA調査で通常の遺伝子と17か所もちがいがあることを発見。ロイドは、この骨は人のものではないとし、「スターチャイルド」と名づけた。そして「スターチャイルドは人間と宇宙人との間に生まれたハイブリッド生物である」と結論つけた。
成人の脳より大きい
5歳児ぐらいと推測される頭骨だが、脳の容量は1550㎤と、成人の脳の容量である1350㎤よりも多い。骨は異常に硬く、においも強いという。
奇妙な顔の形
目の穴が大きく、目と目の間は狭い。いうなればグレイ型エイリアンに近い顔だ。肌の色は褐色だと推測されている。
宇宙人DATA
形状
ヒューマノイドタイプ
出没国・地域
メキシコ
チワワ州
出没年
1940年ごろ
1 2 3 4
目撃数
36

1 再現《さいげん》イラスト

UFO・宇宙人《うちゅうじん》を目撃情報《もくげきじょうほう》をもとに、迫力《はくりょく》あるイラストとして再現《さいげん》。UFO・宇宙人《うちゅうじん》の見《み》た目《め》の特徴《とくちょう》がひと目《め》でわかる。

2 データ

形状《けいじょう》や出没国《しゅつぼつこく》、出没年《しゅつぼつねん》などUFO・宇宙人《うちゅうじん》に関《かん》する基本的《きほんてき》なデータを掲載《けいさい》。接近遭遇《せっきんそうぐう》は88ページにてよりくわしく解説《かいせつ》。形状《けいじょう》の種類《しゅるい》は、左《ひだり》ページで紹介《しょうかい》している。

3 特徴《とくちょう》

UFO・宇宙人《うちゅうじん》の見《み》た目《め》や動《うご》き、生態《せいたい》などの特徴《とくちょう》をくわしく解説《かいせつ》している。

PART3・PART4の見方《みかた》

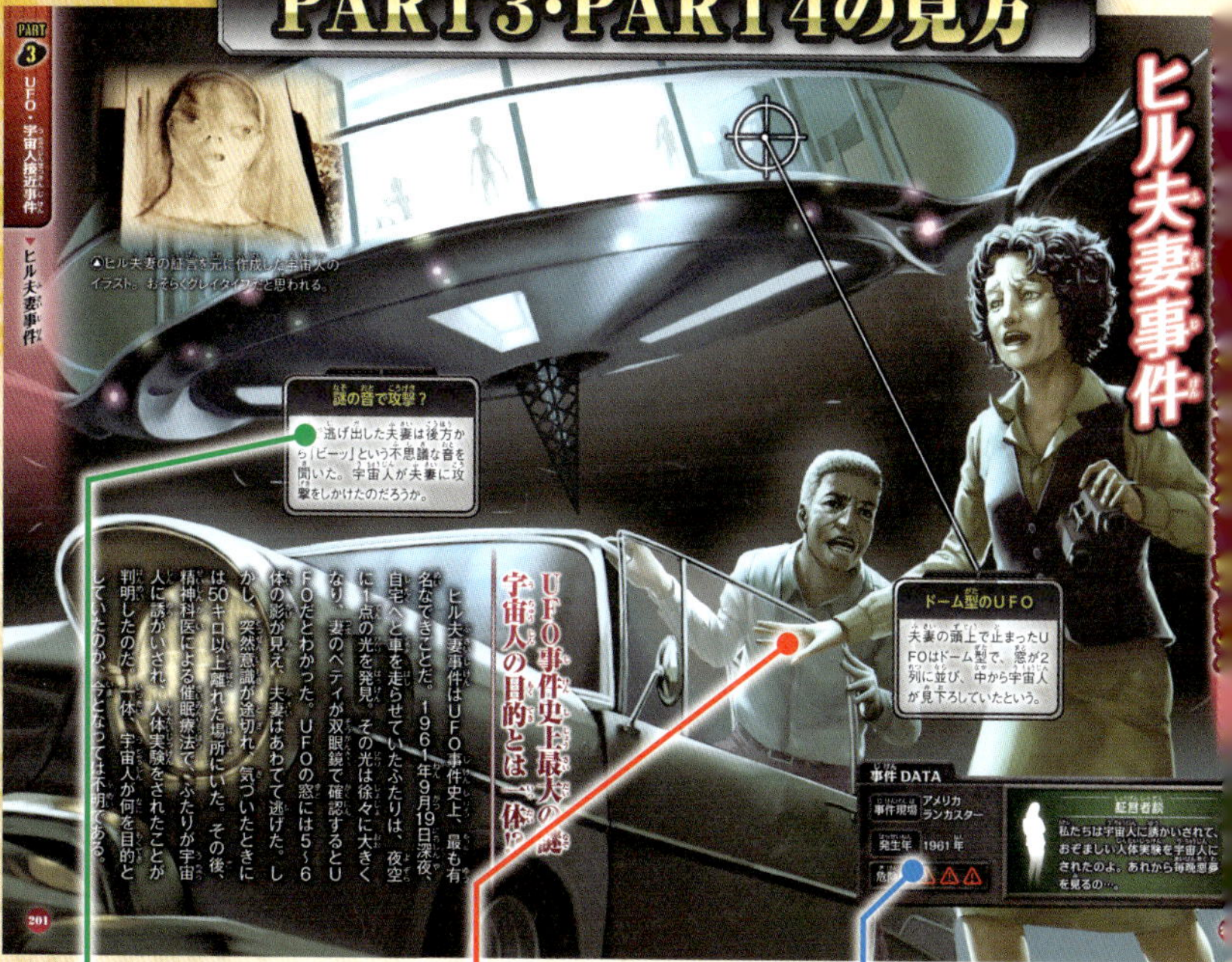
PART 3
UFO・宇宙人接近事件
▼ヒル夫妻事件
△ヒル夫妻の証言を元に作成した宇宙人のイラスト。おそらくグレイタイプだと思われる。
謎の音で攻撃？
逃げ出した夫妻は後方から「ビーッ」という不思議な音を聞いた。宇宙人が夫妻に攻撃をしかけたのだろうか。
ヒル夫妻事件
UFO事件史上最大の謎 宇宙人の目的とは一体!?
ヒル夫妻事件はUFO事件史上、最も有名なできごとだ。1961年9月19日深夜、自宅へと車を走らせていたふたりは、夜空に1点の光を発見。その光は徐々に大きくなり、妻のベティが双眼鏡で確認するとUFOだとわかった。UFOの窓には5～6体の影が見え、夫妻はあわてて逃げた。しかし、突然意識が途切れ、気づいたときには50キロ以上離れた場所にいた。その後、精神科医による催眠療法で、ふたりが宇宙人に誘かいされ、人体実験をされたことが判明したのだ。一体、宇宙人が何を目的としていたのか、今となっては不明である。
ドーム型のUFO
夫妻の頭上で止まったUFOはドーム型で、窓が2列に並び、中から宇宙人が見下ろしていたという。
事件DATA
事件現場 アメリカ ランカスター
発生年 1961年
証言者談
私たちは宇宙人に誘かいされて、おそましい人体実験を宇宙人にされたのよ。あれから毎晩悪夢を見るの…。
201

3 特徴《とくちょう》

事件《じけん》やUFO・宇宙人《うちゅうじん》の行動《こうどう》の特徴《とくちょう》を解説《かいせつ》。事《じ》件《けん》の内容《ないよう》をよりくわしく知《し》ることができる。

1 再現《さいげん》イラスト

衝撃的《しょうげきてき》な事件《じけん》のシチュエーションをリアルなイラストで再現《さいげん》。

2 データ

事件現場《じけんげんば》や発生年《はっせいねん》、危険《きけん》度《ど》などの基本的《きほんてき》なデータとともに、事件《じけん》に関《かか》わった人《ひと》たちのコメントを掲載《けいさい》。

UFO・宇宙人《うちゅうじん》の形《かたち》・姿《すがた》の分類《ぶんるい》

本書《ほんしょ》では データ でUFO・宇宙人《うちゅうじん》の形状《けいじょう》を見《み》た目《め》によって分類《ぶんるい》している。

UFO

ドーム型《がた》
お皿型《さらがた》
葉巻型《はまきがた》
三角型《さんかくがた》
ブーメラン型《がた》
光型《ひかりがた》
異形《いぎょう》

宇宙人《うちゅうじん》

クリーチャータイプ
は虫類《ちゅうるい》タイプ
ヒューマノイドタイプ
グレイタイプ

宇《う》宙《ちゅう》の“真《しん》理《り》”に近《ちか》づこう！

UFO・宇《う》宙《ちゅう》人《じん》用《よう》語《ご》事《じ》典《てん》

地球人《ちきゅうじん》の諸君《しょくん》、ミステリアスなUFOワールドへようこそ。ここでは、我々《われわれ》が宇宙人《うちゅうじん》から特別《とくべつ》に入手《にゅうしゅ》した極秘文書《ごくひぶんしょ》をもとに、本書《ほんしょ》を読《よ》み解《と》くことに役立《やくだ》つ用語《ようご》を解説《かいせつ》していこう。

アダムスキー

世界《せかい》で初《はじ》めて宇宙人《うちゅうじん》と会《あ》ったアメリカ人《じん》。さらにテレパシーで宇宙人《うちゅうじん》と会話《かいわ》をしたとされる。アダムスキーが撮影《さつえい》したドーム型《がた》のUFOを「アダムスキー型《がた》UFO」とも呼《よ》ぶ。

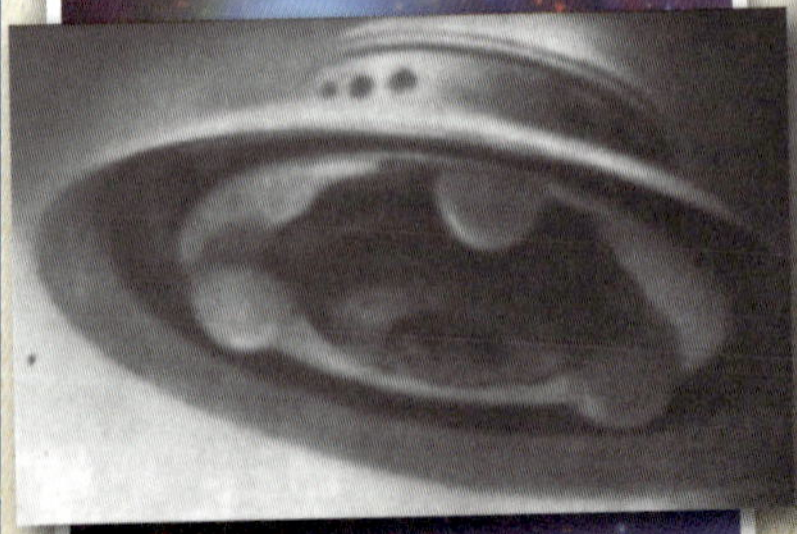

アブダクション

宇宙人《うちゅうじん》による、地球人《ちきゅうじん》の誘《ゆう》かい事件《じけん》のこと。誘《ゆう》かいされた地球人《ちきゅうじん》は宇宙人《うちゅうじん》による身体検査《しんたいけんさ》や手術《しゅじゅつ》の後《のち》に、記憶《きおく》を消《け》されて地上《ちじょう》に戻《もど》されることが多い。ヒル夫妻《ふさい》の事件《じけん》(➡ P200)がこれだ。

EM《イーエム》効果《こうか》

UFOが接近《せっきん》してきた際《さい》、地球人《ちきゅうじん》や動物《どうぶつ》、機械《きかい》などに影響《えいきょう》を及《およ》ぼすことをEM効果《イーエムこうか》（電磁効果《でんじこうか》）という。レーダーの故障《こしょう》や電波障害《でんぱしょうがい》などが多《おお》いが、ミシャラク事件《じけん》（➡P124）のように、人《ひと》に直接被害《ちょくせつひがい》を与《あた》えることもある。

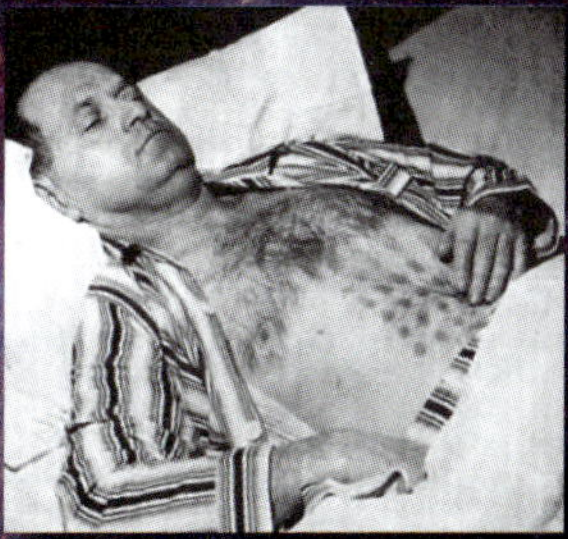

インプラント

誘《ゆう》かいされた地球《ちきゅう》人《じん》が、宇宙人《うちゅうじん》によって金属片《きんぞくへん》などを体内《たいない》に埋《う》め込《こ》まれてしまうこと。2005年《ねん》12月《がつ》にアメリカのサンタモニカで発覚《はっかく》したブレンダ・リー事《じ》件《けん》（➡P70）が有名《ゆうめい》である。

宇宙人《うちゅうじん》

地球外《ちきゅうがい》に生息《せいそく》する知的生命体《ちてきせいめいたい》を宇宙《うちゅう》人《じん》と呼《よ》ぶ。有名《ゆうめい》な宇宙人《うちゅうじん》である“グレイ”など、地球上《ちきゅうじょう》のものと思《おも》えない生物《せいぶつ》は“エイリアン”とも呼《よ》ばれる。宇宙人《うちゅうじん》たちは、何《なん》らかの目的《もくてき》を持《も》って、UFOに乗《の》って地球《ちきゅう》へやってきているのだ。

MJ《エムジェイ》-12

アメリカ合衆国《がっしゅうこく》の政府《せいふ》高官《こうかん》や軍人《ぐんじん》、科学者《かがくしゃ》など12人《にん》からなる、UFO研《けん》究機関《きゅうきかん》。過去《かこ》60年《ねん》に渡《わた》り、宇宙人《うちゅうじん》との交渉《こうしょう》を秘《ひ》密裏《みつり》に行《おこな》ってきたと言《い》われている。

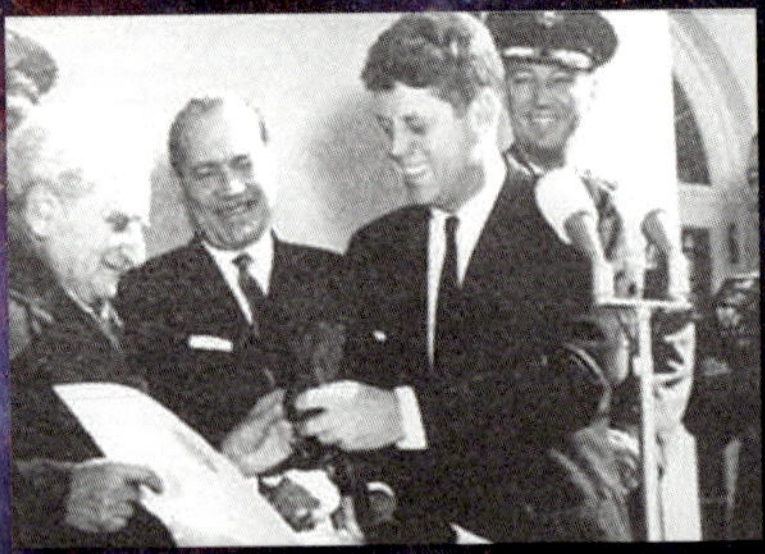

コンタクティー

宇宙人《うちゅうじん》と直接《ちょくせつ》会《あ》ったり、テレパシーで会話《かいわ》をしたりできて、友好的《ゆうこうてき》に宇宙人《うちゅうじん》とコンタクトできる人々《ひとびと》のこと。世界初《せかいはつ》のコンタクティーは、アダムスキーと言《い》われている。

オーパーツ

その時代《じだい》の文明《ぶんめい》にそぐわない人工物《じんこうぶつ》を指《さ》す。たとえば、インカ文明《ぶんめい》の古代遺跡《こだいいせき》から出土《しゅつど》した「黄金《おうごん》のジェットペンダント」は、実際《じっさい》に飛《ひ》行可能《こうかのう》なつくりであるということが証明《しょうめい》されている。このように、現代《げんだい》の技術《ぎじゅつ》に負《ま》けるとも劣《おと》らない技術《ぎじゅつ》が古代《こだい》に実在《じつざい》したということは、宇《う》宙人《ちゅうじん》が地球《ちきゅう》に残《のこ》したものとも考《かんが》えられている。

集《しゅう》中《ちゅう》目《もく》撃《げき》

同《おな》じ場所《ばしょ》で短期間《たんきかん》に、多《おお》くの人《ひと》がUFOを目撃《もくげき》することで、「UFOフラップ」ともいう。1989年末《ねんまつ》から1990年《ねん》にかけてベルギーで起《お》きたUFOフラップがもっとも有名《ゆうめい》である（➡P112）。実《じつ》に1万人以上《まんにんいじょう》の人《ひと》が三角型《さんかくかた》のUFOを目撃《もくげき》したという。

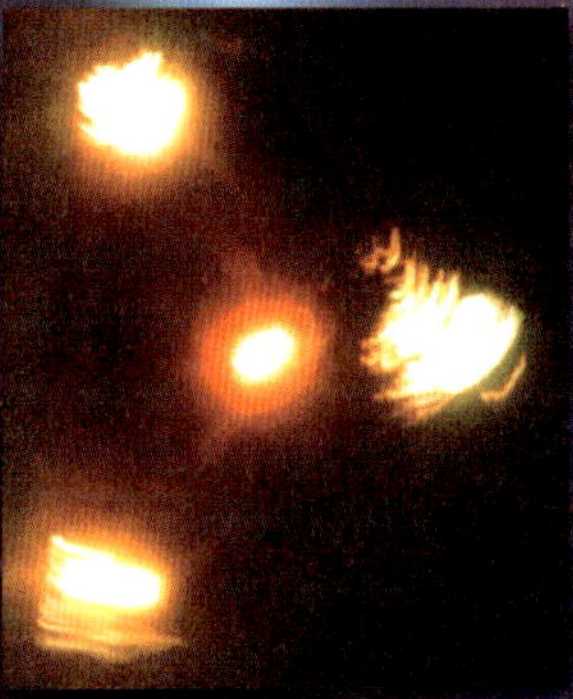

接《せっ》近《きん》遭《そう》遇《ぐう》

天文学者《てんもんがくしゃ》であるジョセフ・A・ハイネック博士《はかせ》が1972年《ねん》に提唱《ていしょう》したUFO・宇宙人《うちゅうじん》の目撃報告《もくげきほうこく》の度合《どあ》いを分類《ぶんるい》したもの。博士《はかせ》は接近《せっきん》の度《ど》合《あ》いにより、3種《しゅ》に分《わ》けた。その後《ご》、4種目以降《しゅめいこう》も加《くわ》えられた（➡P88）。

催《さい》眠《みん》療《りょう》法《ほう》

UFOや宇宙人《うちゅうじん》に接触《せっしょく》して記憶《きおく》を失《うしな》った人《ひと》への治療方法《ちりょうほうほう》。これによって、被験《ひけん》者《しゃ》が宇宙人《うちゅうじん》に誘《ゆう》かい・人体実験《じんたいじっけん》されたことが判明《はんめい》することがある。有名《ゆうめい》な事件《じけん》として、ヒル夫妻事件《ふさいじけん》（➡P200）がある。

ミステリーサークル

畑《はたけ》などに出現《しゅつげん》する、円《えん》形《けい》や不思議《ふしぎ》な模様《もよう》のこと。UFOが何《なに》かしらの力《ちから》で作《つく》ったものではないかと言《い》われているが、いまだにその謎《なぞ》は解明《かいめい》されていない。

UFO（ユーフォー）

Unidentified《アンアイデンティファイド》（未確認《みかくにん》）Flying《フライング》（飛行《ひこう》）Object《オブジェクト》（物《ぶっ》体《たい》）の略《りゃく》。宇宙人《うちゅうじん》の乗《の》り物《もの》（宇宙船《うちゅうせん》）が多《おお》いが、光《ひか》る物体《ぶったい》や火《ひ》の玉《たま》、幽霊《ゆうれい》戦闘機《せんとうき》のようなもののことも指《さ》す。

MIB（メン・イン・ブラック）

UFO・宇宙人《うちゅうじん》の目撃者《もくげきしゃ》のもとに、目撃情報《もくげきじょうほう》の口封《くちふう》じのために現《あらわ》れる謎《なぞ》の黒服《くろふく》の男《おとこ》たち。政府《せいふ》に雇《やと》われた秘《ひ》密工作員《みつこうさくいん》という説《せつ》や、宇宙《うちゅう》人《じん》であるというふたつの説《せつ》がある。

PART
1

宇宙人《うちゅうじん》遭遇《そうぐう》ファイル

宇宙人《うちゅうじん》とひと口《くち》にいってもその姿《すがた》・形《かたち》は多種多《たしゅた》様《よう》。人《ひと》に似《に》ているものから、地球上《ちきゅうじょう》の生物《せいぶつ》とはかけ離《はな》れた姿《すがた》をしたものまでさまざまだ。今《いま》、現在《げんざい》もどこかで宇宙人《うちゅうじん》が目撃《もくげき》されているかもしれない。

君《きみ》のすぐ近《ちか》くにもいる…？

レプティリアン
20XX年《ねん》○月《がつ》△日《にち》 東京都《とうきょうと》◎区《く》 公園《こうえん》
なあなあ！昨日《きのう》テレビでやってたUFOと宇宙人特集《うちゅうじんとくしゅう》見《み》た？

もちろん！すごかったよね〜！

ケンも見《み》た？

見《み》てないよ 宇宙人《うちゅうじん》なんているわけないし…

つまんないこと言《い》うなよ〜

ああ 宇宙人《うちゅうじん》に会《あ》ってみたいな〜

いやいや
すぐ近《ちか》くに宇宙人《うちゅうじん》はいるんだぜ…「レプティリアン」って知《し》ってるか？そいつらは虫類《ちゅうるい》のような目《め》と歯《は》をもった連中《れんちゅう》で普段《ふだん》はそれを隠《かく》して人間《にんげん》のふりをしてひそんでいるってうわさがあるんだ…

すっげー！

じゃあボクらの近《ちか》くにもいるかもってこと？

だからいないって
ふっふっふ…

実《じつ》は…

俺《おれ》もレプティリアンなのさーー!!
シャアアアア
わぁぁっ!
なーんちゃって オモチャの歯《は》だよ
あはははっ
もー!! びっくりするじゃんかー!
ブロロ..
おーい ケン そろそろ帰《かえ》ろうか!
キッ
パパ! ママ!
お友《とも》達《だち》も乗《の》って行《い》くかい?
送《おく》るよ
あ オレは逆《ぎゃく》方《ほう》向《こう》なんで…
わーい
じゃあな! 今《こん》度《ど》また宇《う》宙《ちゅう》人《じん》のこと教《おし》えてやるよ
バタン
うん! またね

じゃあ 行《い》こうか…
キュルル‥ブオン!!
ハッ
まっ まさか…!?
おーい 待《ま》てーっ!
ブロロロロ…
ブロロロロロ…
あれっ ボクの家《いえ》 通《とお》り過《す》ぎちゃったよ おじさん
?
ちょっと ケン?
……
キキッ
ふふふ…
君《きみ》たちには ある所《ところ》に行《い》って もらうよ…
クックック…
なあ「母《かあ》さん」
そうね「あなた」
ホホホホ…
コウくん キミ…会《あ》いたいって 言《い》ったよね…
?
?

シャアアアア
ボクたち
レプティリアン
に…！
うわぁああぁっ！
あわわわ…
ヒヒヒ…
ヒヒ
ケケケ…
ドアロック
が外《はず》れて
いる！
リョウ
今《いま》だっ！
ドン!!
ダッ
逃《に》げろっ！
チッ
バタン
ブロロロロ…
レプティリアンは地球《ちきゅう》の
いたる所《ところ》にひそんでいる…
キミの近《ちか》くにも…!!

レプティリアン

は虫類《ちゅうるい》のような見《み》た目《め》で人間《にんげん》社会《しゃかい》にひそむ生物《せいぶつ》

非常《ひじょう》に優《すぐ》れた頭脳《ずのう》

高度《こうど》な知能《ちのう》を持《も》っており、中《なか》には、ある国《くに》の大統領《だいとうりょう》となって国《くに》を支配《しはい》しようとしているレプティリアンもいるという。

は虫類《ちゅうるい》の名残《なごり》!?

体《からだ》つきは、人間《にんげん》にそっくりだが、彼《かれ》らの皮《ひ》ふには、は虫類《ちゅうるい》のようなうろこ状《じょう》のものがついていたり、ぬめりのある肌《はだ》をしているものがいるという。

宇宙人《うちゅうじん》DATA

形状《けいじょう》

は虫類《ちゅうるい》タイプ

出没国《しゅつぼつこく》・地域《ちいき》

世界各地《せかいかくち》

出没年《しゅつぼつねん》

古代《こだい》〜

第《だい》4種接近遭遇《しゅせっきんそうぐう》

目撃数《もくげきすう》

凶暴《きょうぼう》な性格《せいかく》と高《たか》い知能《ちのう》で地球征服《ちきゅうせいふく》をねらっている!?

レプティリアンとは、古代《こだい》より地球《ちきゅう》に住《す》んでいると言《い》われている宇宙人《うちゅうじん》。人間《にんげん》のふりをして社会《しゃかい》に溶《と》け込《こ》んでいるとも言《い》われている。その真《しん》の姿《すがた》は蛇《へび》などのは虫類《ちゅうるい》を思《おも》わせ、身長《しんちょう》は2～2・4メートルほど。きわめて暴力的《ぼうりょくてき》な性格《せいかく》で、1980年《ねん》には当《とう》時《じ》アメリカ空軍《くうぐん》の女性《じょせい》が、レプティリアンに誘《ゆう》かいされ、月《つき》の裏側《うらがわ》にある地下秘密基《ちかひみつき》地《ち》に連《つ》れ去《さ》られたという証言《しょうげん》もある。

また、レプティリアンは、非常《ひじょう》に高《たか》い知《ち》能《のう》を持《も》っているという。彼《かれ》らによる地球征《ちきゅうせい》服計画《ふくけいかく》はすでに始《はじ》まっているかもしれないと、宇宙人研究家《うちゅうじんけんきゅうか》は警告《けいこく》している。

▲ペルーで目撃《もくげき》されたレプティリアン。鋭《するど》い眼光《がんこう》から、その暴力性《ぼうりょくせい》がうかがい知《し》れる。

暴力的《ぼうりょくてき》な性格《せいかく》

かなり好戦的《こうせんてき》な性格《せいかく》として知《し》られており、地球人《ちきゅうじん》やほかの宇宙人《うちゅうじん》と敵対《てきたい》しているという。

大検証《だいけんしょう》

レプティリアンの正体《しょうたい》とは？

宇宙人《うちゅうじん》？　恐竜《きょうりゅう》から進化《しんか》？　または古代《こだい》からの神《かみ》か!?

人間社会《にんげんしゃかい》に紛《まぎ》れ込《こ》んだ宇宙人《うちゅうじん》のルーツとは？

証拠《しょうこ》や情報《じょうほう》が少《すく》なく、実態《じったい》がいまだ明《あき》らかになっていないレプティリアンだが、すでに私《わたし》たち人間社会《にんげんしゃかい》に紛《まぎ》れ込《こ》んでいると指摘《してき》する宇宙人研究《うちゅうじんけんきゅう》家《か》も多《おお》い。宇宙《うちゅう》から来《き》たのではなく、地球上《ちきゅうじょう》の生命《せいめい》が進化《しんか》した生物《せいぶつ》という説《せつ》も有力《ゆうりょく》だ。この可能性《かのうせい》をここで検証《けんしょう》していきたい。

可能性《かのうせい》 1　恐竜《きょうりゅう》から進化《しんか》した!?

一部《いちぶ》の宇宙研究家《うちゅうけんきゅうか》たちは、レプティリアンは恐竜《きょうりゅう》が絶滅寸前《ぜつめつすんぜん》に進化《しんか》した生物《せいぶつ》であると主張《しゅちょう》。人間《にんげん》が支配《しはい》してしまった地球《ちきゅう》をレプティリアンが取《と》り戻《もど》すべく、人間社会《にんげんしゃかい》に潜《もぐ》り込《こ》み暗躍《あんやく》しているというのだ。

△レプティリアンの特徴《とくちょう》であるギョロッとした目《め》やうろこ状《じょう》の皮《ひ》ふが恐竜《きょうりゅう》と共通《きょうつう》している。

検証《けんしょう》 1　レプティリアンと恐竜《きょうりゅう》に共通《きょうつう》する部分《ぶぶん》は多《おお》い

レプティリアンの暴力的《ぼうりょくてき》な性格《せいかく》は、肉食系《にくしょくけい》の恐竜《きょうりゅう》から遺伝《いでん》してしまったと考《かんが》えると、確《たし》かに納得《なっとく》がいく。また、うろこ状《じょう》の皮《ひ》ふも、恐竜《きょうりゅう》と同《おな》じだと言《い》ってもいいだろう。

▲シュメール遺跡《いせき》で発掘《はっくつ》された像《ぞう》。前側《まえがわ》に出《で》た口《くち》や鼻《はな》など、顔《かお》の特徴《とくちょう》がレプティリアンと似《に》ている。

可能性《かのうせい》2
古代神《こだいしん》の生《い》き残《のこ》り!?

シュメール文明《ぶんめい》（初期《しょき》メソポタミア文明《ぶんめい》）の時代《じだい》にアヌンナキという神々《かみがみ》の集団《しゅうだん》が、レプティリアンを作《つく》ったという説《せつ》がある。レプティリアンは神《かみ》が作《つく》ったために、高度《こうど》な頭脳《ずのう》を持《も》ちえたというのだ。また、アヌンナキそのものがレプティリアンであるという主張《しゅちょう》もある。

検証《けんしょう》2
証拠《しょうこ》に乏《とぼ》しく証明《しょうめい》がむずかしい

レプティリアンが古代《こだい》の神《かみ》によって作《つく》られた、もしくは古代神《こだいしん》そのものであるというこの説《せつ》は、レプティリアンが優《すぐ》れた頭脳《ずのう》を持《も》っているという点《てん》において、ありえなくもない。しかし、証拠《しょうこ》が発掘《はっくつ》された像《ぞう》だけしかなく、古代《こだい》から存在《そんざい》していたとは言《い》い切《き》れない。

結論《けつろん》
恐竜《きょうりゅう》の進化説《しんかせつ》は確定的《かくていてき》ではないが説得力《せっとくりょく》がある

見《み》た目《め》の特徴《とくちょう》に近《ちか》い点《てん》が多《おお》いことを考《かんが》えると、恐竜《きょうりゅう》の進化説《しんかせつ》は有力《ゆうりょく》と言《い》えるかもしれない。だが、古代神説《こだいしんせつ》と同《おな》じで証拠《しょうこ》が足《た》りず、断言《だんげん》はできない。このふたつの説《せつ》にせよ、宇宙人説《うちゅうじんせつ》にせよ、人間《にんげん》より高《たか》い能力《のうりょく》を持《も》ち、人間社会《にんげんしゃかい》で暗躍《あんやく》するレプティリアンは、危険《きけん》な生物《せいぶつ》だと言《い》えるだろう。

フライングヒューマノイド

何《なん》千《ぜん》人《にん》もの人《ひと》が同時《どうじ》に目撃《もくげき》した空《そら》飛《と》ぶヒト型《がた》宇宙人《うちゅうじん》

巨大《きょだい》で真《ま》っ黒《くろ》な目《め》

大《おお》きさは3mほど。肌《はだ》の色《いろ》はこげ茶色《ちゃいろ》で、とても大《おお》きな真《ま》っ黒《くろ》な目《め》を持《も》つ。白目《しろめ》の部分《ぶぶん》やまぶたはない。

宇宙人《うちゅうじん》DATA

形状《けいじょう》

ヒューマノイドタイプ

出没国《しゅつぼつこく》・地域《ちいき》

メキシコ
テオティワカン遺跡《いせき》など

出没年《しゅつぼつねん》

1999年《ねん》〜

第《だい》3種接近遭遇《しゅせっきんそうぐう》

目撃数《もくげきすう》

空《そら》飛《と》ぶエイリアン？ 軍《ぐん》の秘密《ひみつ》研究《けんきゅう》のうわさも!?

1999年《ねん》、メキシコのテオティワカン遺跡《いせき》で、春分《しゅんぶん》の日《ひ》の儀式《ぎしき》が行《おこな》われていた。数千人《すうせんにん》が集《あつ》まる中《なか》、空《そら》を飛《と》ぶ人型《ひとがた》の物体《ぶったい》が出現《しゅつげん》。現場《げんば》は騒然《そうぜん》となった。物体《ぶったい》は地上《ちじょう》に近《ちか》づいたかと思《おも》うと、一気《いっき》に上空《じょうくう》に移動《いどう》し見《み》えなくなったという。2004年《ねん》には、警察官《けいさつかん》レオナルド・サマニエゴがおそわれる事件《じけん》も。パトカーを運転《うんてん》していると、フライングヒューマノイドが出現《しゅつげん》。フロントガラスを叩《たた》いてつかみかかろうとしたという。いまだ正体《しょうたい》は不明《ふめい》だが、研究家《けんきゅうか》の間《あいだ》では、宇宙人《うちゅうじん》とも、アメリカ軍《ぐん》が遺伝子《いでんし》操作《そうさ》で作《つく》り出《だ》した生物《せいぶつ》とも言《い》われている。

△メキシコのアマチュア天体観測家《てんたいかんそくか》がフライングヒューマノイドをとらえた映像《えいぞう》。メキシコ以外《いがい》でも、アメリカ、中国《ちゅうごく》など多《おお》くの国《くに》で目撃情報《もくげきじょうほう》がある。

猛《もう》スピードで移動《いどう》！

突然《とうぜん》現《あらわ》れて、ものすごい速《はや》さで飛《と》ぶ。中《なか》には「車《くるま》を運転《うんてん》しているところを追《お》いかけられ、1kmも並走《へいそう》された!」などの証言《しょうげん》もある。

スターチャイルド

地《ち》球《きゅう》上《じょう》には存《そん》在《ざい》しえない形《けい》状《じょう》や特《とく》性《せい》を持《も》つ謎《なぞ》の骨《ほね》

成人《せいじん》の脳《のう》より大《おお》きい

5歳《さい》児《じ》ぐらいと推《すい》測《そく》される頭《とう》骨《こつ》だが、脳《のう》の容量《ようりょう》は1550 cm^3と、成人《せいじん》の脳《のう》の容量《ようりょう》である1350 cm^3よりも多《おお》い。骨《ほね》は異《い》常《じょう》に硬《かた》く、においも強《つよ》いという。

宇宙人《うちゅうじん》DATA

形状《けいじょう》

ヒューマノイドタイプ

出没国《しゅつぼつこく》・地域《ちいき》

メキシコ
チワワ州《しゅう》

出没年《しゅつぼつねん》

1940年《ねん》ごろ

第《だい》3種接近遭遇《しゅせっきんそうぐう》

1 2 3 4

目撃数《もくげきすう》

人間《にんげん》と宇宙人《うちゅうじん》の子《こ》ども!? 奇妙《きみょう》な骨《ほね》の正体《しょうたい》は…?

1940年《ねん》ごろメキシコ、チワワ州《しゅう》で母《はは》親《おや》と思《おも》われる成人《せいじん》の骨《ほね》と、奇妙《きみょう》な形《かたち》の子《こ》どもの骨《ほね》が発見《はっけん》された。1999年《ねん》に研究家《けんきゅうか》のロイド・パイの調査《ちょうさ》により、この骨《ほね》が900年以上前《ねんいじょうまえ》のものであり、骨《ほね》の組織《そしき》の中《なか》に、謎《なぞ》の繊維物質《せんいぶっしつ》があることがわかった。研究《けんきゅう》を続《つづ》けたロイドは、2002年《ねん》に、DNA《ディーエヌエー》調査《ちょうさ》で通常《つうじょう》の遺伝子《いでんし》と17か所《しょ》もちがいがあることを発見《はっけん》。ロイドは、この骨《ほね》は人《ひと》のものではないとし、「スターチャイルド」と名《な》づけた。そして「スターチャイルドは人間《にんげん》と宇宙人《うちゅうじん》との間《あいだ》に生《う》まれたハイブリッド生物《せいぶつ》である」と結論《けつろん》づけた。

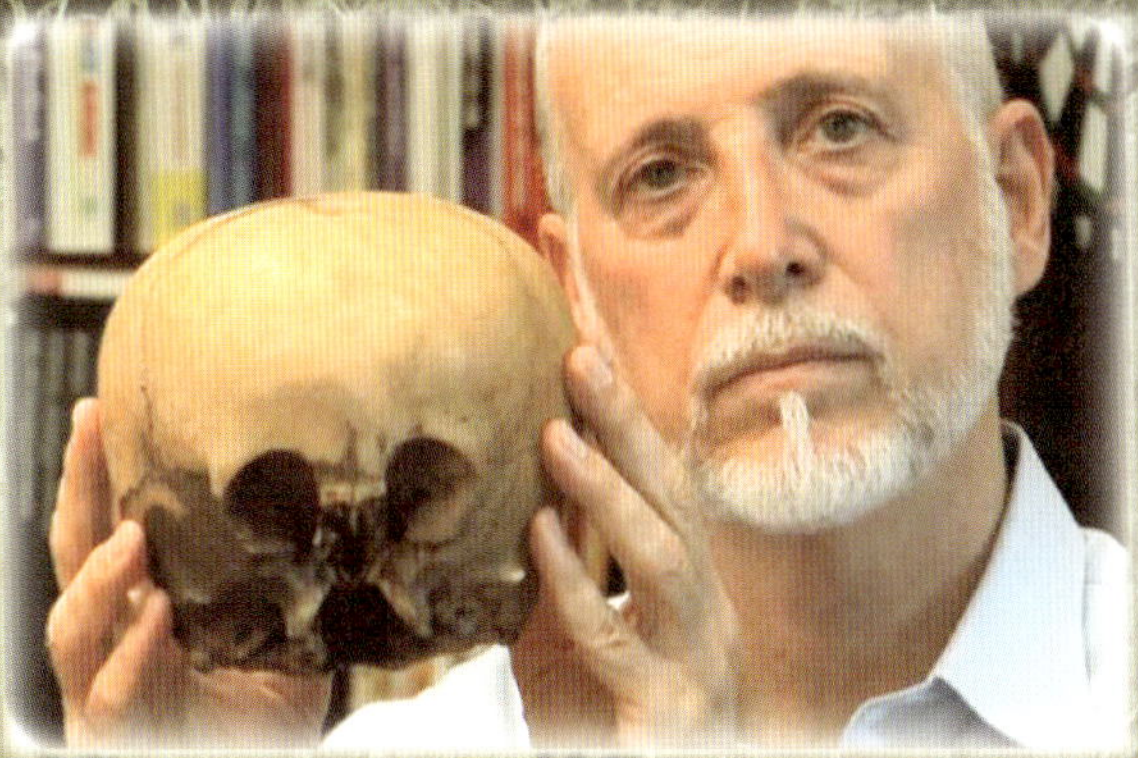

△発見《はっけん》されたスターチャイルドの頭蓋骨《ずがいこつ》を持《も》つロイド。人間《にんげん》の頭蓋骨《ずがいこつ》とはかなりちがった形《かたち》をしていることがわかる。

奇妙《きみょう》な顔《かお》の形《かたち》

目《め》の穴《あな》が大《おお》きく、目《め》と目《め》の間《あいだ》は狭《せま》い。いうなればグレイ型《がた》エイリアンに近《ちか》い顔《かお》だ。肌《はだ》の色《いろ》は褐色《かっしょく》だと推測《すいそく》されている。

ヴァルジーニャ事《じ》件《けん》の宇《う》宙《ちゅう》人《じん》

赤《あか》く光《ひか》る目《め》と体《からだ》、UFOを連《つ》れてくる2体《たい》の謎《なぞ》の生物《せいぶつ》

強《つよ》いにおいと独特《どくとく》な見《み》た目《め》

頭部《とうぶ》に突起《とっき》があり、へそ、乳首《ちくび》などはない。口《くち》の中《なか》には黒《くろ》い舌《した》がある。また、強《つよ》いアンモニア臭《しゅう》を発《はっ》するという。

UFO目撃《もくげき》増加《ぞうか》の理由《りゆう》はこの奇妙《きみょう》な生物《せいぶつ》にアリ!?

1996年《ねん》1月《がつ》20日《か》午前《ごぜん》8時《じ》、ブラジル、ミナスジェライス州《しゅう》ヴァルジーニャの公園《こうえん》で奇妙《きみょう》な生物《せいぶつ》が捕獲《ほかく》された。身長《しんちょう》1メートルほどで、猫背《ねこぜ》で直立歩行《ちょくりつほこう》、頭《あたま》に奇妙《きみょう》な3つの突起《とっき》があり、目《め》は赤《あか》い。皮《ひ》ふは油《あぶら》ぎったように光《ひか》っており、ケガをしているのか弱々《よわよわ》しい動《うご》きで、「ブーン」とうなり声《こえ》を発《はっ》していた。同日《どうじつ》午後《ごご》3時《じ》、再《ふたた》び同《おな》じような姿《すがた》の生物《せいぶつ》を捕獲《ほかく》。1体目《たいめ》は軍学校《ぐんがっこう》に搬送《はんそう》されたが、その後《ご》は不明《ふめい》。2体目《たいめ》は翌朝《よくあさ》午前《ごぜん》6時《じ》に死亡《しぼう》。その後《ご》、町《まち》ではUFOの目撃《もくげき》情報《じょうほう》が多発《たはつ》するようになった。もしかしたら、仲間《なかま》が探《さが》しに来《き》ていたのかもしれない。

新《しん》ウイルスを保有《ほゆう》!?

生物《せいぶつ》を輸送《ゆそう》した担当者《たんとうしゃ》が、原因《げんいん》不明《ふめい》の急死《きゅうし》を遂《と》げた。このことから、新種《しんしゅ》のウイルスを持《も》っていたのではと言《い》われている。

◀目撃証言《もくげきしょうげん》をもとに描《えが》かれた発見時《はっけんじ》のイラスト。弱々《よわよわ》しくうずくまっており、地球上《ちきゅうじょう》のほかの動物《どうぶつ》にはない姿形《すがたかたち》をしているのは明《あき》らかだ。

宇宙人《うちゅうじん》DATA

形状《けいじょう》
ヒューマノイドタイプ

出没国《しゅつぼつこく》・地域《ちいき》
ブラジル
ヴァルジーニャ

出没年《しゅつぼつねん》
1996年《ねん》〜

第《だい》3種接近遭遇《しゅせっきんそうぐう》

目撃数《もくげきすう》

強烈《きょうれつ》なにおいを放《はな》つ丸《まる》いUFOでやってきた銀色《ぎんいろ》の生命体《せいめいたい》

ロニー・ヒル事件《じけん》の宇宙人《うちゅうじん》

宇宙人《うちゅうじん》DATA

形状《けいじょう》	**出没年《しゅつぼつねん》**
ヒューマノイドタイプ	1967年《ねん》
出没国《しゅつぼつこく》・地域《ちいき》	**第《だい》3種接近遭遇《しゅせっきんそうぐう》**
アメリカ ノースカロライナ州《しゅう》	目撃数《もくげきすう》

子《こ》どものように小《ちい》さい

身長《しんちょう》は1m、足《あし》は細《ほそ》く、目《め》はつりあがっていた。腰《こし》に青《あお》い帯《おび》が見《み》られたという。

謎《なぞ》の機器《きき》を使《つか》い地球《ちきゅう》を調査《ちょうさ》!?

アメリカ・ノースカロライナ州《しゅう》に住《す》むロニー・ヒル少年《しょうねん》は1967年《ねん》7月《がつ》21日《にち》の午後《ごご》に、自宅《じたく》の裏側《うらがわ》でガスのようなにおいを感《かん》じた。15分後《ふんご》、ブンブンという音《おと》とともに、白《しろ》くて丸《まる》いUFOが出現《しゅつげん》。中《なか》から宇宙人《うちゅうじん》が降《お》りてきた。宇《う》宙人《ちゅうじん》は右手《みぎて》に持《も》った謎《なぞ》の機器《きき》を地面《じめん》に差《さ》し込《こ》み、そのまま引《ひ》き抜《ぬ》くとUFOに戻《もど》っていったという。おそらく地球《ちきゅう》へ調査《ちょうさ》にきていたのだろう。

▼ロニー・ヒル事件《じけん》の宇宙人《うちゅうじん》／ベネズエラの宇宙人《うちゅうじん》パイロット

ベネズエラの宇《う》宙《ちゅう》人《じん》パイロット

墜落《ついらく》事件《じけん》で回収《かいしゅう》された宇宙人《うちゅうじん》の死体《したい》

グレイと類似《るいじ》

顔《かお》の下部《かぶ》に目《め》、鼻《はな》、口《くち》が集中《しゅうちゅう》していて、身長《しんちょう》は1mよりも低《ひく》かった。

宇宙人《うちゅうじん》DATA

形状《けいじょう》	出没年《しゅつぼつねん》
グレイタイプ	1970年《ねん》
出没国《しゅつぼつこく》・地域《ちいき》	第《だい》3種接近遭遇《しゅせっきんそうぐう》
ベネズエラ	目撃数《もくげきすう》

グレイ型《がた》の宇宙人《うちゅうじん》を空軍《くうぐん》が確保《かくほ》!?

1970年《ねん》10月《がつ》1日《たち》のベネズエラの新聞《しんぶん》に、宇宙人《うちゅうじん》の死《し》体写真《たいしゃしん》が掲載《けいさい》された。ベネズエラ国内《こくない》でUFOの墜落《ついらく》事件《じけん》があり、その際《さい》に回収《かいしゅう》されたため、パイロットだろうと言《い》われている。グレイとよく似《に》た特徴《とくちょう》で、頭部《とうぶ》は丸《まろ》く、巨大《きょだい》だった。その後《ご》の続報《ぞくほう》はなく、真相《しんそう》はいまだ謎《なぞ》に包《つつ》まれている。

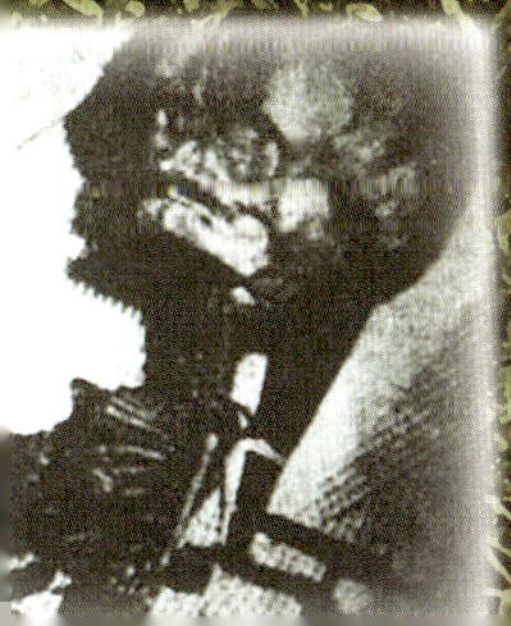

◀墜落後《ついらくご》に炎《ほのお》で燃《も》えたためか回収時《かいしゅうじ》にはすでに骨《ほね》だけになっていた。

逃《に》げ足《あし》の速《はや》いシルバースーツ姿《すがた》の生命体《せいめいたい》

フォークビル事件《じけん》の宇宙人《うちゅうじん》

宇宙人《うちゅうじん》DATA

形状《けいじょう》	出没年《しゅつぼつねん》
ヒューマノイドタイプ	1973年《ねん》
出没国《しゅつぼつこく》・地域《ちいき》	第3種接近遭遇《だいしゅせっきんそうぐう》
アメリカ フォークビル	目撃数《もくげきすう》 ◎◯◯

なめらかな銀色《ぎんいろ》スーツ

銀色《ぎんいろ》のスーツを着用《ちゃくよう》。身長《しんちょう》はおよそ1.8mくらいだった。ロボットという説《せつ》もある。

銀色《ぎんいろ》に輝《かがや》く生物《せいぶつ》はスーツを着《き》た宇宙人《うちゅうじん》？

1973年《ねん》10月《がつ》17日《にち》。アメリカ・フォークビルの警察署《けいさつしょ》長《ちょう》が、「農場《のうじょう》にUFOが着陸《ちゃくりく》した！」という通報《つうほう》を受《う》けた。署長《しょちょう》が現場《げんば》へ急行《きゅうこう》すると、UFOの姿《すがた》はなかったが、アルミホイルのようなスーツを着《き》た宇宙人《うちゅうじん》に遭遇《そうぐう》。撮影《さつえい》しようとすると宇宙人《うちゅうじん》は、異常《いじょう》な速《はや》さで逃《に》げた。警察《けいさつ》の署長《しょちょう》がウソをついているとは思《おも》えないが、物的証拠《ぶってきしょうこ》がないため、真《しん》相《そう》は謎《なぞ》のままだ。

プエルトリコの小型《こがた》エイリアン

捕《つか》まえた夜《よる》に持《も》ち去《さ》られた小人《こびと》の死体《したい》

超小型《ちょうこがた》のグレイ!?

眼球《がんきゅう》はアーモンド型《がた》で、つり上《あ》がっている。指《ゆび》と指《ゆび》の間《あいだ》にはうすい膜《まく》があり、指先《ゆびさき》には鋭《するど》い爪《つめ》が生《は》えている。

宇宙人《うちゅうじん》DATA

形状《けいじょう》	出没年《しゅつぼつねん》
グレイタイプ	1980年《ねん》
出没国《しゅつぼつこく》・地域《ちいき》	第《だい》3種接近遭遇《しゅせっきんそうぐう》
プエルトリコ サリナス	目撃数《もくげきすう》

山岳地帯奥地《さんがくちたいおくち》に宇宙人《うちゅうじん》が集団《しゅうだん》でいた!?

1980年夏《ねんなつ》。プエルトリコ、サリナス市郊外《しこうがい》の山岳地帯《さんがくちたい》で、探検家《たんけんか》のチノは奇妙《きみょう》な小型生物《こがたせいぶつ》の集団《しゅうだん》に遭遇《そうぐう》。身長《しんちょう》30センチほどで2本足《ほんあし》の彼《かれ》らは、アーモンド型《がた》の目《め》をしていた。チノはパニックになり、木《き》の棒《ぼう》で小型生物《こがたせいぶつ》のひとりを殴《なぐ》り殺《ころ》してしまった。チノは死体《したい》を持《も》ち帰《かえ》り、アルコールづけにして保存《ほぞん》したが、その夜《よる》、何者《なにもの》かによって盗《ぬす》まれてしまったという。

チェンニーナ事《じ》件《けん》の宇《う》宙《ちゅう》人《じん》

奇《き》妙《みょう》なUFOとともに現《あらわ》れて女《じょ》性《せい》をおそった謎《なぞ》の小《こ》人《びと》ふたり組《ぐみ》

乗《の》っていたUFOの形状《けいじょう》

ふたつの円《えん》すいを合《あ》わせたような形《かたち》で、色《いろ》は茶《ちゃ》色《いろ》っぽく、丸《まる》い窓《まど》がふたつある。タマゴ型《がた》のハッチは、手《て》をかざすと開《ひら》く。中《なか》は、狭《せま》いスペースに小《ちい》さなイスがふたつついていたという。

森《もり》の中《なか》で小《ちい》さい宇宙人《うちゅうじん》に持《も》ちものをうばわれた!?

イタリアのチェンニーナという街《まち》で1954年《ねん》に奇妙《きみょう》な事件《じけん》が起《お》こった。その日《ひ》、ロッティ夫人《ふじん》は教会《きょうかい》のイベントに行《い》くため町《まち》へ向《む》かっていた。新《あたら》しい服《ふく》とクツを汚《よご》さないよう、片方《かたほう》の手《て》にはクツとストッキング、もう片方《かたほう》には祭壇《さいだん》にそなえるカーネーションの花束《はなたば》を持《も》っていた。すると突《とつ》然茂《ぜんしげ》みからふたりの小人《こびと》が現《あらわ》れ、花束《はなたば》とストッキングを取《と》り上《あ》げた。その後《ご》、彼《かれ》らはUFOに乗《の》り込《こ》み去《さ》っていったという。その日《ひ》の朝《あさ》、近《ちか》くの町《まち》に住《す》むトラック運転手《うんてんしゅ》の親子《おやこ》が空《そら》を飛《と》ぶ赤《あか》い円《えん》すい状《じょう》の物体《ぶったい》を目《もく》撃《げき》しており、関連性《かんれんせい》もささやかれている。

◀ロッティ夫人《ふじん》が、花束《はなたば》とストッキングを取《と》り返《かえ》そうと争ったときを再現《さいげん》したイラスト。

未知《みち》の服装《ふくそう》とことば

身長《しんちょう》は1mもなく小《ちい》さい。ぴったりとした灰色《はいいろ》の服《ふく》を着《き》ており、未知《みち》の言語《げんご》を話《はな》す。しかし、地球《ちきゅう》の言語《げんご》も通《つう》じるのか、ロッティ夫人《ふじん》が「うばったものを返《かえ》して!」と言《い》うと、花《はな》を5本《ほん》だけ返《かえ》してくれた。

宇宙人《うちゅうじん》DATA

形状《けいじょう》	ヒューマノイドタイプ
出没国《しゅつぼつこく》・地域《ちいき》	イタリア チェンニーナ
出没年《しゅつぼつねん》	1954年《ねん》

第3種接近遭遇《だいしゅせっきんそうぐう》

1 2 3 4

目撃数《もくげきすう》

ホプキンスビル事件《じけん》の宇宙人《うちゅうじん》

農家《のうか》を一晩中《ひとばんじゅう》おそい続《つづ》けた、するどいカギ爪《づめ》を持《も》つ緑色《みどりいろ》の小人《こびと》

ゾウのような耳《みみ》と大《おお》きな口《くち》

まるでゾウのように大《おお》きい耳《みみ》を持《も》ち、口《くち》も大《おお》きく、耳元《みみもと》まで裂《さ》けている。

するどい爪《つめ》

指《ゆび》にはとがったカギ爪《づめ》がついていたという。

宇宙人《うちゅうじん》 DATA

形状《けいじょう》

クリーチャータイプ

出没国《しゅつぼつこく》・地域《ちいき》

アメリカ
ホプキンスビル

出没年《しゅつぼつねん》

1955年《ねん》

第《だい》3種接近遭遇《しゅせっきんそうぐう》

1 2 3 4

目撃数《もくげきすう》

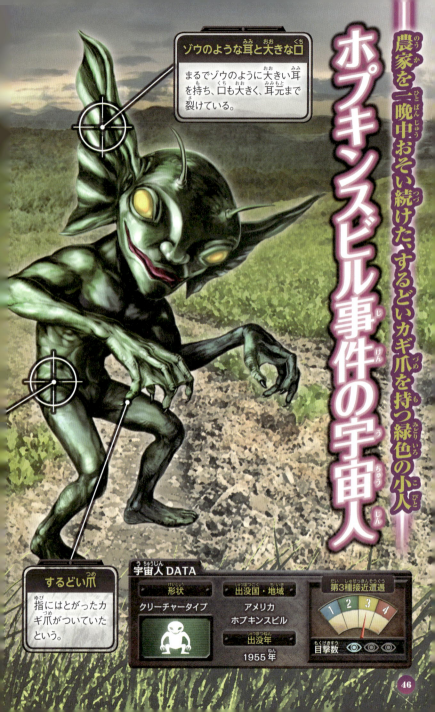

銃《じゅう》がまったく効《き》かない!?
凶暴《きょうぼう》な小《こ》型《がた》宇宙人《うちゅうじん》が襲撃《しゅうげき》!

1955年《ねん》、アメリカの農場《のうじょう》でビリー・テイラーが井戸《いど》に水《みず》をくみに出《で》かけると、空《そら》に奇妙《きみょう》な光《ひかり》がさした。その日《ひ》の午後《ごご》8時《じ》半《はん》ごろ、外《そと》で犬《いぬ》が騒《さわ》ぐので、家《いえ》の主《あるじ》とふたりで様子《ようす》を見《み》にいくと、そこには緑色《みどりいろ》の小《こ》人《ひと》が待《ま》ち構《かま》えていた。その場《ば》は、銃《じゅう》でなんとか追《お》い払《はら》い家《いえ》に入《はい》ったが、今度《こんど》は窓《まど》の外《そと》からのぞいてきた。再《ふたた》び外《そと》に出《で》ると、小人《こびと》がカギ爪《づめ》でビリーの髪《かみ》をなで、闇《やみ》に消《き》えたという。一家《いっか》は警察《けいさつ》にかけ込《こ》んだが、調査《ちょうさ》の結果《けっか》、何《なに》も見《み》つからなかった。小人《こびと》の姿《すがた》や行動《こうどう》から、未知《みち》の生《せい》物《ぶつ》か宇宙《うちゅう》からきた生《せい》物《ぶつ》なのではないかと考《かんが》えられている。

◀証言《しょうげん》を元《もと》にした、宇宙人《うちゅうじん》が家《いえ》をおそっているときの再現《さいげん》イラスト。なんと200発《ぱつ》もの銃弾《じゅうだん》がまったく効《き》かなかったと言《い》われている。

緑色《みどりいろ》の体《からだ》

体《からだ》は緑《みどり》がかった銀色《ぎんいろ》に光《ひか》り、肌《はだ》はツルリとしていて、ひょろりとした腕《うで》と足《あし》を持《も》つ。現地《げんち》では、リトル・グリーンマンと呼《よ》ばれている。

フラットウッズ・モンスター

アメリカ中《じゅう》の注目《ちゅうもく》を集《あつ》めた、透明《とうめい》のヘルメットをかぶった怪物《かいぶつ》

スペード型《がた》の頭《あたま》

赤《あか》い頭《あたま》に、オレンジ色《いろ》に光《ひか》る目《め》を持《も》つ。最大《さいだい》の特徴《とくちょう》は透《とう》明《めい》なヘルメットで、スペードのような形《かたち》だったという。

宇宙人《うちゅうじん》DATA

形状《けいじょう》	出没国《しゅつぼつこく》・地域《ちいき》	第《だい》3種接近遭遇《しゅせっきんそうぐう》
クリーチャータイプ	アメリカ ウェストヴァージニア州《しゅう》	1 2 3 4
	出没年《しゅつぼつねん》	目撃数《もくげきすう》
	1952年《ねん》	

霧《きり》の中《なか》に光《ひか》るふたつの目《め》…身長《しんちょう》3メートルの巨大生物《きょだいせいぶつ》！

1952年《ねん》、アメリカのウェストヴァージニア州《しゅう》で、4人《にん》の学生《がくせい》が空《そら》に赤《あか》い光《ひかり》を目撃《もくげき》。それは、近所《きんじょ》の農場《のうじょう》に落下《らっか》した。目撃者《もくげきしゃ》の母親《ははおや》を含《ふく》めた7人《にん》で現場《げんば》に向《む》かうと、直径《ちょっけい》5メートルほどの火《ひ》の玉《たま》が燃《も》えていた。霧《きり》が立《た》ちこめる森《もり》を進《すす》んでいくと、光《ひか》るふたつの目《め》を発見《はっけん》。懐中電灯《かいちゅうでんとう》を向《む》けると、そこには身長《しんちょう》3メートルほどのおそろしい化《ば》け物《もの》が！　驚《おどろ》いた7人《にん》はあわてて逃《に》げ出《だ》した。化《ば》け物《もの》は音《おと》もなく浮《う》いており、悪臭《あくしゅう》を放《はな》っていたという。幻覚《げんかく》や妄想《もうそう》だという説《せつ》もあるが、7人《にん》が一度《いちど》に幻覚《げんかく》を見《み》るとは考《かんが》えにくく、宇宙人《うちゅうじん》という説《せつ》が有力《ゆうりょく》だ。

アメリカ中《じゅう》がパニックに

事件《じけん》の2か月前《げつまえ》には、ロサンゼルスでUFO目撃《もくげき》が相次《あいつ》いだため、この事《じ》件《けん》は、新聞《しんぶん》やテレビで大々的《だいだいてき》に報《ほう》じられ、アメリカ中《じゅう》が騒然《そうぜん》となった。

すさまじいにおい

怪物《かいぶつ》の周《まわ》りは霧《きり》に包《つつ》まれていて、そこはひどいにおいがした。異臭《いしゅう》を吸《す》ったためか、目撃者《もくげきしゃ》たちはその後《ご》、体調《たいちょう》を崩《くず》している。

テレビで放映《ほうえい》されアメリカ中《じゅう》を騒《さわ》がせた「KGB《ケージービー》極《ごく》秘《ひ》UFOファイル」

スベルドロフスクUFO墜《つい》落《らく》事《じ》件《けん》の宇《う》宙《ちゅう》人《じん》

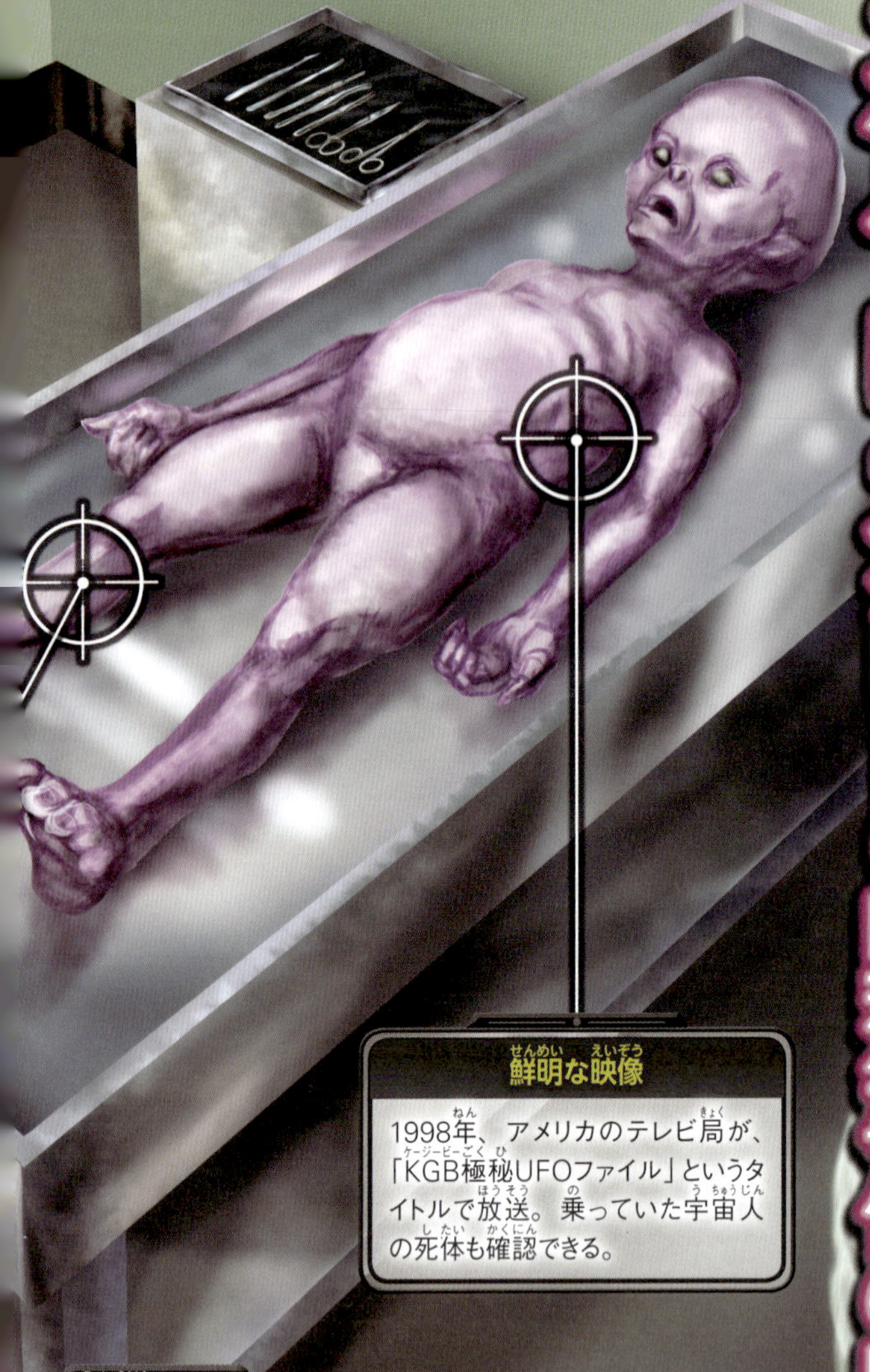

鮮明《せんめい》な映像《えいぞう》

1998年《ねん》、アメリカのテレビ局《きょく》が、「KGB《ケージービー》極《ごく》秘《ひ》UFOファイル」というタイトルで放送《ほうそう》。乗《の》っていた宇《う》宙《ちゅう》人《じん》の死体《したい》も確認《かくにん》できる。

宇《う》宙《ちゅう》人《じん》DATA

形状《けいじょう》	グレイタイプ
出没国《しゅつぼつこく》・地域《ちいき》	ロシア エカテリンブルグ
出没年《しゅつぼつねん》	1968年《ねん》
第《だい》3種接近遭遇《しゅせっきんそうぐう》	3
目撃数《もくげきすう》	👁👁👁

▼スベルドロフスクUFO墜落《ついらく》事件《じけん》の宇宙人《うちゅうじん》

ロシアのスパイ機関《きかん》が宇宙人《うちゅうじん》を解剖《かいぼう》していた!?

旧《きゅう》ソ連《れん》の崩壊後《ほうかいご》の1998年《ねん》、KGB《ケージービー》（ソ連《れん》のスパイ機関《きかん》）から極秘《ごくひ》ファイルが流出《りゅうしゅつ》。そこには、1968年《ねん》11月《がつ》にロシアのエカテリンブルグ近《ちか》くの森林《しんりん》地帯《ちたい》に墜落《ついらく》したUFOを回収《かいしゅう》しているシーンが、はっきりと記録《きろく》されていた。さらに、回収《かいしゅう》された宇宙《うちゅう》人《じん》を3人《にん》の医師《いし》が解剖《かいぼう》しているシーンも映《うつ》されていた。解剖《かいぼう》をした3人《にん》の医師《いし》は、その後《ご》、同《おな》じ日《ひ》に謎《なぞ》の死《し》を遂《と》げたという。本《ほん》物《もの》か、ニセ物《もの》の映像《えいぞう》か。意見《いけん》は分《わ》かれたが、軍人《ぐんじん》たちの制服《せいふく》やトラックがまちがいなく当時《とうじ》のものであることから、本物《ほんもの》である可《か》能性《のうせい》が高《たか》いと考《かんが》えられている。

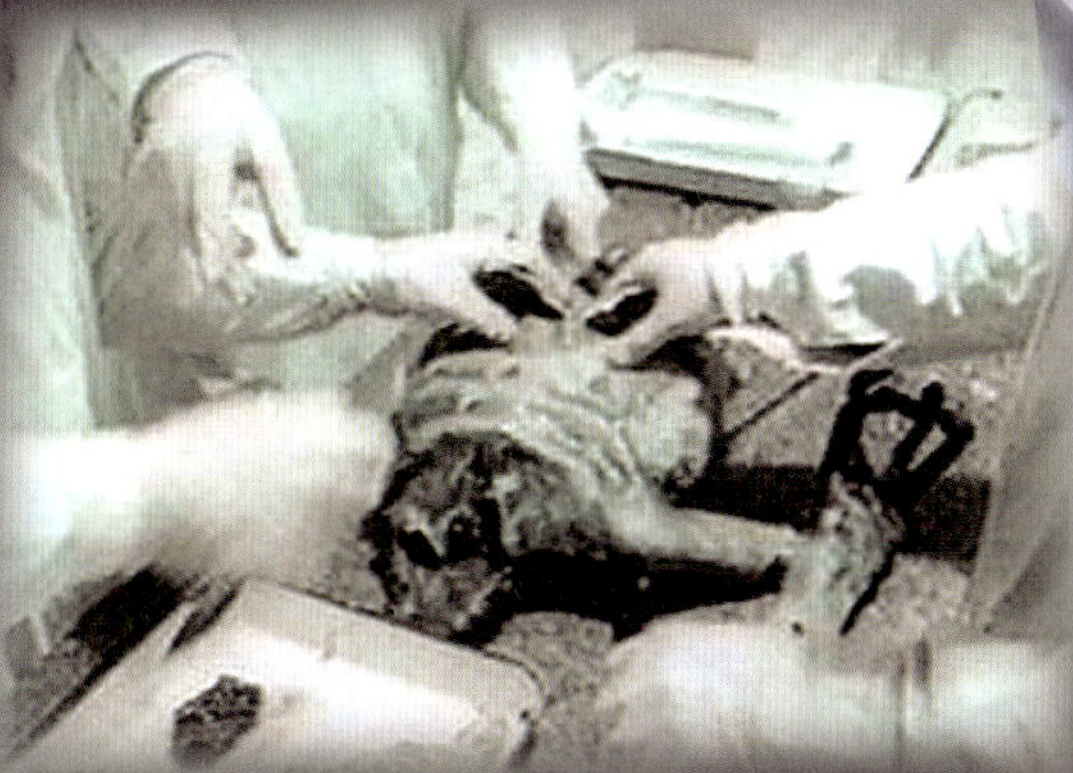

△墜落《ついらく》したUFOに乗《の》っていたと思《おも》われる宇宙人《うちゅうじん》の死体《したい》を解剖《かいぼう》する映像《えいぞう》。3人《にん》の医師《いし》が宇宙人《うちゅうじん》をすみずみまで調《しら》べている。

足《あし》をケガしていた

グレイタイプの宇宙人《うちゅうじん》で、足《あし》にはケカをした様子《ようす》か見《み》えた。地球《ちきゅう》を偵察《ていさつ》にきたときに、事故《じこ》にあってしまったのだろうか。

黒《くろ》いウェットスーツのような服《ふく》を着《き》た怪《かい》人《じん》

エミルシン事《じ》件《けん》の宇《う》宙《ちゅう》人《じん》

黒《くろ》いゴムのような服《ふく》

身長《しんちょう》は140～150cmくらい。顔《かお》と手《て》だけ出《で》た、黒《くろ》くてぴったりとしたゴムのような服《ふく》を着《き》込《こ》んでいた。

老人《ろうじん》の乗《の》った荷馬車《にばしゃ》に急《きゅう》に乗《の》り込《こ》んだ黒《くろ》い影《かげ》…

ポーランドのエミルシンという村《むら》で起《お》こった事件《じけん》。1978年《ねん》、当時《とうじ》71歳《さい》だったヤン・ボルスキーが森《もり》の中《なか》で荷馬車《にばしゃ》を走《はし》らせていたところ突然《とつぜん》、黒《くろ》い服《ふく》を着《き》た怪人《かいじん》が乗《の》り込《こ》み、ヤンの横《よこ》に座《すわ》った。しばらく進《すす》むと、短《みじか》いバスのような長《なが》さ5メートルほどの物体《ぶったい》が宙《ちゅう》に浮《う》かんでいた。怪人《かいじん》にうながされ、ヤンがその物体《ぶったい》の中《なか》に入《はい》ると、同《おな》じ顔《かお》の仲間《なかま》がふたりおり、ヤンは不思議《ふしぎ》な機械《きかい》で体《からだ》を10分《ぷん》ほど検査《けんさ》されたという。後《のち》の調査《ちょうさ》で、この日《ひ》、20人《にん》以上《いじょう》が同《おな》じ形《かたち》の飛《ひ》行物体《こうぶったい》を目撃《もくげき》していたことが判明《はんめい》。物的証《ぶってきしょう》拠《こ》はなく、彼《かれ》らが一体何者《いったいなにもの》かは不明《ふめい》だ。

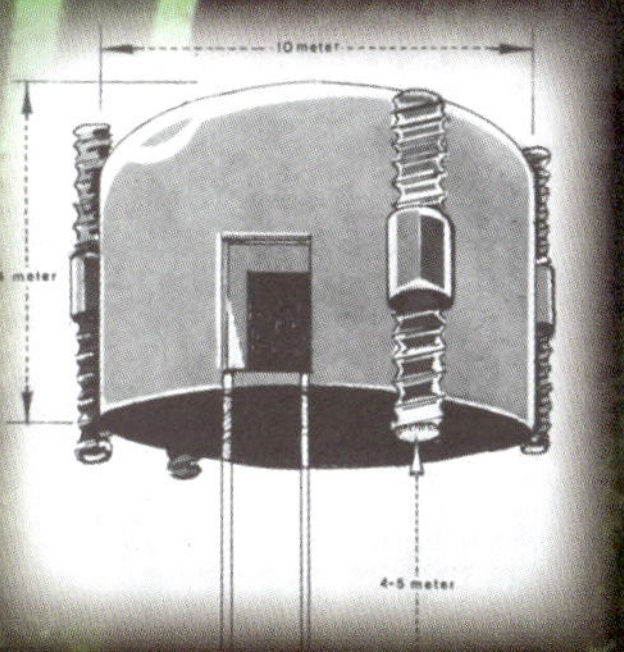

△UFOの真《ま》ん中《なか》には昇降機《しょうこうき》のようなものがあり、宇宙人《うちゅうじん》はここから出入《でい》りしていたものと考《かんが》えられる。

緑色《みどりいろ》の肌《はだ》

皮《ひ》ふはオリーブグリーン色《いろ》で、頭《あたま》が大《おお》きく、細身《ほそみ》。目《め》はアーモンド型《がた》で白目《しろめ》がない。つららのような食《た》べ物《もの》を、ボルスキーにすすめたという。

宇宙人《うちゅうじん》DATA

形状《けいじょう》
ヒューマノイドタイプ

出没国《しゅつぼつこく》・地域《ちいき》
ポーランド
エミルシン

出没年《しゅつぼつねん》
1978年《ねん》

第《だい》4種接近遭遇《しゅせっきんそうぐう》

目撃数《もくげきすう》

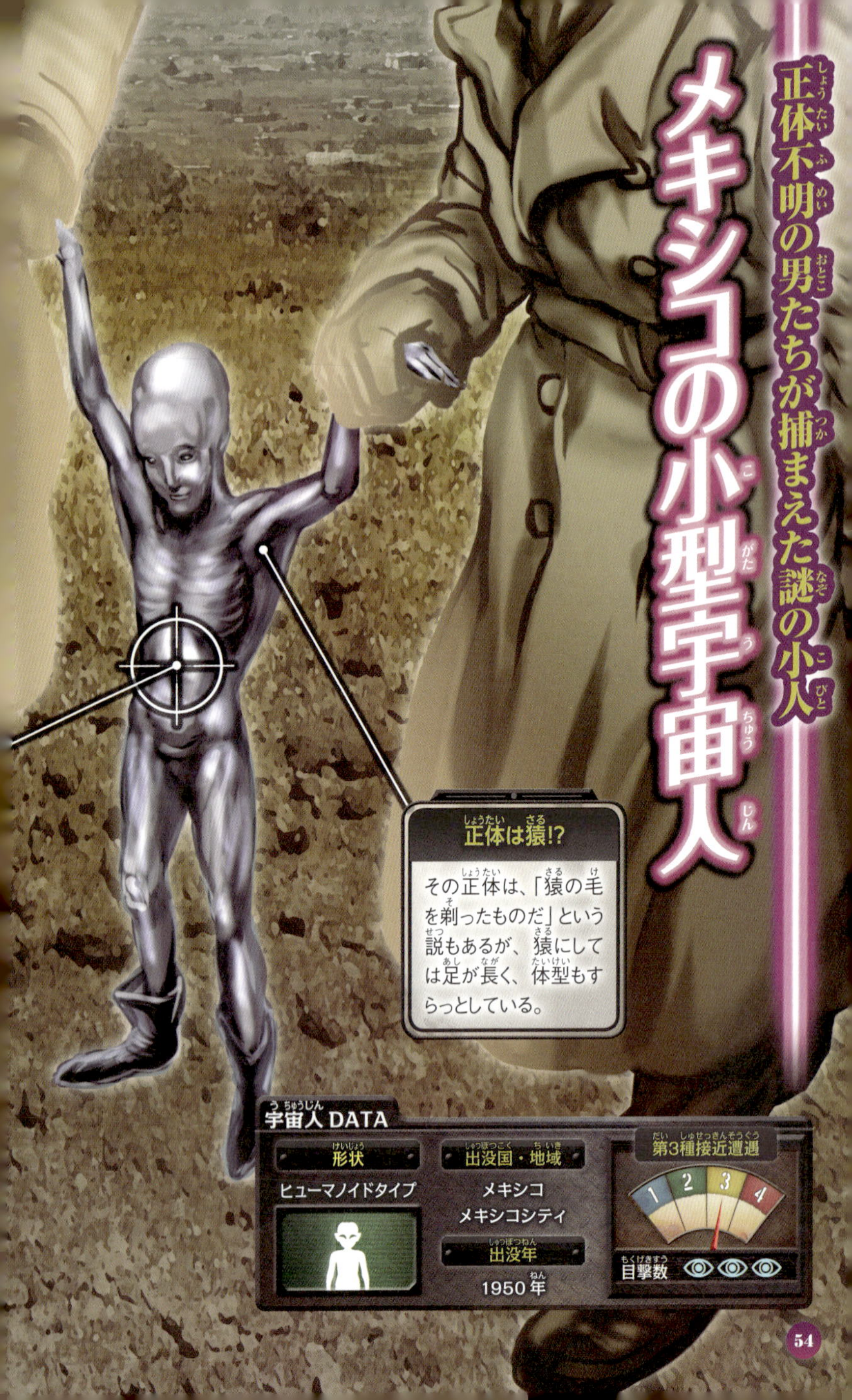

正体《しょうたい》不明《ふめい》の男《おとこ》たちが捕《つか》まえた謎《なぞ》の小人《こびと》

メキシコの小《こ》型《がた》宇《う》宙《ちゅう》人《じん》

正体《しょうたい》は猿《さる》!?

その正体《しょうたい》は、「猿《さる》の毛《け》を剃《そ》ったものだ」という説《せつ》もあるが、猿《さる》にしては足《あし》が長《なが》く、体型《たいけい》もすらっとしている。

宇宙人《うちゅうじん》 DATA

形状《けいじょう》

ヒューマノイドタイプ

出没国《しゅつぼつこく》・地域《ちいき》

メキシコ
メキシコシティ

出没年《しゅつぼつねん》

1950年《ねん》

第《だい》3種接近遭遇《しゅせっきんそうぐう》

1 2 3 4

目撃数《もくげきすう》

墜落《ついらく》したUFOから乗組員《のりくみいん》の宇宙人《うちゅうじん》を捕獲《ほかく》！

1950年《ねん》4月《がつ》、西《にし》ドイツのケルンの新聞《しんぶん》に、衝撃的《しょうげきてき》な写真《しゃしん》が掲載《けいさい》された。それは、メキシコシティ近《ちか》くに墜落《ついらく》したUFOから救出《きゅうしゅつ》されたという小《ちい》さな宇宙人《うちゅうじん》の姿《すがた》だった。宇宙人《うちゅうじん》はかなり不安《ふあん》そうな表情《ひょうじょう》で、両腕《りょううで》をトレンチコートを着《き》た男性《だんせい》ふたりにつかまれている。UFOには2体《たい》の宇宙人《うちゅうじん》が乗《の》っていたが、1体《たい》はすでに死《し》んでいた。遺体《いたい》で発見《はっけん》された宇宙人《うちゅうじん》は、アメリカのライトパターソン空軍基地《くうぐんきち》に運《はこ》ばれ、冷凍保存《れいとうほぞん》されているという。写真《しゃしん》が誰《だれ》の手《て》によって撮影《さつえい》されたものなのか、何《なに》が目的《もくてき》なのかなど、くわしくはいまだにわかっていない。

◀宇宙人《うちゅうじん》に関《かん》する最《もっと》も有名《ゆうめい》な写真《しゃしん》のひとつ。ふたりの男《おとこ》たちは、アメリカのスパイ機関《きかん》の人間《にんげん》ではないかとも言《い》われている。

移動中《いどうちゅう》に死亡《しぼう》

この捕《つか》まった宇宙人《うちゅうじん》は、運《はこ》ばれている途中《とちゅう》で死亡《しぼう》。ドロドロに溶《と》けてしまったという説《せつ》もある。

ワルヌトンの宇宙人《うちゅうじん》

双子《ふたご》のような見《み》た目《め》でいっしょに移動《いどう》する謎《なぞ》の生命体《せいめいたい》

宇宙人《うちゅうじん》 DATA

形状《けいじょう》	出没年《しゅつぼつねん》
ヒューマノイドタイプ	1974年《ねん》
出没国《しゅつぼつこく》・地域《ちいき》	第《だい》3種接近遭遇《しゅせっきんそうぐう》
ベルギー ワルヌトン	目撃数《もくげきすう》

金属製《きんぞくせい》のスーツを着用《ちゃくよう》

目《め》は赤《あか》く、金属製《きんぞくせい》のスーツを着用《ちゃくよう》。それぞれ丸《まる》と四《し》角《かく》のヘルメットをかぶっていたという。

目撃証言多数《もくげきしょうげんたすう》！銀色《ぎんいろ》の宇宙人《うちゅうじん》の正体《しょうたい》は？

1974年《ねん》1月《がつ》7日《か》午後《ごご》8時《じ》40分《ぷん》ごろ。ベルギーのワルヌトンの国道《こくどう》で、男性《だんせい》の車《くるま》のエンジンが突然《とつぜん》止《と》まった。男《だん》性《せい》は車《くるま》から降《お》りると、少《すこ》し先《さき》の野《の》原《はら》にオレンジ色《いろ》の光《ひかり》を放《はな》つUFOを発見《はっけん》。隣《となり》には双子《ふたご》のような2体《たい》の宇宙人《うちゅうじん》がいた。その後《ご》、宇宙人《うちゅうじん》はUFOで飛《と》び去《さ》ったという。同年《どうねん》6月《がつ》6日《か》にもまったく同《おな》じ目撃《もくげき》証言《しょうげん》があり、信《しん》ぴょう性《せい》の高《たか》い事件《じけん》と考《かんが》えられている。

▼ワルヌトンの宇宙人《うちゅうじん》／のっぺらぼうの宇宙人《うちゅうじん》

のっぺらぼうの宇宙人《うちゅうじん》

透明《とうめい》で丸《まる》いUFOに乗《の》る顔《かお》のない生物《せいぶつ》

全身《ぜんしん》つるつる!?

目《め》・鼻《はな》・口《くち》はなく、髪《かみ》もない。腕《うで》の先端《せんたん》に手《て》はなく、代《か》わりに吸盤《きゅうばん》のようなものがついている。

宇宙人《うちゅうじん》DATA

形状《けいじょう》	出没年《しゅつぼつねん》
ヒューマノイドタイプ	1975年《ねん》
出没国《しゅつぼつこく》・地域《ちいき》	**第《だい》4種接近遭遇《しゅせっきんそうぐう》**
アルゼンチン ブエノスアイレス	目撃数《もくげきすう》 ◎◎◎

目的《もくてき》は「髪《かみ》の毛《け》」!? 人毛《じんもう》をうばいとる!

1975年《ねん》1月《がつ》4日《か》、アルゼンチンのブエノスアイレスに住《す》む男性《だんせい》が帰宅途中《きたくとちゅう》、奇妙《きみょう》な体験《たいけん》をする。突然《とつぜん》、閃光《せんこう》が走《はし》り、気《き》がつくと彼《かれ》は透明《とうめい》な球体《きゅうたい》の内部《ないぶ》にいた。すると3体《たい》の顔《かお》のない人型《ひとがた》の生物《せいぶつ》に髪《かみ》の毛《け》をむしられたという。髪《かみ》の毛《け》をほしがった理由《りゆう》は不明《ふめい》で、なんとも奇妙《きみょう》な事件《じけん》だ。

◀事件後《じけんご》、男性《だんせい》は意識《いしき》を失《うしな》い、気《き》づいたときには草《くさ》むらにいたという。

銀《ぎん》色《いろ》のUFOで男《おとこ》をさらった緑《みどり》色《いろ》の奇《き》妙《みょう》な生《せい》物《ぶつ》

イルクリーに現《あらわ》れた緑《みどり》色《いろ》の宇《う》宙《ちゅう》人《じん》

奇《き》妙《みょう》な外《がい》見《けん》

身長《しんちょう》はおよそ1.3m。手《て》足《あし》が長《なが》く、皮《ひ》ふの色《いろ》は緑《みどり》色《いろ》だ。人間《にんげん》と動物《どうぶつ》が合《あ》わさったような奇《き》妙《みょう》な見《み》た目《め》をしている。

宇宙人《うちゅうじん》DATA

形状《けいじょう》

クリーチャータイプ

出没国《しゅつぼつこく》・地域《ちいき》

イギリス
イルクリー

出没年《しゅつぼつねん》

1987年《ねん》

第《だい》4種接近遭遇《しゅせっきんそうぐう》

目撃数《もくげきすう》

PART 1 宇宙人《うちゅうじん》遭遇《そうぐう》ファイル

▼イルクリーに現《あらわ》れた緑色《みどりいろ》の宇宙人《うちゅうじん》

記憶《きおく》をなくした男《おとこ》はUFOに連《つ》れ去《さ》られていた⁉

イギリスのイルクリーである男《おとこ》が不思議《ふしぎ》な体験《たいけん》をした。１９８７年《ねん》12月《がつ》1日《たち》午前《ごぜん》7時《じ》ごろ、彼《かれ》は親戚《しんせき》の家《いえ》に向《む》かう途中《とちゅう》、緑色《みどりいろ》の生物《せいぶつ》を発見《はっけん》。驚《おどろ》いてカメラで撮影《さつえい》すると、生物《せいぶつ》は手《て》を払《はら》うような動作《どうさ》をし、その後《ご》、銀色《ぎんいろ》のＵＦＯに乗《の》って飛《と》んでいってしまった。男《おとこ》はすぐにその場《ば》を立《た》ち去《さ》ったはずだが、気《き》づいたときにはなぜか10時《じ》を回《まわ》っていた。記憶《きおく》が3時間《じかん》空白《くうはく》となっていたのである。後《のち》に逆行催眠《ぎゃっこうさいみん》で、彼《かれ》がＵＦＯ内《ない》に連《つ》れ去《さ》られ、４～５体《たい》ほどの緑色《みどりいろ》の宇宙人《うちゅうじん》と会《あ》っていたことがわかった。彼《かれ》らの目的《もくてき》は何《なん》だったのか、それはいまだにわかっていない。

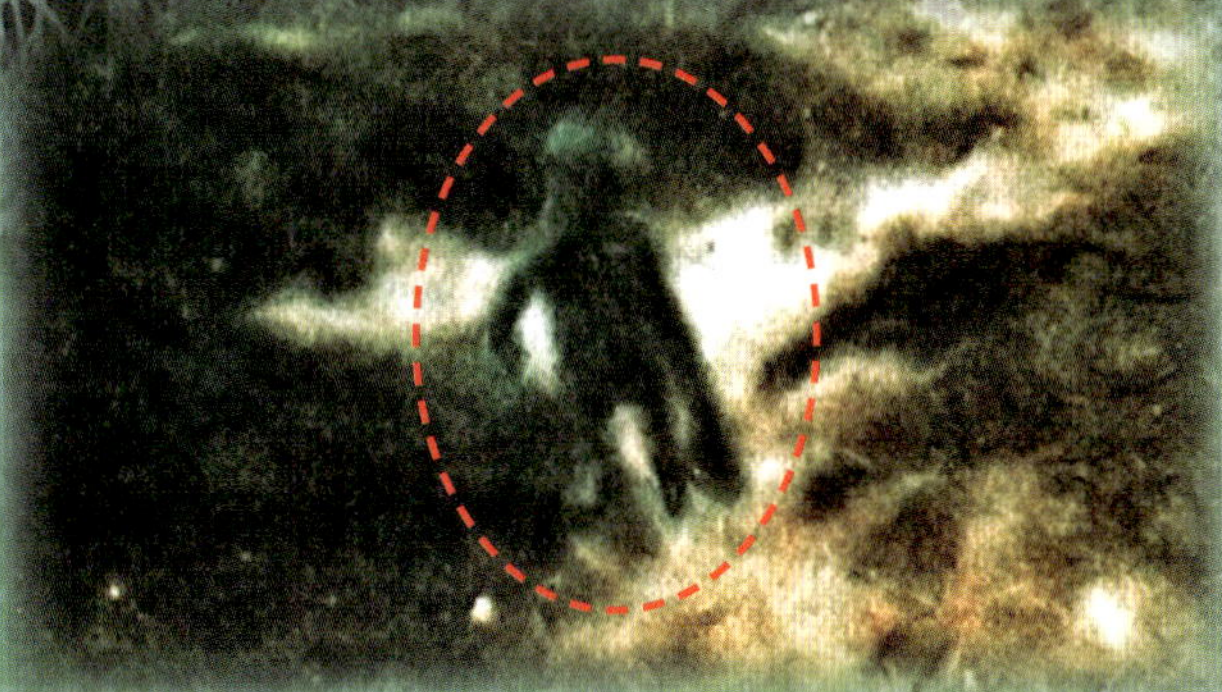

△発見者《はっけんしゃ》が撮影《さつえい》したと言《い》われる写真《しゃしん》。不鮮明《ふせんめい》ではあるが、緑色《みどりいろ》をした生《い》き物《もの》が中心《ちゅうしん》にいるのがわかる。

記憶《きおく》を操作《そうさ》する能力《のうりょく》

遭遇《そうぐう》した男性《だんせい》の記憶《きおく》がないことから、何《なん》らかの方法《ほうほう》で記憶《きおく》の操作《そうさ》ができるのではないかと言《い》われている。

地元《じもと》の雑誌《ざっし》に投稿《とうこう》され話題《わだい》となった通称《つうしょう》〝カポーニ・ピクチャー〟

イタリアで目撃《もくげき》された宇宙《うちゅう》人《じん》

不思議《ふしぎ》な外見《がいけん》

身長《しんちょう》は90cmほど。皮《ひ》ふはこげ茶色《ちゃいろ》で、首《くび》から胸《むね》だけが白《しろ》い。体《からだ》はヌルヌルした体液《たいえき》でおおわれていたという。

宇宙人《うちゅうじん》 DATA

形状《けいじょう》

は虫類《ちゅうるい》タイプ

出没国《しゅつぼつこく》・地域《ちいき》

イタリア
ナポリ

出没年《しゅつぼつねん》

1993年《ねん》

第《だい》3種接近遭遇《しゅせっきんそうぐう》

目撃数《もくげきすう》

ケガをした宇宙人《うちゅうじん》!? 民家《みんか》に現《あらわ》れた不思議《ふしぎ》な生物《せいぶつ》!

1993年《ねん》、イタリアのフィリベルト・カポーニは、深夜《しんや》に猫《ねこ》のような鳴《な》き声《ごえ》を聞《き》いた。気《き》になって庭《にわ》に出《で》てみると、カプセルのような物体《ぶったい》の中《なか》からこげ茶色《ちゃいろ》の生物《せいぶつ》が出《で》てきた。首《くび》から胸《むね》にかけては白《しろ》く、胸元《むなもと》からは白《しろ》いホースのようなものが2本《ほん》飛《と》び出《で》ていた。黒《くろ》い目《め》の中《なか》に瞳《ひとみ》はなく、小《ち》さな鼻《はな》で荒《あら》い息《いき》をしていた。その生物《せいぶつ》は、その日《ひ》から15日間《にちかん》、何度《なんど》か庭《にわ》に現《あらわ》れ、その後《ご》、姿《すがた》を現《あらわ》さなくなった。深手《ふかで》を負《お》った宇宙人《うちゅうじん》が、彼《かれ》に助《たす》けを求《もと》めに来《き》ていたのかもしれない。この写真《しゃしん》はすぐに地元《じもと》の雑誌《ざっし》に投稿《とうこう》され、宇宙人《うちゅうじん》ではないかと話題《わだい》になった。

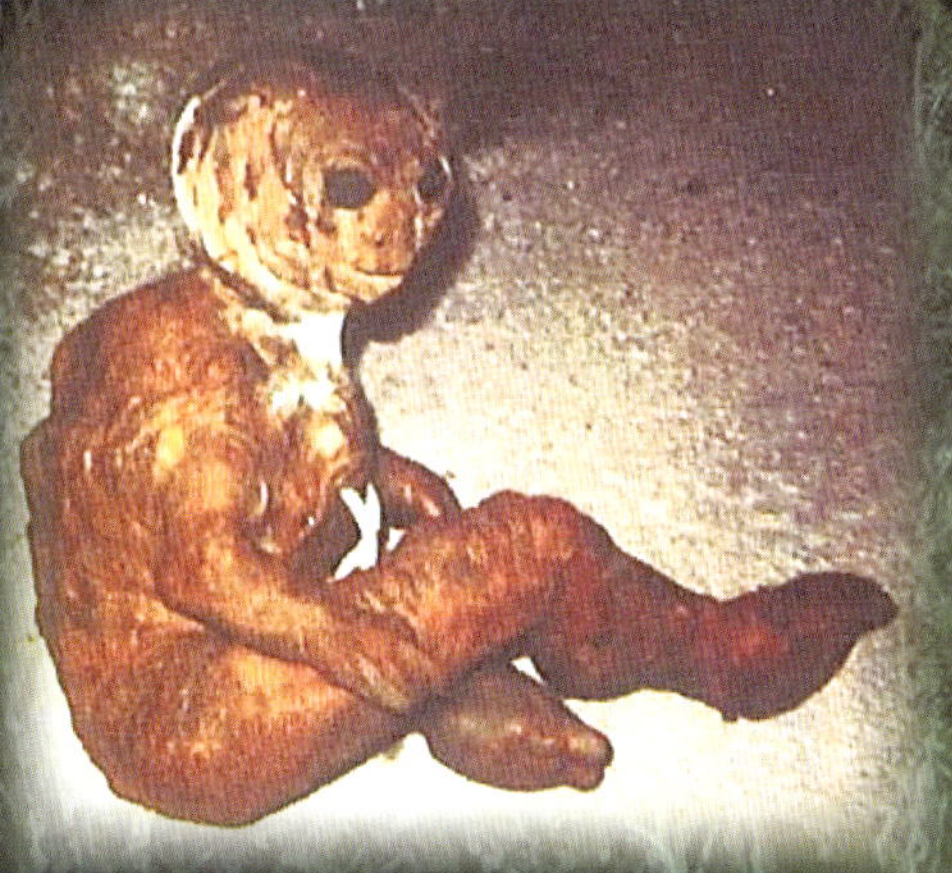

△この写真《しゃしん》からも胸《むね》のあたりからチューブが2本《ほん》出《で》ているのがわかる。眼《め》の部分《ぶぶん》は真《ま》っ黒《くろ》で、まるで空《くう》どうのようだ。

人工的《じんこうてき》なホース？

胸元《むなもと》から出《で》る白《しろ》いホースのようなものは、自然《しぜん》に産まれたものというよりは人工的《じんこうてき》に作《つく》られたもののように見《み》える。

まるで獣《けもの》!? おそろしい姿《すがた》をした謎《なぞ》の赤《あか》ん坊《ぼう》

ブラジルのクリーチャーの子《こ》ども

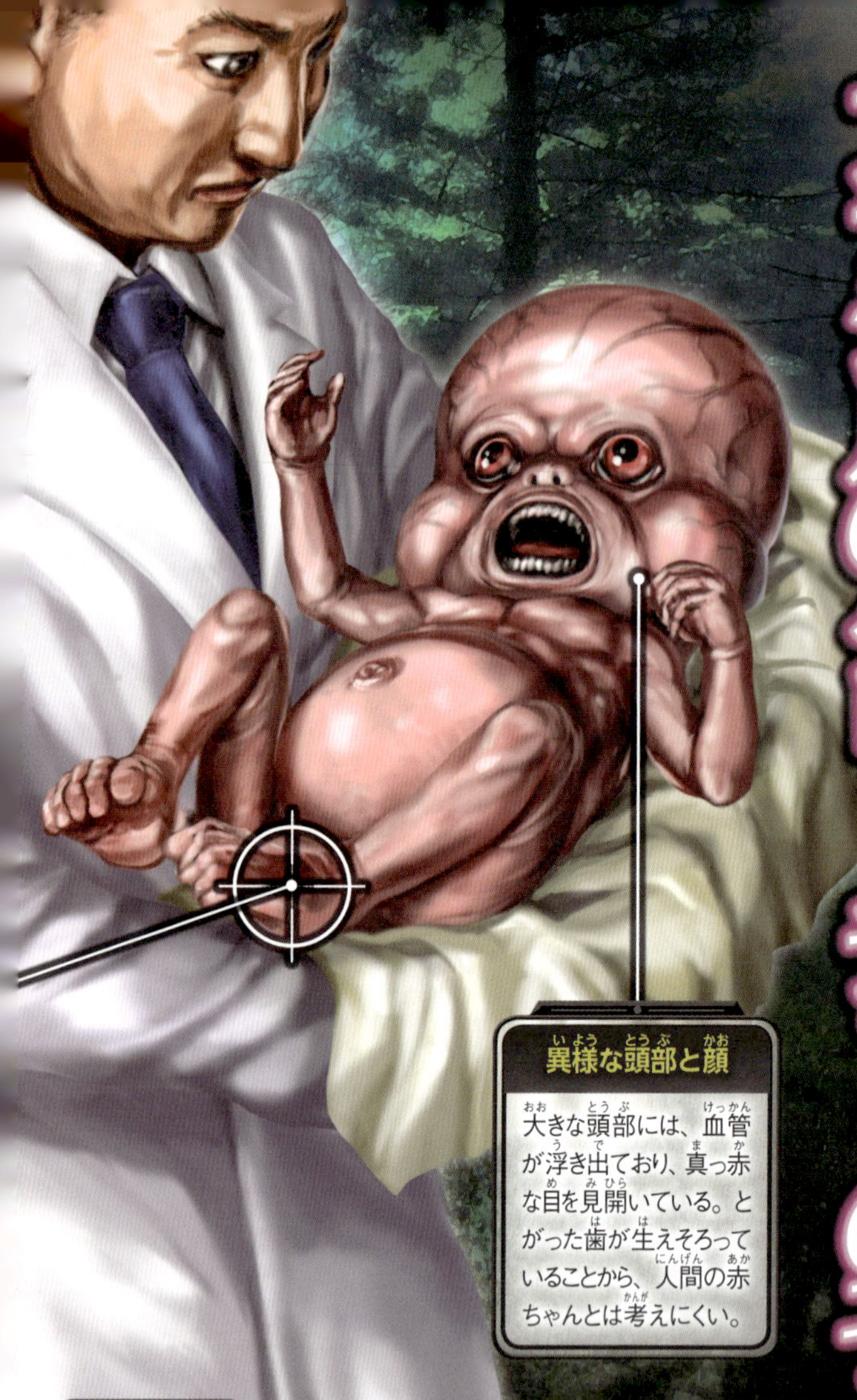

異様《いよう》な頭部《とうぶ》と顔《かお》

大《おお》きな頭部《とうぶ》には、血管《けっかん》が浮《う》き出《で》ており、真《ま》っ赤《か》な目《め》を見開《みひら》いている。とがった歯《は》が生《は》えそろっていることから、人間《にんげん》の赤《あか》ちゃんとは考《かんが》えにくい。

宇宙人《うちゅうじん》 DATA

形状《けいじょう》
クリーチャータイプ

出没国《しゅつぼつこく》・地域《ちいき》
ブラジル
アマゾン奥地《おくち》

出没年《しゅつぼつねん》
1970年代《ねんだい》

第《だい》3種接近遭遇《しゅせっきんそうぐう》
1 2 3 4

目撃数《もくげきすう》

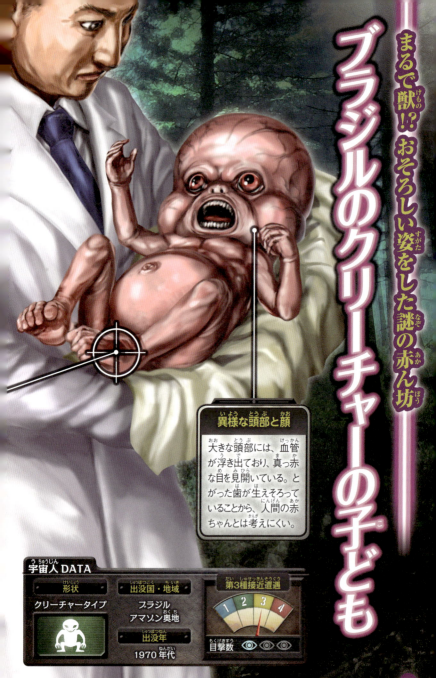

▼ブラジルのクリーチャーの子《こ》ども

アマゾン奥地《おくち》に宇宙人《うちゅうじん》!?姿《すがた》を消《け》した謎《なぞ》の赤《あか》ん坊《ぼう》

1970年代《ねんだい》、ブラジル、アマゾンの奥《おく》地《ち》で謎《なぞ》の赤《あか》ん坊《ぼう》が発見《はっけん》された。頭部《とうぶ》は異様《いよう》に大《おお》きく、血管《けっかん》が筋立《すじだ》っている。真《ま》っ赤《か》な瞳《ひとみ》に、赤《あか》ん坊《ぼう》らしいかわいらしさはない。大《おお》きくふくれ上《あ》がったおなかに大きなへそがついていて、両足《りょうあし》には足輪《あしわ》がつけられていた。しかし、口《くち》のなかには上下《じょうげ》にしっかり歯《は》が生《は》えている。あまりにも奇妙《きみょう》な姿《すがた》であるため、宇宙人《うちゅうじん》の子《こ》どもではないかと推《すい》測《そく》されている。ただし、これ以降《いこう》赤《あか》ん坊《ぼう》がどうなったかは一切報道《いっさいほうどう》されず、この赤《あか》ん坊《ぼう》の行方《ゆくえ》は今《いま》もわからないままである。

◀UFO研究家《けんきゅうか》が入手《にゅうしゅ》した宇《う》宙人《ちゅうじん》の写真《しゃしん》。赤《あか》ちゃんのようだが、その見《み》た目《め》は人間《にんげん》の赤《あか》ちゃんとはかけはなれたものだ。

クリーチャータイプか

人間《にんげん》の姿《すがた》に近《ちか》くもあるが、生態《せいたい》としては、獣《けもの》に近《ちか》い、クリーチャータイプではないかと言《い》われている。

宇《う》宙《ちゅう》人《じん》〝アウツソ〟

鼻《はな》とアゴがない代《か》わりにテレパシーを使《つか》う超《ちょう》能《のう》力《りょく》生《せい》物《ぶつ》

心《こころ》に影響《えいきょう》を与《あた》える？

テレパシーができる。このことから、人間《にんげん》の心《こころ》に影響《えいきょう》を与《あた》えることができるのではと考《かんが》えられている。

宇宙人《うちゅうじん》DATA

形状《けいじょう》	出没国《しゅつぼつこく》・地域《ちいき》
ヒューマノイドタイプ	アメリカ ローリンズ
	**出没年《しゅつぼつねん》** 1974年《ねん》

第4種接近遭遇《だいしゅせっきんそうぐう》

目撃数《もくげきすう》

▼宇宙人《うちゅうじん》〝アウッソ〟

脳《のう》に直接《ちょくせつ》語《かた》りかけてくる!? 超能力《ちょうのうりょく》を持《も》つ宇宙人《うちゅうじん》か…?

カール・ヒグドンは、1974年《ねん》10月《がつ》25日《にち》、アメリカのワイオミング州《しゅう》ローリンズにシカ狩《が》りに訪《おとず》れた。彼《かれ》がシカに向《む》かってライフルを撃《う》つと、銃弾《じゅうだん》がなぜかふわりと地面《じめん》に落《お》ちた。次《つぎ》の瞬間《しゅんかん》、奇妙《きみょう》な生物《せいぶつ》が現《あらわ》れ、カールの脳内《のうない》に直接語《ちょくせつかた》りかけてきた。その生物《せいぶつ》は自《みずか》らを「アウッソ」と名乗《なの》った。さらに、不思議《ふしぎ》な力《ちから》でヒグドンを近《ちか》くに着陸《ちゃくりく》していた立方体《りっぽうたい》のような形状《けいじょう》の乗《の》り物《もの》に運《はこ》び、機械《きかい》のようなもので彼《かれ》らの故郷《こきょう》の映像《えいぞう》を見《み》せた。その後《ご》「帰《かえ》らせてやる」と言《い》われ、解放《かいほう》された。アウッソはその後現《ごあらわ》れず、その目的《もくてき》は謎《なぞ》のままだ。

◀ヒグドンがライフルを発泡《はっぽう》したが、不思議《ふしぎ》な力《ちから》によって地面《じめん》に落《お》ちたという銃弾《じゅうだん》。この事件《じけん》の唯一《ゆいいつ》の証拠《しょうこ》である。

右手《みぎて》はドリル!?

肌《はだ》は黄色《きいろ》。鼻《はな》、クチビル、アゴがない。大《おお》きな歯《は》がむき出《だ》しで、頭《あたま》からは謎《なぞ》の突起物《とっきぶつ》が生《は》えており、右手《みぎて》にはドリルがついている。

突然《とつぜん》現《あらわ》れたUFOと、空《そら》を飛《と》ぶ3体《たい》の乗組員《のりくみいん》

パスカグーラ事件《じけん》の宇宙人《うちゅうじん》

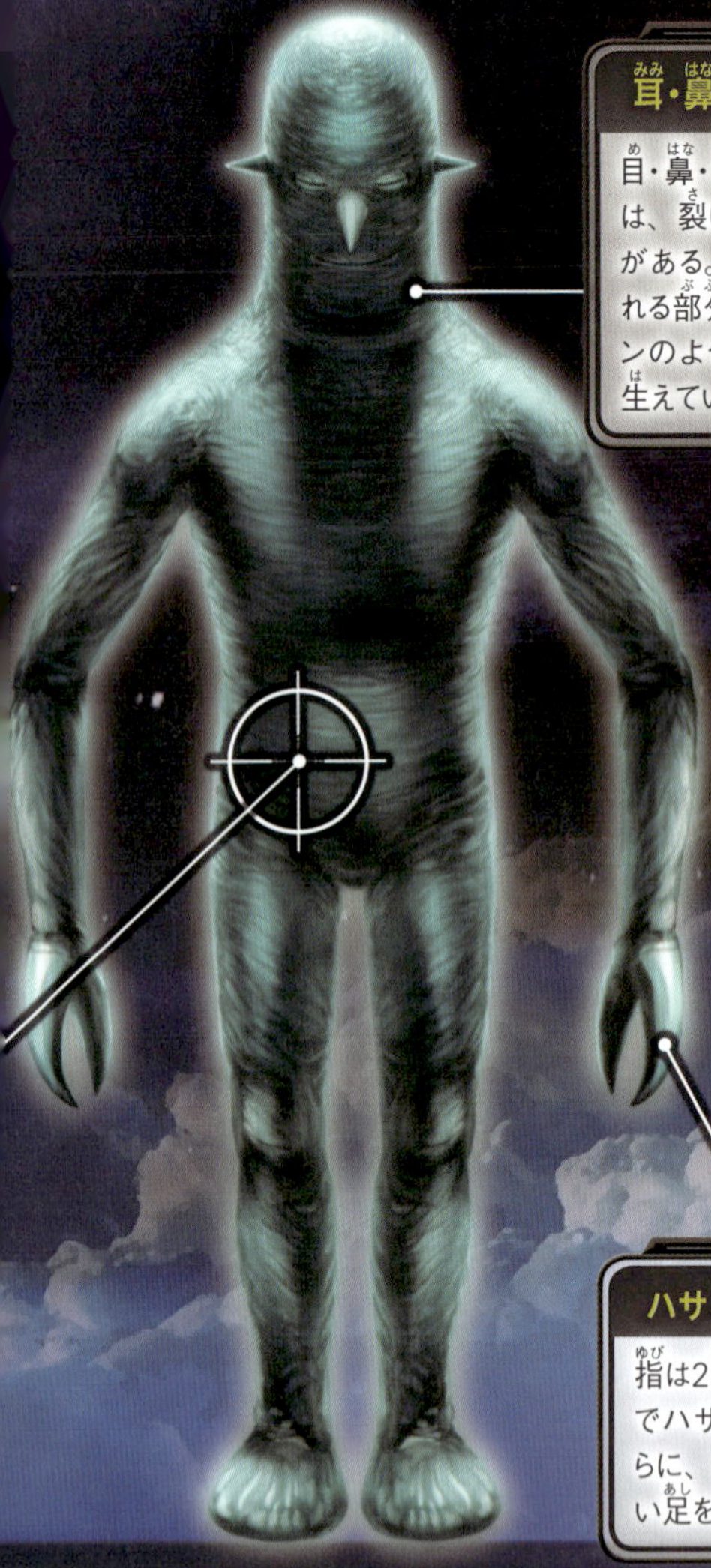

耳《みみ》・鼻《はな》からの突起物《とっきぶつ》

目《め》・鼻《はな》・口《くち》・耳《みみ》の位置《いち》には、裂《さ》け目《め》のようなものがある。耳《みみ》と鼻《はな》と思《おも》われる部分《ぶぶん》からは、ニンジンのような細《ほそ》い物体《ぶったい》が生《は》えていたという。

ハサミのような指《ゆび》

指《ゆび》は2本《ほん》しかなく、まるでハサミのようだ。さらに、つま先《さき》がない丸《まる》い足《あし》をしていたという。

宇宙人《うちゅうじん》DATA

形状《けいじょう》
ヒューマノイドタイプ

出没国《しゅつぼつこく》・地域《ちいき》
アメリカ
パスカグーラ

出没年《しゅつぼつねん》
1973年《ねん》

第《だい》4種接近遭遇《しゅせっきんそうぐう》
1 2 3 4

目撃数《もくげきすう》

宇宙人《うちゅうじん》と接触《せっしょく》!? 謎《なぞ》の機械《きかい》で身体検査《しんたいけんさ》！

1973年《ねん》10月《がつ》11日《にち》、チャールズ・ヒクソンとカルビン・パーカーはアメリカのパスカグーラ川《がわ》で夜釣《よづ》りをしていた。午後《ごご》9時《じ》ごろ、「ヒュー」という音《おと》で振《ふ》り返《かえ》ると、宙《ちゅう》に青《あお》く光《ひか》るUFOが浮《う》かんでいた。すると中《なか》から、3体《たい》の宇宙人《うちゅうじん》が出現《しゅつげん》。ふたりをUFOの中《なか》に連《つ》れ去《さ》り、謎《なぞ》の機械《きかい》で体《からだ》を検査《けんさ》した。20分《ぷん》ほどしてふたりは解放《かいほう》され、宇宙人《うちゅうじん》は空中《くうちゅう》を浮《う》きながらUFOに戻《もど》り、飛《と》び去《さ》った。この話《はなし》を聞《き》いた保安官《ほあんかん》はふたりがウソをついているのではと疑《うたが》い、数々《かずかず》の検査《けんさ》をしたが、ウソ発見機《はっけんき》にも表《あらわ》れなかったという。

△事件《じけん》の再現《さいげん》イラスト。さらわれたふたりは叫《さけ》ぼうとしても声《こえ》が出《で》なかったという。

シワシワの外見《がいけん》

身長《しんちょう》1.5mぐらい。首《くび》がなく、肩《かた》から直接《ちょくせつ》頭《あたま》が生えている。灰色《はいいろ》っぽいシワだらけの皮《ひ》ふ。

言葉《ことば》でなく機械《きかい》で意思《いし》を伝《つた》える、高《たか》い機械《きかい》文明《ぶんめい》を持《も》つ生命体《せいめいたい》

ハーバード・シャーマー事件《じけん》の宇宙人《うちゅうじん》

シワだらけの顔《かお》

顔《かお》はシワだらけで、つり上《あ》がった目《め》は、瞬《まばた》きをしないかわりにカメラのように拡張《かくちょう》・収縮《しゅうしゅく》する。口《くち》はうすくさけているが動《うご》かず、耳《みみ》についたアンテナで意思《いし》を伝《つた》えるらしい。

宇宙人《うちゅうじん》 DATA

形状《けいじょう》	出没国《しゅつぼつこく》・地域《ちいき》	第4種接近遭遇《だいしゅせっきんそうぐう》
ヒューマノイドタイプ	アメリカ アシュランド	1 2 3 4
	出没年《しゅつぼつねん》	目撃数《もくげきすう》
	1967年《ねん》	

任務《にんむ》で地球《ちきゅう》にやってきた⁉ 制服《せいふく》に身《み》を包《つつ》んだ宇宙人《うちゅうじん》

1967年《ねん》12月《がつ》3日《か》、ネブラスカ州《しゅう》アシュランドの郊外《こうがい》。パトロールしていた地《じ》元《もと》の警官《けいかん》ハーバード・シャーマーは、午前《ごぜん》2時《じ》半《はん》ごろ、地上《ちじょう》から浮《う》いているフットボール型《がた》の物体《ぶったい》を発見《はっけん》。サイレンのような音《おと》とともに炎《ほのお》をふきながら急上昇《きゅうじょうしょう》し、消《き》えてしまった。シャーマーは署《しょ》に戻《もど》ったが、記憶《きおく》に20分《ぷん》の空白《くうはく》があった。後《のち》に逆行催眠《ぎゃっこうさいみん》でUFO内部《ないぶ》に連《つ》れて行《い》かれたことが判《はん》明《めい》。灰色《はいいろ》のシワシワの肌《はだ》に、ぴったりとした制服《せいふく》をまとった宇宙人《うちゅうじん》は、すでに太陽系《たいようけい》内《ない》に基地《きち》があると伝《つた》えたという。この話《はなし》の真偽《しんぎ》はいまだ不明《ふめい》のままだ。

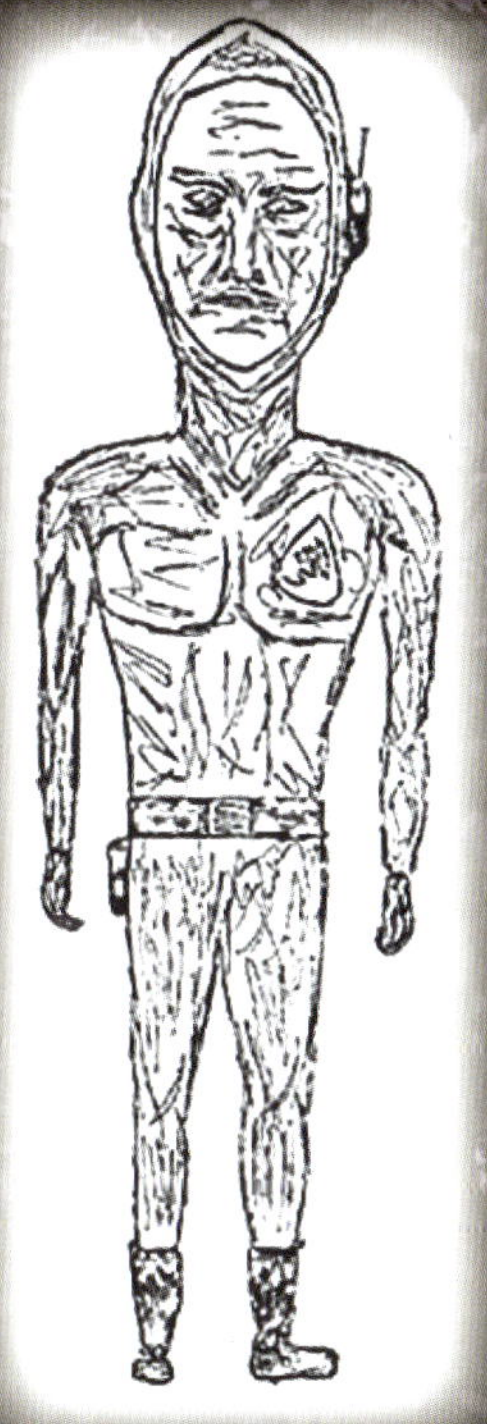

◀シャーマーがUFO内部《ないぶ》で目撃《もくげき》したという宇宙人《うちゅうじん》の再現《さいげん》イラスト。

紋章《もんしょう》入《い》りの衣装《いしょう》

身長《しんちょう》1.5mぐらい。体《からだ》にフィットした銀灰色《ぎんはいいろ》の制服《せいふく》を着ていた。胸元《むなもと》にはツバサの生《は》えたヘビのマークが入《はい》っていた。

謎《なぞ》の異物《いぶつ》を人間《にんげん》に埋《う》め込《こ》むカマキリを思《おも》わせる見《み》た目《め》の生物《せいぶつ》

ブレンダ・リー事件《じけん》の宇宙人《うちゅうじん》

グレイの別種《べっしゅ》か!?

頭《あたま》が大《おお》きく、体《からだ》や腕《うで》は細《ほそ》い。色《いろ》は黒《くろ》みがかった緑《みどり》で、カマキリに似《に》た顔《かお》をしている。

宇宙人《うちゅうじん》DATA

形状《けいじょう》
グレイタイプ

出没国《しゅつぼつこく》・地域《ちいき》
アメリカ
サンタモニカ

出没年《しゅつぼつねん》
2005年《ねん》

第《だい》4種接近遭遇《しゅせっきんそうぐう》
1 2 3 4

目撃数《もくげきすう》

右《みぎ》ホホに埋《う》め込《こ》まれた金属片《きんぞくへん》 その目的《もくてき》とは一体《いったい》…？

アメリカのサンタモニカに住《す》むブレンダ・リーは、2005年《ねん》12月《がつ》の夜《よる》、寝室《しんしつ》に侵入《しんにゅう》してきたカマキリのような生物《せいぶつ》に、庭《にわ》に連《つ》れ出《だ》されてしまう。上空《じょうくう》に光《ひか》り輝《かがや》いていた円盤型《えんばんがた》UFOから放射《ほうしゃ》された青《あお》い光《ひかり》を浴《あ》び、船内《せんない》に吸《す》い上《あ》げられたところで、リーは意識《いしき》を失《うしな》った。目《め》が覚《さ》めると寝室《しんしつ》のベッドの上《うえ》だった。その日《ひ》、偶然撮影《ぐうぜんさつえい》したレントゲン写真《しゃしん》で、リーの右《みぎ》ホホに異物《いぶつ》が入《はい》っていることが判明《はんめい》。それは、長《なが》さ6ミリ、太《ふと》さ1ミリという銅《どう》に似《に》た物質《ぶっしつ》だった。これは、人間《にんげん》の情報《じょうほう》を読《よ》み取《と》るための道具《どうぐ》ではないかと推測《すいそく》されている。

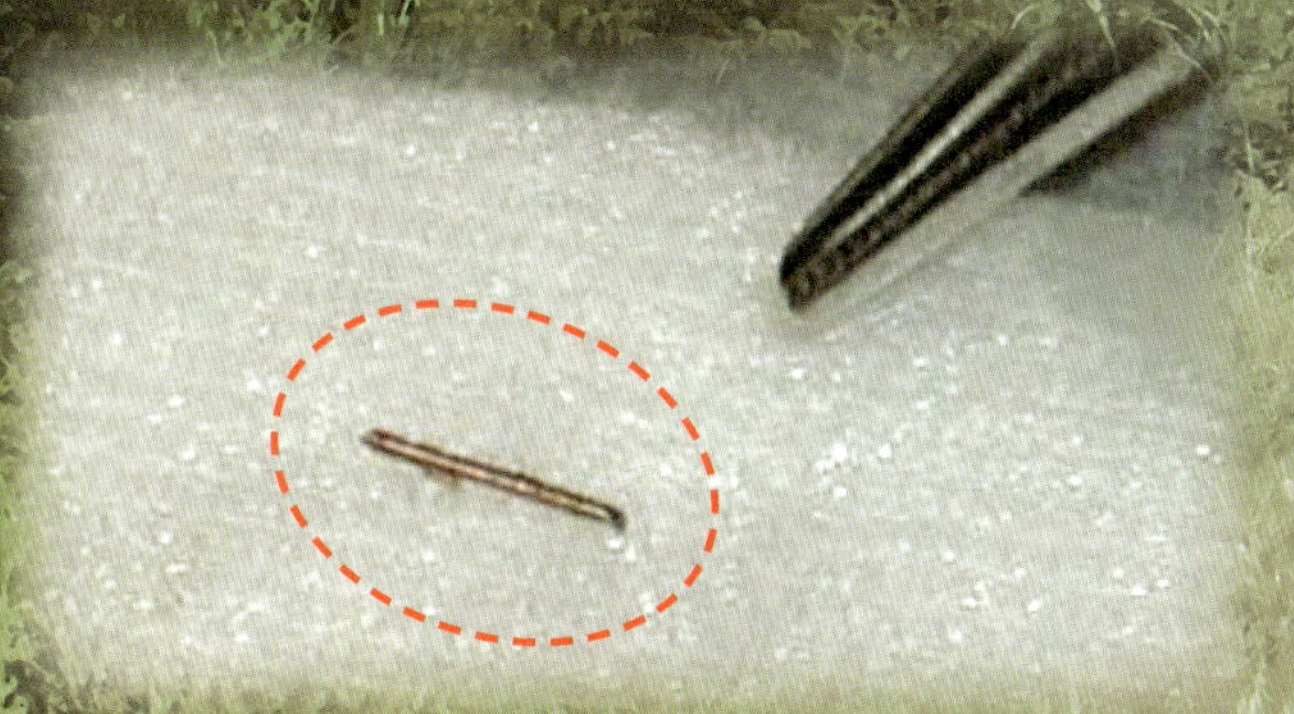

▲右《みぎ》ホホから摘出《てきしゅつ》された謎《なぞ》の金属片《きんぞくへん》。一体《いったい》、何《なん》のために体内《たいない》に埋《う》め込《こ》まれていたのかは、はっきりとはわかっていない。

小《ちい》さな異物《いぶつ》の正体《しょうたい》は？

体内《たいない》に埋《う》め込《こ》まれた異物《いぶつ》は磁気《じき》を発《はっ》していたというが、摘出《てきしゅつ》すると磁気《じき》は消《き》えた。体内《たいない》でのみ機能《きのう》していたということだろうか。

その姿《すがた》は半《はん》透《とう》明《めい》でミミズのよう!? 宇《う》宙《ちゅう》を浮《ふ》遊《ゆう》する謎《なぞ》の生《せい》命《めい》体《たい》

スペースワーム

ミミズのような外見《がいけん》

半透明《はんとうめい》で、白《しろ》っぽく、クネクネと曲《ま》がったリボン状《じょう》の物《ぶっ》体《たい》。生《い》き物《もの》か、それともただの物体《ぶったい》か、見《み》た人《ひと》の意《い》見《けん》は分《わ》かれている。

宇宙人《うちゅうじん》DATA

形状《けいじょう》

クリーチャータイプ

出没国《しゅつぼつこく》・地域《ちいき》

宇宙《うちゅう》
地球《ちきゅう》の周辺《しゅうへん》

出没年《しゅつぼつねん》

2014年《ねん》

第《だい》3種接近遭遇《しゅせっきんそうぐう》

目撃数《もくげきすう》

リアルタイムで配信《はいしん》⁉ 世界中《せかいじゅう》に中継《ちゅうけい》される！

2014年《ねん》5月《がつ》27日《にち》。NASA《ナサ》の国際《こくさい》宇宙《うちゅう》ステーションから配信《はいしん》された『ustream《ユーストリーム》・TV《ティービー》』の中継《ちゅうけい》に、不思議《ふしぎ》な物体《ぶったい》が映《うつ》りこんだ。地球《ちきゅう》をおおうはるか雲《くも》の上《うえ》に存在《そんざい》するその物体《ぶったい》は、地球《ちきゅう》と比較《ひかく》するとかなりの大《おお》きさであることがわかる。半透明《はんとうめい》で細《ほそ》く白《しろ》い物体《ぶったい》は、まるでミミズのよう。いわゆる〝スペースワーム（宇宙《うちゅう》にいる虫《むし》）〟ではないかと思《おも》われるその生物《せいぶつ》は、少《すこ》しずつ透明《とうめい》になり、最後《さいご》には完全《かんぜん》に消《き》えてしまった。この配信《はいしん》では、過去《かこ》にも不思議《ふしぎ》な生物《せいぶつ》が何度《なんど》か映《うつ》りこんでいる。生中継《なまちゅうけい》の配信《はいしん》のため、本物《ほんもの》である可能性《かのうせい》が非常《ひじょう》に高《たか》い。

△NASA《ナサ》の衛星《えいせい》カメラがとらえた実際《じっさい》の映像《えいぞう》。左上《ひだりうえ》に何《なに》やらクネクネした光《ひか》る物体《ぶったい》が浮《う》かんでいるのがわかる。

しばらくすると消《き》える？

雲《くも》よりはるか上空の宇宙空間《くうかん》を浮遊《ふゆう》している。明確《めいかく》な動《うご》きはなく、しだいに消《き》えていく。

偶《ぐう》然《ぜん》写《しゃ》真《しん》に写《うつ》りこんだ謎《なぞ》の人《ひと》型《がた》生《せい》物《ぶつ》

台《たい》湾《わん》の半《はん》透《とう》明《めい》宇《う》宙《ちゅう》人《じん》

半透明《はんとうめい》な体《からだ》

完全《かんぜん》に物質化《ぶっしつか》していない半透明《はんとうめい》の体《からだ》をしている。腕《うで》が異常《いじょう》に長《なが》いのも特徴《とくちょう》だ。

宇宙人《うちゅうじん》 DATA

形状《けいじょう》

ヒューマノイドタイプ

出没国《しゅつぼつこく》・地域《ちいき》

台湾《たいわん》

台東県《たいとうけん》

出没年《しゅつぼつねん》

2011年《ねん》

第《だい》3種接近遭遇《しゅせっきんそうぐう》

1 2 3 4

目撃数《もくげきすう》

本物《ほんもの》の写真《しゃしん》と確定《かくてい》!? 謎《なぞ》の半透明生物《はんとうめいせいぶつ》の正体《しょうたい》は…?

2011年《ねん》5月《がつ》14日《か》。警察官《けいさつかん》の陳詠鍠《ちんえいこう》は、台湾《たいわん》の台東県《たいとうけん》にある標高《ひょうこう》3310メートルの嘉明湖《かめいこ》を訪《おとず》れ、スマートフォンで風景《ふうけい》を撮影《さつえい》したが、そこに不可解《ふかかい》な物体《ぶったい》が写《うつ》りこんでいた。周囲《しゅうい》の景色《けしき》や大《おお》きさなどから計《けい》算《さん》した結果《けっか》、全長《ぜんちょう》は2・5メートルほどあると判明《はんめい》。撮影《さつえい》した警察官《けいさつかん》は、当初《とうしょ》この人《ひと》型《がた》の物体《ぶったい》にまったく気《き》がつかなかったが、台湾《たいわん》のUFO学会《がっかい》が会合《かいごう》でこの写真《しゃしん》を公開《こうかい》。画像処理《がぞうしょり》のエキスパートに分析《ぶんせき》を依頼《いらい》したが、合成《ごうせい》した形跡《けいせき》は一切《いっさい》見《み》られないという結果《けっか》となった。この写真《しゃしん》は世界中《せかいじゅう》をかけめぐり、現在も議論《ぎろん》がなされている。

水《みず》かきが発達《はったつ》

手《て》はかなり大《おお》きく、水《みず》かきが発達《はったつ》しているようにも見《み》える。ただし、泳《およ》げるかどうかはわかっていない。

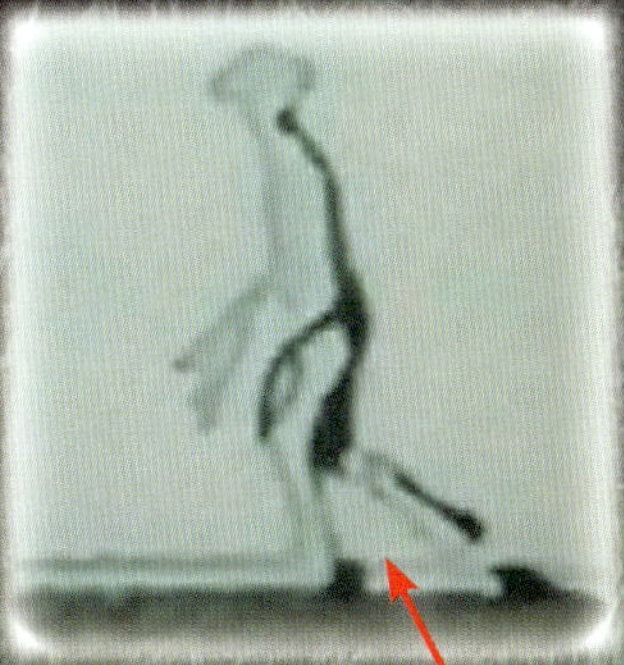

◀拡大《かくだい》してみると水《みず》かきが発達《はったつ》した手《て》が確認《かくにん》できる。そばにある湖《みずうみ》から出《で》てきたのだろうか。

屋根《やね》の上《うえ》の宇宙人《うちゅうじん》

屋根《やね》にひそむところを写真《しゃしん》に撮《と》られた、グレイ型《がた》の謎《なぞ》の生物《せいぶつ》

地球《ちきゅう》を調査《ちょうさ》？

屋根《やね》の上《うえ》にいたということは、窓《まど》が開《あ》いている家《いえ》を探《さが》していたのか。おそらく地球人《ちきゅうじん》の調査《ちょうさ》のためにきたのだろう。

宇宙人《うちゅうじん》 DATA

形状《けいじょう》
グレイタイプ

出没国《しゅつぼつこく》・地域《ちいき》
メキシコ
モンテレー市《し》

出没年《しゅつぼつねん》
2007年《ねん》

第《だい》3種接近遭遇《しゅせっきんそうぐう》

目撃数《もくげきすう》

恋人《こいびと》の代《か》わりに現《あらわ》れたのは民家《みんか》を調査中《ちょうさちゅう》の宇宙人《うちゅうじん》!?

2012年《ねん》、5年前《ねんまえ》に撮影《さつえい》されたとする1枚《まい》の写真《しゃしん》が話題《わだい》となった。写真《しゃしん》を撮影《さつえい》したのは、メキシコ北部《ほくぶ》モンテレー市《し》に住《す》む当時《とうじ》15歳《さい》のリサ。リサは、当時《とうじ》16歳《さい》の恋人《こいびと》とのお忍《しの》びデートのときに、屋根《やね》から訪《たず》ねてくる恋人《こいびと》を突然撮影《とつぜんさつえい》して驚《おどろ》かせようとしたという。人影《ひとかげ》が窓《まど》の横《よこ》に現《あらわ》れたので「ワッ」と窓《まど》から顔《かお》を出《だ》し、素早《すばや》くシャッターを切《き》ったところ、写《うつ》っていたのはなんとグレイ型《がた》の宇宙人《うちゅうじん》！　彼女《かのじょ》が恐怖《きょうふ》でふるえていると、生物《せいぶつ》はどこかにいってしまった。メキシコのUFO研究家《けんきゅうか》のサンチアゴ氏《し》は、この写真《しゃしん》を宇宙人《うちゅうじん》だと断定《たんてい》している。

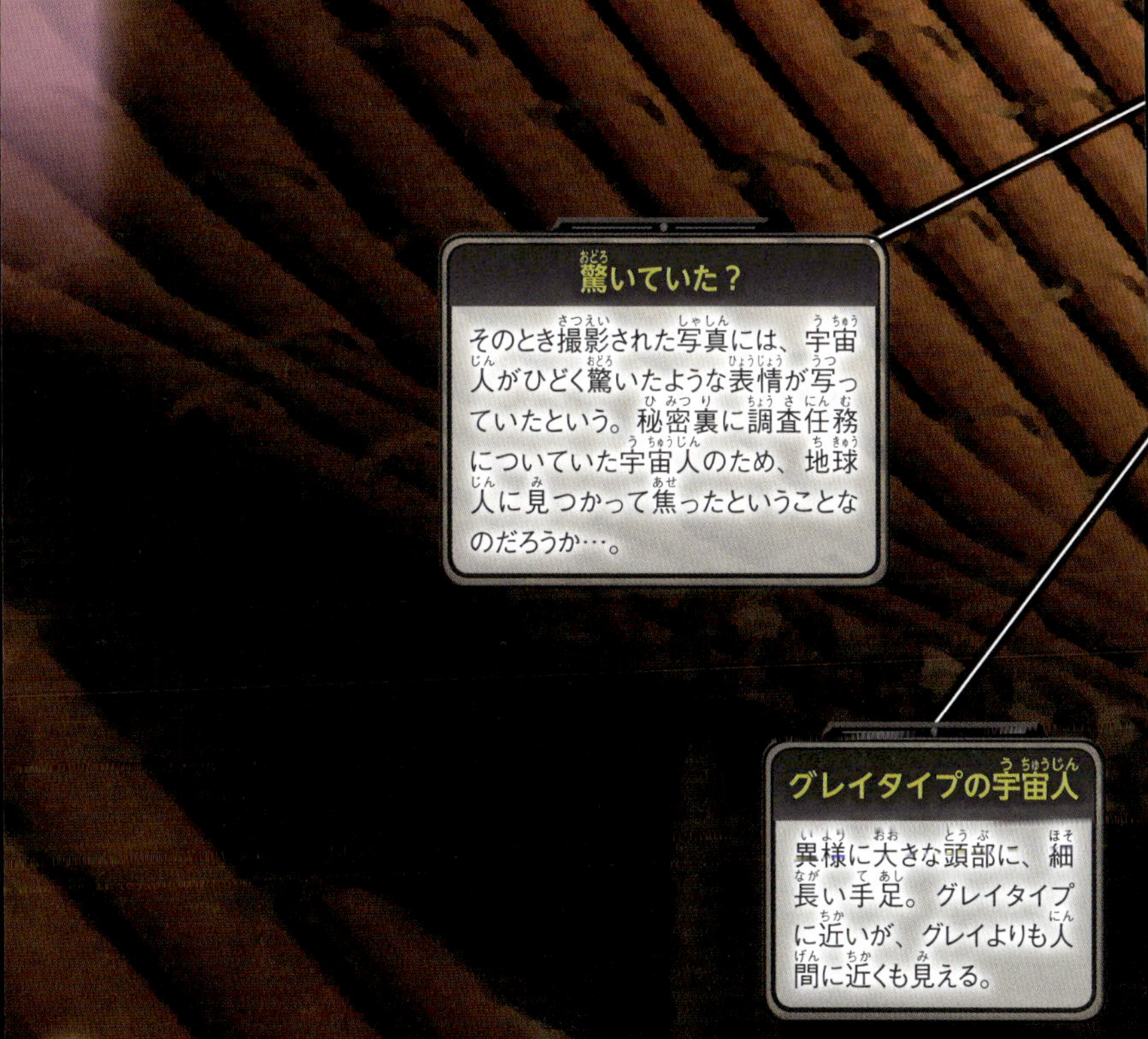
驚《おどろ》いていた？
そのとき撮影《さつえい》された写真《しゃしん》には、宇宙《うちゅう》人《じん》がひどく驚《おどろ》いたような表情《ひょうじょう》が写《うつ》っていたという。秘密裏《ひみつり》に調査任務《ちょうさにんむ》についていた宇宙人《うちゅうじん》のため、地球《ちきゅう》人《じん》に見《み》つかって焦《あせ》ったということなのだろうか…。
グレイタイプの宇宙人《うちゅうじん》
異様《いより》に大《おお》きな頭部《とうぶ》に、細《ほそ》長《なが》い手足《てあし》。グレイタイプに近《ちか》いが、グレイよりも人《にん》間《げん》に近《ちか》くも見《み》える。

空《くう》中《ちゅう》爆《ばく》発《はつ》！ 魚《さかな》に似《に》たスペースモンスター

ロシアの焼《や》け焦《こ》げた宇《う》宙《ちゅう》人《じん》

頭《あたま》は魚《さかな》、体《からだ》は人間《にんげん》!?

目《め》が左右《さゆう》に飛《と》び出《で》ており、魚《さかな》のような顔《かお》をしている。首《くび》から下《した》は人間《にんげん》のような体《からだ》つきだったという。

宇宙人《うちゅうじん》DATA

形状《けいじょう》	出没年《しゅつぼつねん》
クリーチャータイプ	1968年《ねん》
出没国《しゅつぼつこく》・地域《ちいき》	第《だい》3種接近遭遇《しゅせっきんそうぐう》
ロシア	目撃数《もくげきすう》 ◎◎◎

爆《ばく》発《はつ》現《げん》場《ば》の焼《しょう》死《し》体《たい》は奇《き》妙《みょう》な顔《かお》の宇《う》宙《ちゅう》人《じん》？

1968年《ねん》に農夫《のうふ》のワシリー・デュビチェフが宇宙人《うちゅうじん》の焼死体《しょうしたい》を発見《はっけん》した。上空《じょうくう》に浮《う》かんでいるUFOが突然《とつぜん》空《くう》中爆発《ちゅうばくはつ》するのを目撃《もくげき》したデュビチェフは、爆発現場《ばくはつげんば》へトラックで向《む》かい、現場《げんば》にあった焼《や》け焦《こ》げた奇怪《きかい》な生物《せいぶつ》の死《し》体写真《たいしゃしん》を撮《と》ったという。その後《ご》、デュビチェフは、KGB《ケージービー》（ソ連《れん》の情報機関《じょうほうきかん》）からくわしい取《と》り調《しら》べを受《う》けたが、結《けっ》果《か》は公表《こうひょう》されていない。

焼《や》け焦《こ》げた宇宙人《うちゅうじん》〝トマトマン〟

墜落したUFOにいたトマトのような頭《あたま》の焼死体《しょうしたい》

▼ロシアの焼《や》け焦《こ》げた宇宙人《うちゅうじん》／焼《や》け焦《こ》げた宇宙人《うちゅうじん》〝トマトマン〟

宇宙人《うちゅうじん》 DATA

形状《けいじょう》	出没年《しゅつぼつねん》
ヒューマノイドタイプ	1948年《ねん》
出没国《しゅつぼつこく》・地域《ちいき》	第《だい》3種接近遭遇《しゅせっきんそうぐう》
アメリカ テキサス州《しゅう》	目撃数《もくげきすう》 ◉◎◎

人間《にんげん》とちがう細胞《さいぼう》

焼《や》け焦《こ》げていたため、顔《かお》の特徴《とくちょう》などは不明《ふめい》。しかし、人間《にんげん》とは異《こと》なる細胞《さいぼう》が検《けん》出《しゅつ》されたという情報《じょうほう》もある。

強烈《きょうれつ》なにおいの宇宙人《うちゅうじん》の焼死体《しょうしたい》!?

1980年《ねん》、焼《や》け焦《こ》げた宇《う》宙人《ちゅうじん》のような写真《しゃしん》が公開《こうかい》された。それは、1948年《ねん》にメキシコに墜落《ついらく》したUFOから発見《はっけん》された宇宙人《うちゅうじん》の死体《したい》と思《おも》われるもの。頭部《とうぶ》がトマトのようだったため、〝トマトマン〟と呼《よ》ばれている。墜《つい》落現場《らくげんば》は強烈《きょうれつ》なにおいがしたという。

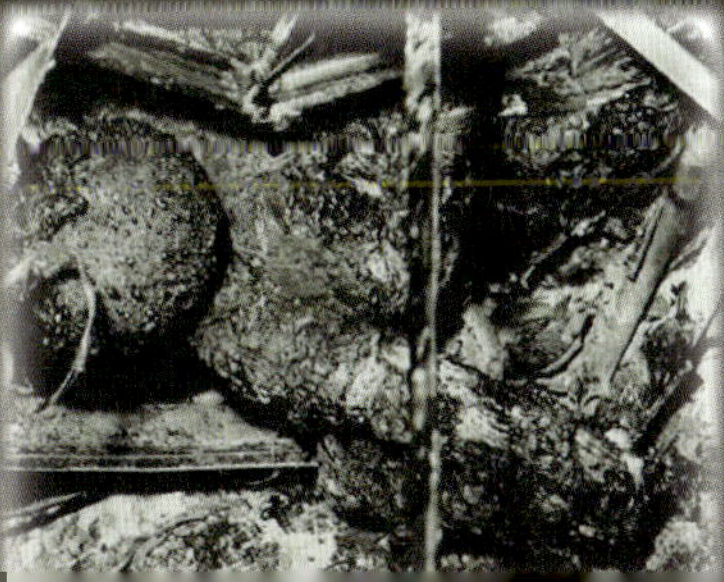

◀海軍勤務《かいぐんきんむ》のカメラマンが撮影《さつえい》した死体写真《したいしゃしん》。

老婆《ろうば》に育《そだ》てられたロシアの小《ちい》さな生物《せいぶつ》

宇《う》宙《ちゅう》人《じん》〝アレシェンカ〟

くすんだ皮《ひ》ふ

タマネギ型《がた》の頭部《とうぶ》。耳《みみ》がなく、皮《ひ》ふはくすんだ灰色《はいいろ》。猫《ねこ》のように大《おお》きな瞳《ひとみ》は頭部《とうぶ》のほとんどを占《し》める。

宇宙人《うちゅうじん》DATA

形状《けいじょう》	出没年《しゅつぼつねん》
ヒューマノイドタイプ	1996年《ねん》
出没国《しゅつぼつこく》・地域《ちいき》	第《だい》3種接近遭遇《しゅせっきんそうぐう》
ロシア カオリノヴィ村《むら》	目撃数《もくげきすう》

赤《あか》ん坊《ぼう》の宇《う》宙《ちゅう》人《じん》が人《にん》間《げん》に育《そだ》てられた!?

１９９６年《ねん》の夏《なつ》のこと。ロシアのウラル山脈《さんみゃく》にあるカオリノヴィ村《むら》に住《す》むタマラは、墓地《ぼち》で花《はな》をつんでいたところ身長《しんちょう》25センチぐらいの生物《せいぶつ》を発見《はっけん》。身寄《みよ》りのなかったタマラは、その生物《せいぶつ》に「アレシェンカ」と名《な》づけ育《そだ》てることにした。しかし、１週間《しゅうかん》でアレシェンカは死《し》んでしまった。遺体《いたい》はＵＦＯの研究機関《けんきゅうきかん》の手《て》に渡《わた》った後《あと》、なぜか行方不明《ゆくえふめい》になったという。

世界《せかい》で初《はじ》めて撮影《さつえい》された銀色《ぎんいろ》スーツの謎《なぞ》の生命体《せいめいたい》

ベルニナ山脈《さんみゃく》の宇宙人《うちゅうじん》

宇宙人《うちゅうじん》DATA

形状《けいじょう》	出没年《しゅつぼつねん》
ヒューマノイドタイプ	1952年《ねん》
出没国《しゅつぼつこく》・地域《ちいき》	**第《だい》3種接近遭遇《しゅせっきんそうぐう》**
スイス ベルニナ山脈《さんみゃく》	目撃数《もくげきすう》 ◉◎◎

銀色《ぎんいろ》のスーツとアンテナ

銀色《ぎんいろ》のスーツとヘルメットを着用《ちゃくよう》している。頭《あたま》、もしくは背中《せなか》から、長《なが》いアンテナのようなものが伸《の》びている。

氷河《ひょうが》へと降《お》り立《た》った宇宙人《うちゅうじん》着陸《ちゃくりく》の瞬間《しゅんかん》!?

1952年《ねん》7月《がつ》31日《にち》午前《ごぜん》9時《じ》ごろ。イタリアに住《す》む夫妻《ふさい》が、スイス南東《なんとう》のベルニナ山《さん》脈《みゃく》にある氷河《ひょうが》にUFOが着陸《ちゃくりく》し、宇宙人《うちゅうじん》が降《お》り立《た》ち、何《なに》か調査《ちょうさ》をしている現場《げんば》を目撃《もくげき》。写真《しゃしん》の撮影《さつえい》に成功《せいこう》した。これは、世界《せかい》で初《はじ》めて撮影《さつえい》された宇宙人《うちゅうじん》の写真《しゃしん》だとされる。

◀世界初《せかいはつ》の宇宙人《うちゅうじん》をとらえた写真《しゃしん》。横《よこ》にはお皿型《さらがた》UFOも写《うつ》っている。

レユニオン島《とう》事《じ》件《けん》の宇《う》宙《ちゅう》人《じん》

顔《かお》までおおうぶ厚《あつ》いつなぎを着《き》た謎《なぞ》の生《せい》命《めい》体《たい》

全身《ぜんしん》おおわれている

身長《しんちょう》は90cmほど。顔《かお》から足《あし》まで、全身《ぜんしん》タイヤをつなぎ合《あ》わせたようなスーツを着用《ちゃくよう》。頭《あたま》には、ヘルメットのようなものをかぶっていた。

宇宙人《うちゅうじん》 DATA

形状《けいじょう》

ヒューマノイドタイプ

出没国《しゅつぼつこく》・地域《ちいき》

フランス
レユニオン島《とう》

出没年《しゅつぼつねん》

1968 年《ねん》

第《だい》3種接近遭遇《しゅせっきんそうぐう》

目撃数《もくげきすう》

あっという間《ま》に消《き》えたUFOと宇宙人《うちゅうじん》!?

1968年《ねん》7月《がつ》31日午前《にちごぜん》9時《じ》ごろ。農夫《のうふ》のリュス・フォンテーヌは、インド洋《よう》にあるレユニオン島《とう》のアカシアの森《もり》の中《なか》で、突然《とつぜん》、タマゴ型《がた》の飛行物体《ひこうぶったい》を目撃《もくげき》する。地上《ちじょう》から4~5メートルの高《たか》さにあるその物体《ぶったい》は、上下《じょうげ》に金属《きんぞく》ガラスのように光《ひか》る足《あし》が2本《ほん》ついていた。物体《ぶったい》の中央《ちゅうおう》は透明《とうめい》で、中《なか》には白《しろ》いモコモコのつなぎを着《き》た身長《しんちょう》90センチほどの宇宙人《うちゅうじん》がふたり乗っていた。ふたりがフォンテーヌに背《せ》を向《む》けると強烈《きょうれつ》な閃光《せんこう》が放《はな》たれ、周囲《しゅうい》が高熱《こうねつ》と強《つよ》い風《かぜ》に包《つつ》まれると、そこには何《なに》もなくなっていた。彼《かれ》らの目的《もくてき》が何《なん》だったのか。真相《しんそう》は謎《なぞ》のままだ。

▲タマゴが変形《へんけい》したような形《かたち》をした飛行《ひこう》物体《ぶったい》。中央部分《ちゅうおうぶぶん》が透明《とうめい》になっており、そこが強烈《きょうれつ》な閃光《せんこう》を発《はっ》する操縦室《そうじゅうしつ》だったのかもしれない。

危険《きけん》な物質《ぶっしつ》を放出《ほうしゅつ》？

事件後《じけんご》、現場《げんば》の調査《ちょうさ》をすると、物体《ぶったい》が浮《う》いていた場所《ばしょ》の5～6mの範囲内《はんいない》に危険《きけん》な物質《ぶっしつ》を検出《けんしゅつ》。UFOから発《はっ》せられていたものと思《おも》われる。

少女《しょうじょ》の後《うし》ろに写《うつ》り込《こ》んだヒューマノイド

スペーススーツの宇《う》宙《ちゅう》人《じん》

宇宙人《うちゅうじん》 DATA

形状《けいじょう》	出没年《しゅつぼつねん》
ヒューマノイドタイプ	1964年《ねん》
出没国《しゅつぼつこく》・地域《ちいき》	**第《だい》3種接近遭遇《しゅせっきんそうぐう》**
イギリス カーライル	目撃数《もくげきすう》

ヘルメットを着用《ちゃくよう》

白《しろ》っぽいスペーススーツのような服《ふく》を着《き》ている。頭部《とうぶ》にはヘルメットをかぶっており、顔《かお》はハッキリと見《み》えない。

宇宙服姿《うちゅうふくすがた》の宇宙人《うちゅうじん》 写真《しゃしん》トリックはなし!?

1964年《ねん》5月《がつ》23日《にち》、イギリス、カーライルに住《す》む男性《だんせい》が、公園《こうえん》で娘《むすめ》の写真《しゃしん》を撮影《さつえい》。写真《しゃしん》には、誰《だれ》もいなかったはずの娘《むすめ》の背後《はいご》に、宇宙飛行士《うちゅうひこうし》のような人物《じんぶつ》が写《うつ》り込《こ》んでいた。フィルム製造会社《せいぞうがいしゃ》が調《ちょう》査《さ》したところ、トリックなどはなかったという。写真《しゃしん》が新聞《しんぶん》に載《の》ると、男性《だんせい》の家《いえ》に黒服《くろふく》の男《おとこ》が訪《たず》ねてきており、M《メン》I《イン》B《ブラック》(➡P24)が証拠隠滅《しょうこいんめつ》にきたのではと言《い》われている。

実体《じったい》を持《も》たないタイプの宇宙人《うちゅうじん》

オランダの幽霊《ゆうれい》エイリアン

透《す》け透《す》けの全身《ぜんしん》

顔《かお》はグレイ型《がた》エイリアンに似《に》ており、頭《あたま》が大《おお》きく体《からだ》は細《ほそ》長《なが》い。ボディは透《す》けている。

宇宙人《うちゅうじん》 DATA

形状《けいじょう》	出没年《しゅつぼつねん》
グレイタイプ	1996年《ねん》
出没国《しゅつぼつこく》・地域《ちいき》	第3種接近遭遇《だいしゅせっきんそうぐう》
オランダ フーベン	目撃数《もくげきすう》 ◉◎◎

肉体《にくたい》を持《も》たない霧状《きりじょう》の幽霊宇宙人《ゆうれいうちゅうじん》!?

オランダ、フーベンに住《す》む男性《だんせい》が、自宅《じたく》の室内《しつない》に人型《ひとがた》の白《しろ》い霧《きり》のようなものを目撃《もくげき》、写真撮影《しゃしんさつえい》に成功《せいこう》した。頭《あたま》が大《おお》きく、つりあがった大《おお》きな目《め》、細長《ほそなが》い胴体《どうたい》はグレイのよう。「幽霊《ゆうれい》エイリアン」と呼《よ》ばれるタイプの宇宙人《うちゅうじん》ではないかと言《い》われている。写真《しゃしん》がニセ物《もの》でなければ、宇宙人《うちゅうじん》の中《なか》には霧状《きりじょう》に変化《へんか》して空間《くうかん》を自由《じゆう》に移動《いどう》できる種族《しゅぞく》がいるのかもしれない。

アメリカの超《ちょう》トップシークレット〝プロジェクト・セルポ〟

セルポ人《じん》

グレイに近《ちか》い見《み》た目《め》

大《おお》きな頭《あたま》に細《ほそ》いつり目《め》。手足《てあし》が長《なが》い。長《なが》い首《くび》にやせ細《ほそ》った体《からだ》つきをしている。典型的《てんけいてき》なグレイタイプの宇宙人《うちゅうじん》の見《み》た目《め》をしていた。

宇宙人《うちゅうじん》 DATA

形状《けいじょう》
グレイタイプ

出没国《しゅつぼつこく》・地域《ちいき》
アメリカ

出没年《しゅつぼつねん》
1947年《ねん》

第《だい》3種接近遭遇《しゅせっきんそうぐう》
1 2 3 4

目撃数《もくげきすう》

ロズウェル事件《じけん》で救出《きゅうしゅつ》した宇宙人《うちゅうじん》との交換留学《こうかんりゅうがく》!?

2005年《ねん》11月《がつ》、アメリカのUFO研究家《けんきゅうか》の元《もと》に、国防情報局元職員《こくぼうじょうほうきょくもとしょくいん》とうたう人物《じんぶつ》からメールが届《とど》いた。1947年《ねん》に起《お》きたロズウェル事件《じけん》(⬇P172)でUFOが墜落《ついらく》した際《さい》に、セルポという惑星《わくせい》の宇宙人《うちゅうじん》を救出《きゅうしゅつ》。その後《ご》、セルポとアメリカとの極秘《ごくひ》の交換留学《こうかんりゅうがく》が行《おこな》われていたという内容《ないよう》だった。イーブ1号《ごう》と呼《よ》ばれるセルポ人《じん》の提案《ていあん》で、交換留学《こうかんりゅうがく》に出向《でむ》いた地球人《ちきゅうじん》は12名《めい》。2名《めい》は惑星《わくせい》セルポで死亡《しぼう》。2名《めい》は残《のこ》り、8名《めい》が帰還《きかん》したが、2003年《ねん》までに全員《ぜんいん》死亡《しぼう》してしまった。この情報《じょうほう》は偶然《ぐうぜん》漏《も》れてしまったが、秘密裏《ひみつり》の交換留《こうかんりゅう》学《がく》は現在《げんざい》も継続《けいぞく》されているかもしれない。

◀1947年当時《ねんとうじ》に保護《ほご》されたセルポ人《じん》の写真《しゃしん》。セルポ人《じん》の惑星《わくせい》の人口《じんこう》は、約《やく》65万《まん》。太陽《たいよう》がふたつあり、ふたつの太陽《たいよう》が同時《どうじ》に沈《しず》むことはないという。

温厚《おんこう》な性格《せいかく》

イーブ1号《ごう》と名《な》づけられたグレイタイプのセルポ人《じん》。敵意《てきい》はなく、温厚《おんこう》で冷静《れいせい》、理知的《りちてき》な性格《せいかく》。1952年《ねん》に死亡《しぼう》するまでに、英語《えいご》もかなりしゃべれるようになっていたという。

UFO・宇宙人《うちゅうじん》との㊙遭遇《そうぐう》においての分類方法《ぶんるいほうほう》

UFO・宇宙人《うちゅうじん》との遭遇《そうぐう》は、「見《み》ただけ」から「直接接触《ちょくせつせっしょく》した」までさまざまだ。本書《ほんしょ》では、UFO研究家《けんきゅうか》のジョセフ・A・ハイネック博士《はかせ》が分類《ぶんるい》した第《だい》1〜3種《しゅ》までの分類《ぶんるい》に加《くわ》え、その後研究家《ごけんきゅうか》たちがつけ加《くわ》えた第《だい》4種《しゅ》までを基準《きじゅん》に事件《じけん》を分析《ぶんせき》。それぞれの分類《ぶんるい》の基準《きじゅん》をここに記《しる》す。

第《だい》1種《しゅ》接《せっ》近《きん》遭《そう》遇《ぐう》

およそ500メートル以内《いない》の距離《きょり》からUFOを目撃《もくげき》したケース。この場《ば》合《あい》のUFOには、宇宙船《うちゅうせん》だけでなく、光《ひか》る物体《ぶったい》や火《ひ》の玉《たま》など、正体不明《しょうたいふめい》の飛行物体《ひこうぶったい》も含《ふく》まれる。

実際《じっさい》の事例《じれい》

▲1981年《ねん》アメリカ・ユタ州《しゅう》の上空《じょうくう》に現《あらわ》れたひし型《がた》UFOが撮影《さつえい》された。

▲2009年《ねん》にラトビアで撮影《さつえい》された住宅近《じゅうたくちか》くを飛行《ひこう》するピラミッド型《がた》UFO。

第《だい》2種《しゅ》接《せっ》近《きん》遭《そう》遇《ぐう》

宇宙人《うちゅうじん》の乗《の》ったUFOが、地球《ちきゅう》や人間《にんげん》の体《からだ》に何《なに》かしらの目《め》に見《み》える痕《こん》跡《せき》を残《のこ》したケース。痕跡《こんせき》の代表的《だいひょうてき》なものには、UFOの着陸跡《ちゃくりくあと》やミステリーサークル、人間《にんげん》がUFOの影響《えいきょう》でやけどする…などがある

実際《じっさい》の事例《じれい》

◀アメリカのモーリー島上空《とうじょうくう》に現《あらわ》れて、金属片《きんぞくへん》を地上《ちじょう》に落《お》としていったUFO群《ぐん》。

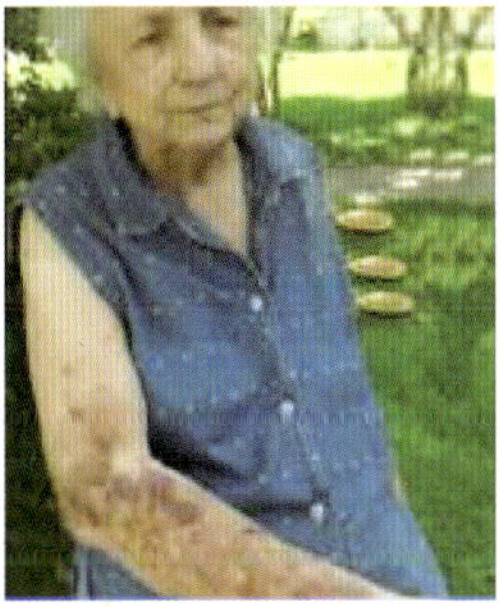

▲アメリカ・テキサス州《しゅう》でUFOに遭遇《そうぐう》し、腕《うで》にやけどを負《お》った女性《じょせい》。

▶1971年《ねん》にアメリカの農場《のうじょう》にUFOが着《ちゃく》陸《りく》したと思《おも》われる跡《あと》。

第《だい》3種《しゅ》接《せっ》近《きん》遭《そう》遇《ぐう》

第《だい》3種《しゅ》の特徴《とくちょう》は、UFOだけでなく未知《みち》の生命体《せいめいたい》、つまり宇宙人《うちゅうじん》を目《もく》撃《げき》したかどうかである。また、宇宙人《うちゅうじん》を直接見《ちょくせつみ》ていなくても、交信《こうしん》などをした場合《ばあい》にはこれにあたる。

実際《じっさい》の事例《じれい》

▲1999年《ねん》にイギリス・ロンドンの住宅地《じゅうたくち》で目《もく》撃《げき》されたグレイ。上空《じょうくう》にはUFOが3機《き》飛《と》んでいたという。

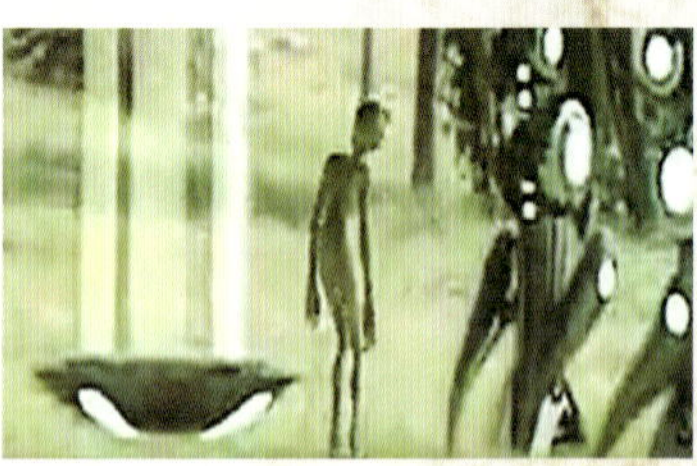

▲中国《ちゅうごく》で2012年《ねん》に撮《と》られた宇宙人《うちゅうじん》。非常《ひじょう》に細《ほそ》く、手足《てあし》が長《なが》い。

第《だい》4種《しゅ》接《せっ》近《きん》遭《そう》遇《ぐう》

宇宙人《うちゅうじん》によってUFO内《ない》に誘《ゆう》かいされる、いわゆるアブダクション（➡P20）がこの第《だい》4種《しゅ》に該当《がいとう》する。また、宇宙人《うちゅうじん》から生体検査《せいたいけんさ》を受《う》けたり、金属《きんぞく》チップを埋《う》め込《こ》まれた場合《ばあい》もこれにあたる。

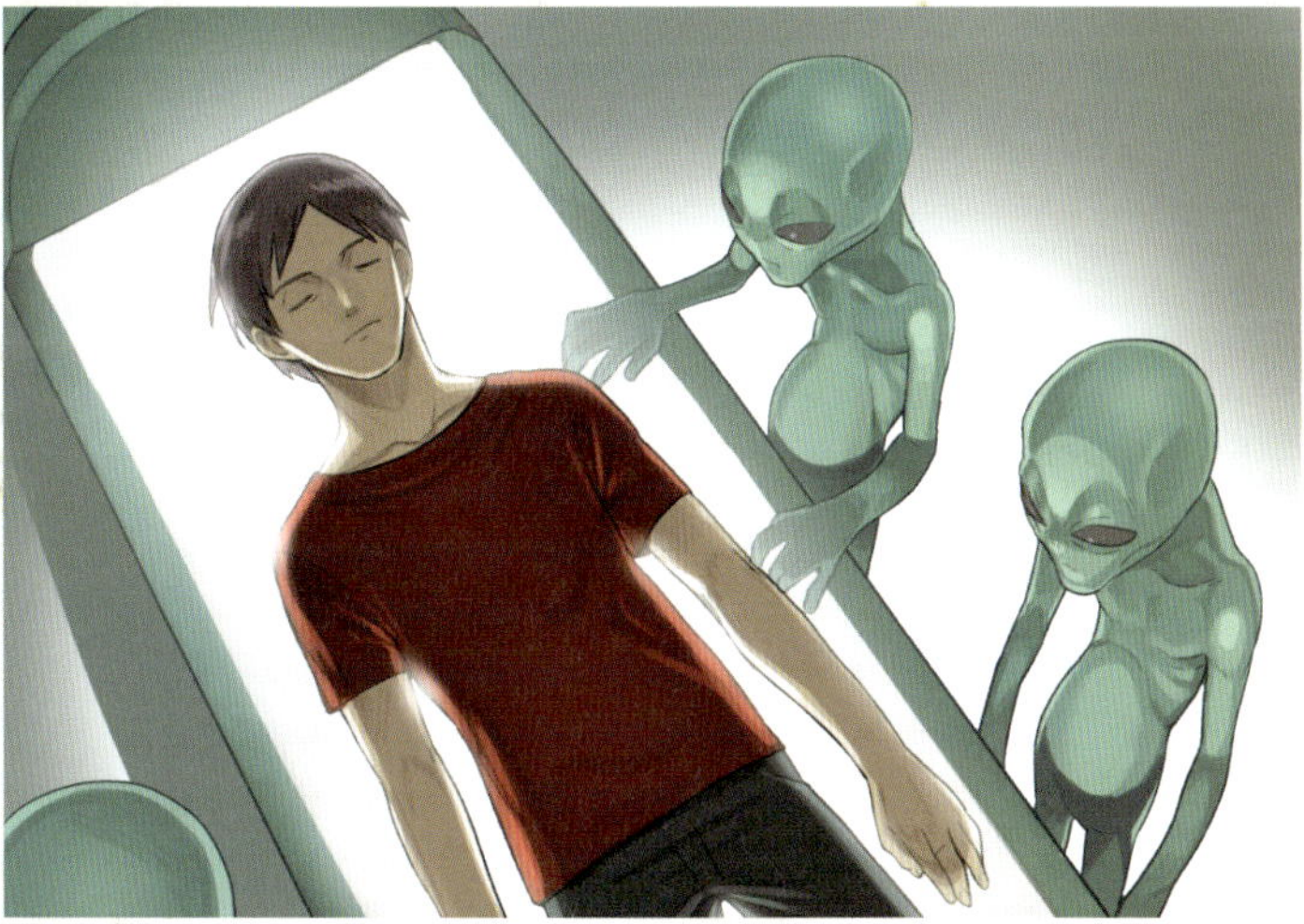

実際《じっさい》の事例《じれい》

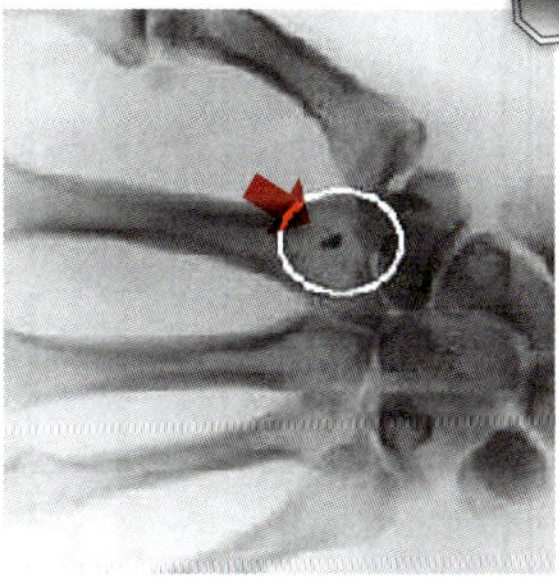

△宇宙人《うちゅうじん》によって金属片《きんぞくへん》を手《て》に埋《う》め込《こ》まれたという人《ひと》のレントゲン写真《しゃしん》。

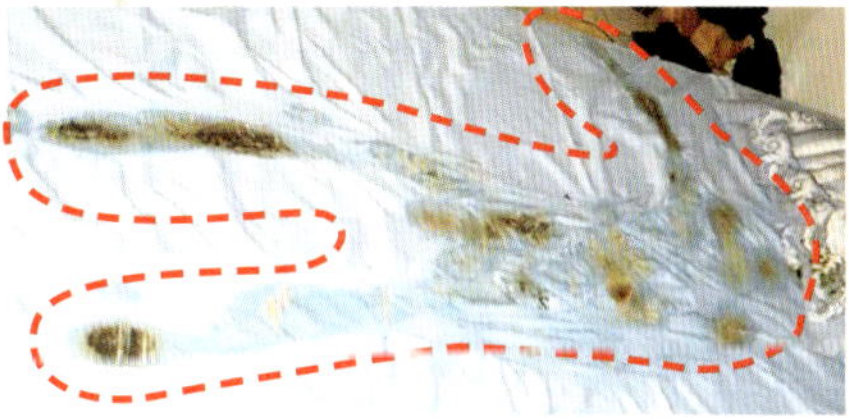

△2002年《ねん》ブラジルで、男性《だんせい》がUFOに誘《ゆう》かいされる事件《じけん》が発生《はっせい》。彼《かれ》のベッドには人型《ひとがた》の焦《こ》げた跡《あと》が残《のこ》されていたが、男性《だんせい》は3日後《みっかご》に戻《もど》ってきたという。

号《ごう》外《がい》

女《じょ》性《せい》型《がた》宇《う》宙《ちゅう》人《じん》の目《もく》的《てき》とは一《いっ》体《たい》!?

女性《じょせい》そっくりの姿《すがた》で地球人《ちきゅうじん》に近《ちか》づく真《しん》の理由《りゆう》とは？

あの美《うつく》しい女性《じょせい》がじつは宇宙人《うちゅうじん》!?

我々《われわれ》は、衝撃的《しょうげきてき》な事実《じじつ》を突《つ》き止《と》めた！　なんと、地球人《ちきゅうじん》の女性《じょせい》の姿《すがた》を借《か》り、生活《せいかつ》している宇宙人《うちゅうじん》がいるというのだ。彼女《かのじょ》たちの多《おお》くは、地球人《ちきゅうじん》と友好関係《ゆうこうかんけい》を結《むす》ぼうとしているという。その事例《じれい》を紹介《しょうかい》しよう。

▼身近《みぢか》なところに宇宙人《うちゅうじん》が存在《そんざい》しているかもしれない…。

地球人《ちきゅうじん》そっくりで美人《びじん》
プレアデス星人《せいじん》

文明《ぶんめい》を地球《ちきゅう》に伝《つた》える！

おうし座《ざ》のプレアデス星団《せいだん》からやってきた宇宙《うちゅう》人《じん》「プレアデス星人《せいじん》」の中《なか》には、まるで地球人《ちきゅうじん》のように見《み》える美《うつく》しい女性《じょせい》が存在《そんざい》していた。その女《じょ》性《せい》は「アスケット」と名乗《なの》り、1953年《ねん》から11年《ねん》にわたって、スイス人《じん》のコンタクティーであるビリー・マイヤーと接触《せっしょく》しプレアデス星《せい》の進《すす》んだ文明《ぶんめい》を伝《つた》えたという。

△美《うつく》しい女性《じょせい》の姿《すがた》だが宇宙人《うちゅうじん》なのだ。

地球《ちきゅう》での生活《せいかつ》に溶《と》け込《こ》む
クラリオン星人《せいじん》

地球人《ちきゅうじん》の夫《おっと》と子《こ》どもがいる⁉

まるで外国《がいこく》の貴婦人《きふじん》のような姿《すがた》をしているのが、1981年《ねん》にイタリア人《ひと》のマウリッツィオ・カヴァロにより発見《はっけん》された「クラリオン星人《せいじん》」だ。人類《じんるい》の進化《しんか》を手助《てだす》けするために飛来《ひらい》し、地球人《ちきゅうじん》と結婚《けっこん》して子《こ》どもを産《う》むなど、地球人《ちきゅうじん》と同《おな》じように生活《せいかつ》をしているという。

△クラリオン星人《せいじん》は、人間《にんげん》と似《に》た見《み》た目《め》であり、地球《ちきゅう》の言語《げんご》を話《はな》せるという。

金星《きんせい》からアメリカに上陸《じょうりく》？

オムネク・オネク

地球人《ちきゅうじん》を守《まも》るためにやってきた？

最後《さいご》に、自《みずか》らを金星人《きんせいじん》だと公表《こうひょう》し、ドイツに住《す》んでいるオムネク・オネクという宇宙人《うちゅうじん》を紹介《しょうかい》しよう。

オネクは1952年《ねん》に金星《きんせい》から小型宇宙船《こがたうちゅうせん》に乗《の》り込《こ》み、地球《ちきゅう》に上陸《じょうりく》。チベットの僧侶《そうりょ》と3年間《ねんかん》すごした後《あと》、交通事故《こうつうじこ》で亡《な》くなったアメリカ・テネシー州《しゅう》の女《おんな》の子《こ》と事故現場《じこげんば》で入《い》れ替《か》わり、その家庭《かてい》の養女《ようじょ》として生活《せいかつ》を送《おく》るようになる。その後《ご》シカゴへ移住《いじゅう》。さまざまな職業《しょくぎょう》を経験《けいけん》し、結婚《けっこん》して3人《にん》の子《こ》どもを育《そだ》てた。

彼女《かのじょ》が金星《きんせい》から地球《ちきゅう》にやってきた理由《りゆう》は、金星《きんせい》以外《いがい》の異星人《いせいじん》からの人類《じんるい》に対《たい》する危害《きがい》を防《ふせ》ぎ、平《へい》和《わ》と人類愛《じんるいあい》のメッセージを伝《つた》えるためだという。そのためか、テレビなどへも積極的《せっきょくてき》に出演《しゅつえん》し、著《ちょ》書《しょ》も多数《たすう》ある。知《し》らない間《あいだ》に、私《わたし》たちは金星人《きんせいじん》オムネク・オネクの大《おお》いなる力《ちから》に守《まも》られているのかもしれない。

◀度々《たびたび》メディアに出演《しゅつえん》し、メッセージを発信《はっしん》するオネク。

PART 2

UFO 目撃《もくげき》ファイル

世界的《せかいてき》に有名《ゆうめい》なジョージ・アダムスキーのUFOをはじめとして、世界各地《せかいかくち》でさまざまな種類《しゅるい》のUFOが目撃《もくげき》されている。突如現《とつじょあらわ》れたUFOは人々《ひとびと》に驚《おどろ》きを与《あた》え、謎《なぞ》を残《のこ》したまま去《さ》っていく──。

UFOが軍《ぐん》の機体《きたい》を撃《う》ち落《お》とした!?

マンテル大尉《たいい》機《き》墜《つい》落《らく》事件《じけん》

こっ…こいつはUFO?
バカな…な なんて大《おお》きさだ!
くそっ 上昇《じょうしょう》した
ゴゴゴゴゴゴ……
キッ
…追跡《ついせき》する!!
マンテル大尉《たいい》! 大丈夫《だいじょうぶ》か!?
グオオオオオオオオ…
マンテル大尉《たいい》! 深追《ふかお》いするな!!

……マンテル大尉《たいい》応答《おうとう》なし!!
緊急事態《きんきゅうじたい》!! ただちに捜索隊《そうさくたい》を派遣《はけん》せよ!!
…
…この辺《あた》りだな 通信《つうしん》が途絶《とだ》えたのは
ブロロロ・・・ン
キッ
なんでもマンテル大尉《たいい》はUFOを追《お》って消《き》えちまったらしい…
まさか
ともかく付近《ふきん》を探《さが》そう…
あ…あれは!?

まちがいない
マンテルの機体《きたい》だ!!
大破《たいは》しているぞ!!
中《なか》にまだ大尉《たいい》が…!!
だめだ…死《し》んでいる…!
…これがUFOのしわざだというのか?
バカな…
この事件《じけん》はまたたくまに世界中《せかいじゅう》に広《ひろ》まり――
New York Times
マンテル大尉《たいい》の機体《きたい》がUFOに撃《う》ち落《お》とされた!?
宇宙人《うちゅうじん》が地球《ちきゅう》をねらう!?
World NEWS
世《よ》の人々《ひとびと》を震撼《しんかん》させた――

UFOに撃《げき》墜《つい》されたベテランパイロットの悲《ひ》劇《げき》

マンテル大《たい》尉《い》機《き》墜《つい》落《らく》事《じ》件《けん》のUFO

異《こと》なる証言《しょうげん》

複数《ふくすう》の目撃者《もくげきしゃ》によると「真《ま》っ白《しろ》だった」「燃《も》えるように赤《あか》くコーン型《がた》で緑《みどり》のガスを出《だ》していた」など、バラバラだ。

バラバラになった機体《きたい》

地上《ちじょう》に墜落《ついらく》し、無惨《むざん》にもバラバラになったマンテル大尉《たいい》の乗《の》った飛行機《ひこうき》。その後《ご》の調査《ちょうさ》で、マンテル大尉《たいい》がうすれゆく意識《いしき》の中《なか》で、必死《ひっし》に体勢《たいせい》を直《なお》そうとしていたこともわかった。

△無《む》残《ざん》にも墜《つい》落《らく》したマンテル大《たい》尉《い》が乗《の》った戦《せん》闘《とう》機《き》。彼《かれ》の身《み》に何《なに》が起《お》こったのだろうか。

UFO DATA

形状《けいじょう》

ドーム型《がた》

出没国《しゅつぼつこく》・地域《ちいき》

アメリカ
ゴドマン空軍基地《くうぐんきち》

出没年《しゅつぼつねん》

1948年《ねん》

第《だい》4種接近遭遇《しゅせっきんそうぐう》

目撃数《もくげきすう》

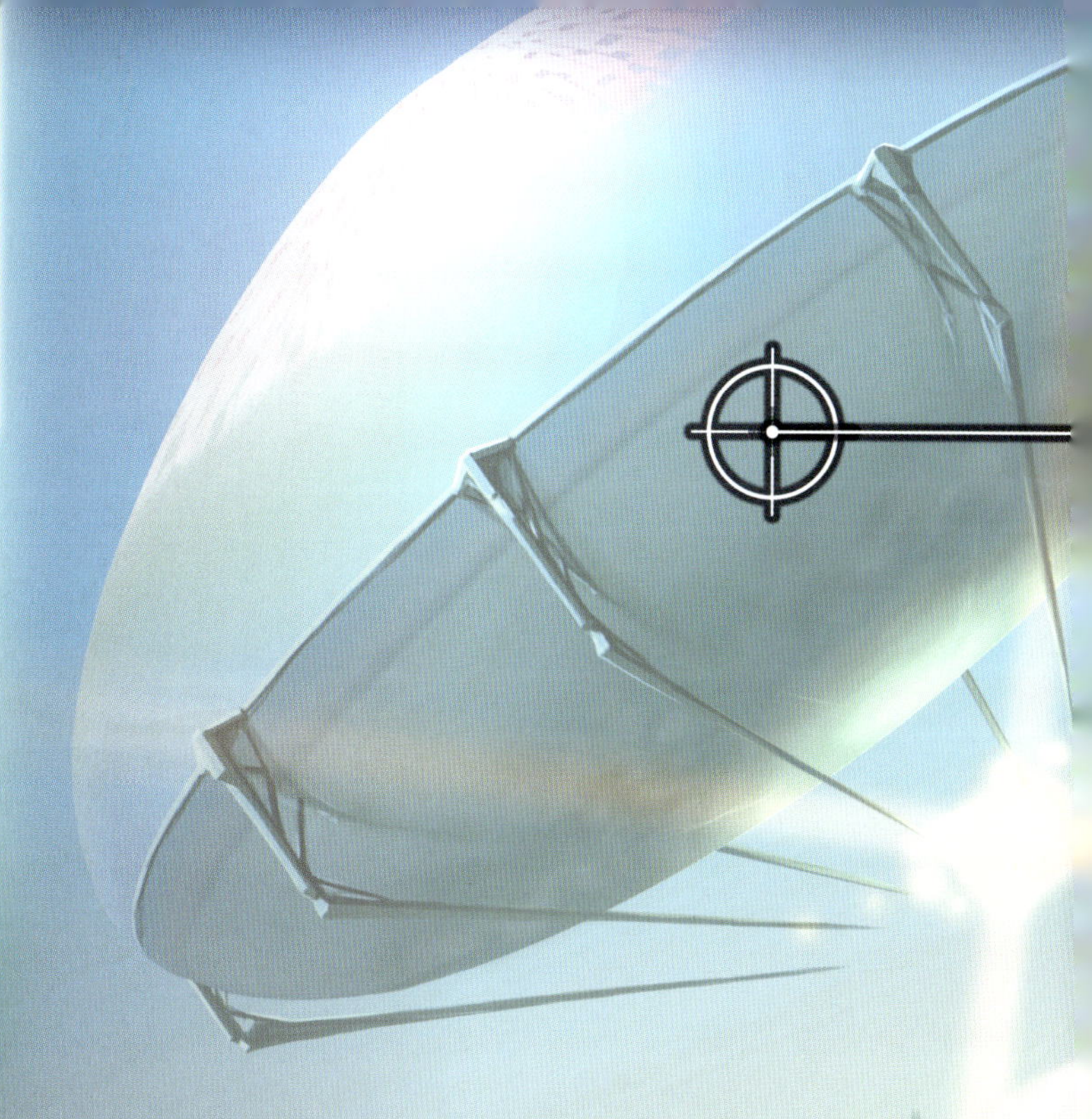

UFOか？ 金星《きんせい》か？ 軍《ぐん》が追《お》ったUFOの正体《しょうたい》は…？

1948年《ねん》1月《がつ》7日午後《ごご》。アメリカのケンタッキー州《しゅう》にあるゴドマン空軍基地《くうぐんきち》に、「直径《ちょっけい》75～90メートルくらいの怪《あや》しい円形《えんけい》の飛行物体《ひこうぶったい》がいる」という通報《つうほう》が入《はい》った。その追跡《ついせき》を命《めい》じられたマンテル大尉《たいい》は、戦《せん》闘機《とうき》で高度《こうど》7600メートルまで上昇《じょうしょう》。だが突如《とつじょ》として機体《きたい》は回転《かいてん》しながら墜落《ついらく》し、マンテル大尉《たいい》は死亡《しぼう》した。「彼《かれ》は金星《きんせい》をUFOと見誤《みあやま》り、急上昇《きゅうじょうしょう》したためにブラックアウトを起《お》こし気絶《きぜつ》した」と軍《ぐん》は発表《はっぴょう》したが、マンテル大尉《たいい》はベテランパイロット。そんなミスをするとは考《かんが》えにくい。実《じつ》はUFOに撃墜《げきつい》されたとする説《せつ》が最《もっと》も有力《ゆうりょく》だ。

大検証《だいけんしょう》

マンテル大尉《たいい》が空《そら》で見《み》たものは?

本当《ほんとう》にUFOを目撃《もくげき》したのか?

目撃《もくげき》したのはUFOじゃなかった?

UFOを追跡《ついせき》したために攻撃《こうげき》を受《う》けて墜落《ついらく》し、死亡《しぼう》したと言《い》われているマンテル大尉《たいい》。しかし、この事件《じけん》には多《おお》くの疑問《ぎもん》が寄《よ》せられている。そもそもマンテル大尉《たいい》は、まったく別《べつ》のものをUFOと見《み》まちがえた可能性《かのうせい》があるというのだ。ここでは金星説《きんせいせつ》、軍《ぐん》の秘密事《ひみつじ》項《こう》であったスカイフック気球説《ききゅうせつ》のふたつを検証《けんしょう》する。

可能性《かのうせい》 1 金星《きんせい》と見《み》まちがえた?

マンテル大尉機《たいいき》の墜落事故後《ついらくじここ゛》に、アメリカ空軍《くうぐん》のUFO調査《ちょうさ》チームは、「マンテル大尉《たいい》の見《み》たUFOの正体《しょうたい》は金星《きんせい》だった」と発表《はっぴょう》した。空《そら》に浮《う》かぶ金星《きんせい》をUFOと見《み》まちがえ、それを追《お》いかけてマンテル大尉《たいい》は酸素《さんそ》マスクがないまま高度《こうど》7600mまで上昇《じょうしょう》した結果《けっか》、酸素不足《さんそぶそく》になって、墜落《ついらく》したのだという。

△実際《じっさい》の金星《きんせい》の写真《しゃしん》。

検証《けんしょう》 1 事件当時《じけんとうじ》は昼《ひる》で金星《きんせい》は確認《かくにん》できないはず

マンテル大尉墜落事件当時《たいいついらくじけんとうじ》の時間帯《じかんたい》は午後《ごご》2～3時《じ》だったため、金星《きんせい》を肉眼《にくがん》で確認《かくにん》するのはほぼ不可能《ふかのう》だったと考《かんが》えられる。そのため、このアメリカ軍《ぐん》が発表《はっぴょう》した、金星《きんせい》と見《み》まちがえた説《せつ》は可能性《かのうせい》が低《ひく》い。また、方角的《ほうがくてき》にも金《きん》星《せい》が見《み》える位置《いち》をマンテル大尉《たいい》は飛行《ひこう》していなかったという。軍《ぐん》にはこの説《せつ》を発表《はっぴょう》しなければいけない理由《りゆう》が、何《なに》かあったのかもしれない。

可能性《かのうせい》 2

スカイフック気球《ききゅう》と見《み》まちがえた?

　当時《とうじ》、アメリカ海軍《かいぐん》が秘密裏《ひみつり》に飛《と》ばしていたスカイフック気球《ききゅう》と見《み》まちがえたのではと、空軍《くうぐん》の調査機関《ちょうさきかん》が主張《しゅちょう》した。実際《じっさい》にスカイフックは高度《こうど》3万《まん》mまで上昇可能《じょうしょうかのう》で、直径最大《ちょっけいさいだい》30mにもなる気球《ききゅう》。地上《ちじょう》から見《み》た場合《ばあい》、円盤型《えんばんがた》UFOに見《み》えなくもない。スカイフック気球自体《ききゅうじたい》が海軍《かいぐん》の機密事項《きみつじこう》だったため、その存在《そんざい》を知《し》らないマンテル大尉《たいい》がUFOと勘《かん》ちがいしたのだろうか。

▲海軍《かいぐん》の気象観測《きしょうかんそく》に使用《しよう》されていたスカイフック気球《ききゅう》。

検証《けんしょう》 2 ベテラン飛行士《ひこうし》が見《み》まちがえたりしない

　マンテル大尉《たいい》はアメリカ空軍《くうぐん》から最高位《さいこうい》の勲章《くんしょう》を受《う》けるほどのベテランのパイロットだった。そんな彼《かれ》がスカイフック気球《ききゅう》をUFOに見《み》まちがえるとは考《かんが》えにくい。そもそも、気球《ききゅう》であればマンテル機《き》の追跡《ついせき》によって追《お》いつかれていたはずだ。

結論《けつろん》

見《み》まちがえ説《せつ》は根拠《こんきょ》がうすい

マンテル大尉《たいい》は「飛行物体《ひこうぶったい》の中《なか》に何《なに》かがいる」と管制《かんせい》に伝《つた》えており、またUFOからレーザーが発射《はっしゃ》されるのを見《み》た、という現地《げんち》の目撃情報《もくげきじょうほう》もある。マンテル大尉《たいい》ほどのパイロットが、何《なに》かとUFOを見《み》まちがえる可能性《かのうせい》は低《ひく》く、さらに目撃情報《もくげきじょうほう》から考《かんが》えると、やはりUFOだった可能性《かのうせい》が高《たか》いのではないだろうか。

◀マンテル大尉《たいい》の勇敢《ゆうかん》な行動《こうどう》が、最悪《さいあく》の結果《けっか》を招《まね》いてしまうこととなった。

アダムスキー型《がた》UFO

世界的《せかいてき》に有名《ゆうめい》なUFOと世界初《せかいはつ》のコンタクティー

側面《そくめん》には窓《まど》がある

その後《ご》、世界《せかい》で最《もっと》も多《おお》く目撃《もくげき》される形《かたち》となったこのドーム型《がた》UFO。ドームの側面《そくめん》には窓《まど》のようなものがあり、中《なか》には操縦席《そうじゅうせき》があるものと考《かんが》えられる。

UFO DATA

形状《けいじょう》

ドーム型《がた》

出没国《しゅつぼつこく》・地域《ちいき》

アメリカ
カリフォルニア州《しゅう》

出没年《しゅつぼつねん》

1952年《ねん》

第《だい》4種接近遭遇《しゅせっきんそうぐう》

目撃数《もくげきすう》

◀世界初《せかいはつ》のコンタクティー（➡P278）としても知《し》られるアダムスキー。UFOを世界《せかい》に知《し》らしめたひとりでもある。

底部《ていぶ》には突起物《とっきぶつ》

UFOの底部《ていぶ》には複数《ふくすう》の突起物《とっきぶつ》がある。これがライトなのか、それとも動力源《どうりょくげん》なのかはわかっていない。

中《なか》から現《あらわ》れたのは金星人《きんせいじん》！ 世界的《せかいてき》UFO事件《じけん》のひとつ

1952年《ねん》11月《がつ》20日《か》。ジョージ・アダムスキーは、カリフォルニア州《しゅう》の砂漠地帯《さばくちたい》で、仲間達《なかまたち》とともにUFOと遭遇《そうぐう》。UFOから現《あらわ》れた金星人《きんせいじん》を撮影《さつえい》しようとしたが拒否《きょひ》され、金星人《きんせいじん》はUFOに乗《の》り込《こ》み去《さ》っていったという。12月《がつ》13日《にち》に、再《ふたた》びUFOが現《あらわ》れると、アダムスキーはこれを写真《しゃしん》に収《おさ》め、この写真《しゃしん》から「アダムスキー型《がた》UFO」が世界的《せかいてき》に知《し》られるようになった。その後《ご》、アダムスキーは何度《なんど》も宇宙人《うちゅうじん》とコンタクトをとり、宇宙人《うちゅうじん》に誘《さそ》われるがままに宇宙《うちゅう》を旅《たび》し、死《し》ぬまでに25回《かい》も宇宙人《うちゅうじん》と会《あ》ったと証言《しょうげん》している。

ケネス・アーノルド事《じ》件《けん》のUFO

“空《そら》飛《と》ぶ円《えん》盤《ばん》”という言《こと》葉《ば》の元《もと》になった有《ゆう》名《めい》なUFOの集《しゅう》団《だん》

「空《そら》飛《と》ぶ円《えん》盤《ばん》」

この事《じ》件《けん》を新《しん》聞《ぶん》に載《の》せた記《き》者《しゃ》が、アーノルドの目《もく》撃《げき》談《だん》から「フライングソーサー（空《そら》飛《と》ぶ円《えん》盤《ばん》）」という言《こと》葉《ば》をつくった。

▲ケネス・アーノルドが目撃《もくげき》したUFOの再現《さいげん》イラスト。ブーメラン型《がた》で、真《ま》ん中《なか》に丸《まる》いドーム型《がた》のものがある。これにどんな機能《きのう》があるかなどはわかっていない。

連《つら》なってジグザグに飛行《ひこう》！ 9つのUFOの正体《しょうたい》は…？

1947年《ねん》6月《がつ》24日《か》、ワシントン州《しゅう》のカスケード山脈上空《さんみゃくじょうくう》で自家用飛行機《じかようひこうき》を操縦《そうじゅう》していたケネス・アーノルドは、高速《こうそく》で飛《と》ぶ9つの光《ひかり》を目撃《もくげき》。ひとつはブーメランのような平《ひら》たい三日月型《みかづきがた》で、中央《ちゅうおう》に丸《まる》いドームがあり、ほかの8つは先《さき》が丸《まる》く、後《うし》ろがとがっていた。しばらくすると数秒間隔《すうびょうかんかく》で急《きゅう》降下《こうか》や急上昇《きゅうじょうしょう》をくり返《かえ》し、やがて山《やま》の向《む》こうに消《き》えたという。編隊《へんたい》の全長《ぜんちょう》は8キロ、1機《き》の長《なが》さは8メートル、飛行速度《ひこうそくど》は2700キロと計測《けいそく》された。当時《とうじ》は、これほど速《はや》く飛《と》べる飛行機《ひこうき》はなかったことから、UFOであるという説《せつ》が有力《ゆうりょく》である。

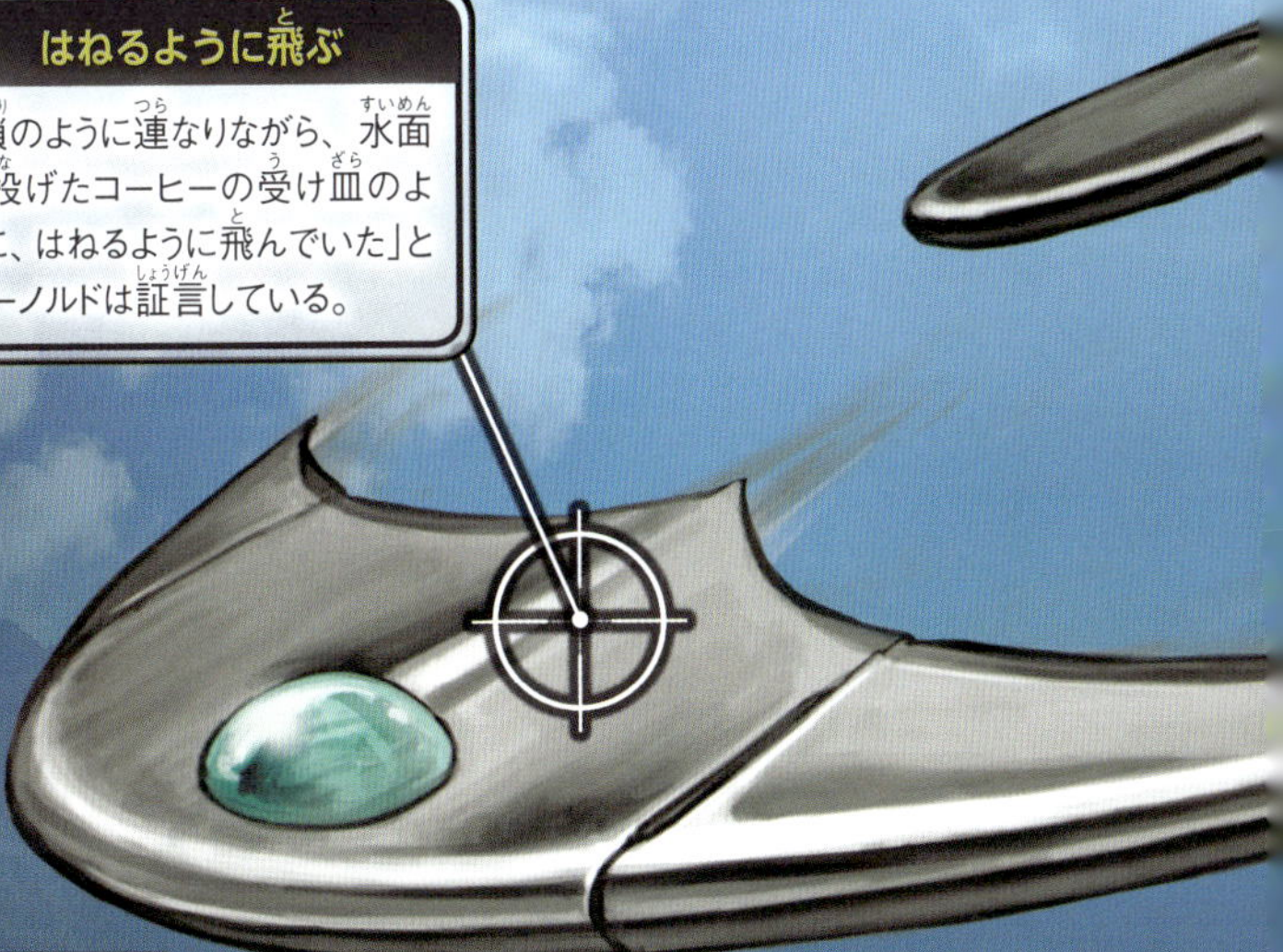

はねるように飛《と》ぶ

「鎖《くさり》のように連《つら》なりながら、水面《すいめん》に投《な》げたコーヒーの受《う》け皿《ざら》のように、はねるように飛《と》んでいた」とアーノルドは証言《しょうげん》している。

UFO DATA

形状《けいじょう》

ブーメラン型《がた》

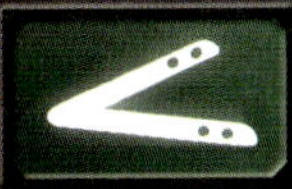

出没国《しゅつぼつこく》・地域《ちいき》

アメリカ
カスケード山脈《さんみゃく》など

出没年《しゅつぼつねん》

1947年《ねん》

第《だい》1種接近遭遇《しゅせっきんそうぐう》

目撃数《もくげきすう》

〝イギリス版《ばん》ロズウェル〟とも呼《よ》ばれる歴《れき》史《し》的《てき》事《じ》件《けん》のひとつ

レンドルシャムの森《もり》事《じ》件《けん》のUFO

降《お》りてきたのはグレイ？

UFOから降《お》りてきたのは頭部《とうぶ》が大《おお》きく、ギョロリとした大《おお》きい目《め》が特徴《とくちょう》のグレイタイプの宇《う》宙人《ちゅうじん》だったという。

UFO DATA

形状《けいじょう》
三角型《さんかくがた》

出没国《しゅつぼつこく》・地域《ちいき》
イギリス
レンドルシャムの森《もり》

出没年《しゅつぼつねん》
1980年《ねん》

第《だい》3種接近遭遇《しゅせっきんそうぐう》

目撃数《もくげきすう》

機体《きたい》に足《あし》は3本《ほん》
三角型《さんかくがた》の物体《ぶったい》が消《き》えた翌日《よくじつ》に確認《かくにん》すると、3つの着陸跡《ちゃくりくあと》が見《み》つかった。このことから、UFOの足《あし》は3本《ぼん》だったことはまちがいないと言《い》える。

アメリカ軍《ぐん》が公式《こうしき》に発見《はっけん》!? 光《ひか》る機体《きたい》と3体《たい》の宇宙人《うちゅうじん》

１９８０年《ねん》12月《がつ》27日《にち》、イギリスのサフォーク州《しゅう》にあるレンドルシャムの森《もり》に、奇妙《きみょう》な光《ひかり》が見《み》えた。警備員《けいびいん》が現場《げんば》に向《む》かうと、そこには白《しろ》く光《ひか》る三角型《さんかくがた》の物体《ぶったい》があったが、近《ちか》づくと消《き》えてしまった。12月《がつ》30日《にち》に、アメリカ軍基地《ぐんきち》につとめるラリー・ウォーレンが現場《げんば》に向《む》かうと、上空《じょうくう》が赤《あか》く光《ひか》り、三角型《さんかくがた》ＵＦＯが姿《すがた》を現《あらわ》した。近《ちか》づいて様子《ようす》を確認《かくにん》していると、機体《きたい》の下《した》から筒状《つつじょう》の光《ひかり》がのび、３体《たい》の宇宙人《うちゅうじん》が降りてきたという。アメリカ空軍基地《くうぐんきち》の中佐《ちゅうさ》の報告書《ほうこくしょ》として記録《きろく》が残《のこ》っているため、実在《じつざい》したＵＦＯと言《い》える。

パプアニューギニアに現《あらわ》れた友好的《ゆうこうてき》な宇宙人《うちゅうじん》が乗《の》る機体《きたい》

ジル神父《しんぷ》事件《じけん》のUFO

手《て》を振《ふ》る宇宙人《うちゅうじん》

ジル神父《しんぷ》たちが手《て》を振《ふ》ると、宇宙人《うちゅうじん》も手《て》を振《ふ》り返《かえ》した。その後《ご》、青《あお》い光《ひかり》を2回《かい》点灯《てんとう》し、飛《と》び去《さ》っていった。

UFOの構造《こうぞう》

コーヒー皿《ざら》を裏返《うらがえ》したような形《かたち》で、足《あし》が4本《ほん》ついている。乗組《のりくみ》員《いん》はデッキ部《ぶ》分《ぶん》から外《そと》に出《で》ることができるようだ。

UFO DATA

形状《けいじょう》

お皿型《さらがた》

出没国《しゅつぼつこく》・地域《ちいき》

パプアニューギニア
ボイアナイ村《むら》

出没年《しゅつぼつねん》

1959年《ねん》

第《だい》3種接近遭遇《しゅせっきんそうぐう》

目撃数《もくげきすう》

◀目撃者《もくげきしゃ》の証言《しょうげん》を元《もと》に描《えが》かれたイラスト。UFOは空《そら》に向《む》かって青《あお》い光《ひかり》を放《はな》っていたという。

地球人《ちきゅうじん》を見《み》にきていた？ 空《そら》から手《て》を振《ふ》る宇宙人《うちゅうじん》たち

パプアニューギニアで1959年《ねん》6月《がつ》21日《にち》の夕方《ゆうがた》、謎《なぞ》の飛行物体《ひこうぶったい》が目撃《もくげき》された。26日《にち》にも同《おな》じ場所《ばしょ》に数機《すうき》の飛行物体《ひこうぶったい》が出現《しゅつげん》し、4時間《じかん》ほどとどまっていたという。27日《にち》にはUFOが地上《ちじょう》100メートルほどまで降《お》りてきた。目撃者《もくげきしゃ》は38人《にん》で、中《なか》でもジル神父《しんぷ》は、その間《あいだ》のできごとをくわしくメモしており、そこには「4つの人影《ひとかげ》があり、こちらが手《て》を振《ふ》ると彼《かれ》らも手《て》を振《ふ》り返《かえ》した」とあった。一度《いちど》に目撃《もくげき》した人数《にんずう》が38人《にん》にものぼること、時系列《じけいれつ》にそったメモが残《のこ》っていることから信《しん》ぴょう性《せい》は高《たか》いが、残念《ざんねん》ながら写真《しゃしん》などは残《のこ》されていない。

ベルギー空軍《くうぐん》が発見《はっけん》したUFO

ベルギー空軍《くうぐん》の追跡《ついせき》をかいくぐった高速《こうそく》の飛行物体《ひこうぶったい》

高速《こうそく》で飛《と》ぶ！

UFOを発見《はっけん》した空軍《くうぐん》のレーダーによると、時速《じそく》280kmから1830kmに急加速《きゅうかそく》したという。

4つの光《ひか》るライト

三角形《さんかくけい》に配置《はいち》された3つの黄色《きいろ》いライトに、真《ま》ん中《なか》は赤《あか》いライトが光《ひか》っていたという。

UFO DATA

形状《けいじょう》

三角型《さんかくがた》

出没国《しゅつぼつこく》・地域《ちいき》

ベルギー、ドイツ、オランダ、フランスなど

出没年《しゅつぼつねん》

1989年《ねん》〜

第《だい》1種接近遭遇《しゅせっきんそうぐう》

目撃数《もくげきすう》

短期間に多数の目撃報告
政府《せいふ》がUFOの存在《そんざい》を認《みと》めた⁉

1989年《ねん》11月《がつ》29日《にち》、ベルギー・オイペンの憲兵隊員《けんぺいたいいん》ふたりが、二等辺三角形《にとうへんさんかくけい》の黒《くろ》い飛行物体《ひこうぶったい》を発見《はっけん》した。さらに、1990年《ねん》5月《がつ》までの半年間《はんとしかん》で、各地《かくち》からUFOの目撃情報《もくげきじょうほう》が寄《よ》せられた。場所《ばしょ》や人数《にんずう》はさまざまで、100人《にん》が同時《どうじ》に目撃《もくげき》した場合《ばあい》もあり、目撃者《もくげきしゃ》の総数《そうすう》はおよそ1万人《まんにん》以上《いじょう》。1990年《ねん》3月《がつ》30日《にち》の深夜《しんや》には、ベルギー空軍《くうぐん》によるUFOの激《はげ》しい追跡劇《ついせきげき》が展開《てんかい》された。追跡《ついせき》は失敗《しっぱい》に終《お》わったが、その後《ご》政府《せいふ》が、UFO撃墜《げきつい》に失敗《しっぱい》したと認《みと》める報《ほう》告書《こくしょ》を提出《ていしゅつ》。そのことも含《ふく》めこの事件《じけん》は、ニセ物《もの》の可能性《かのうせい》が極《きわ》めて低《ひく》いと言《い》える。

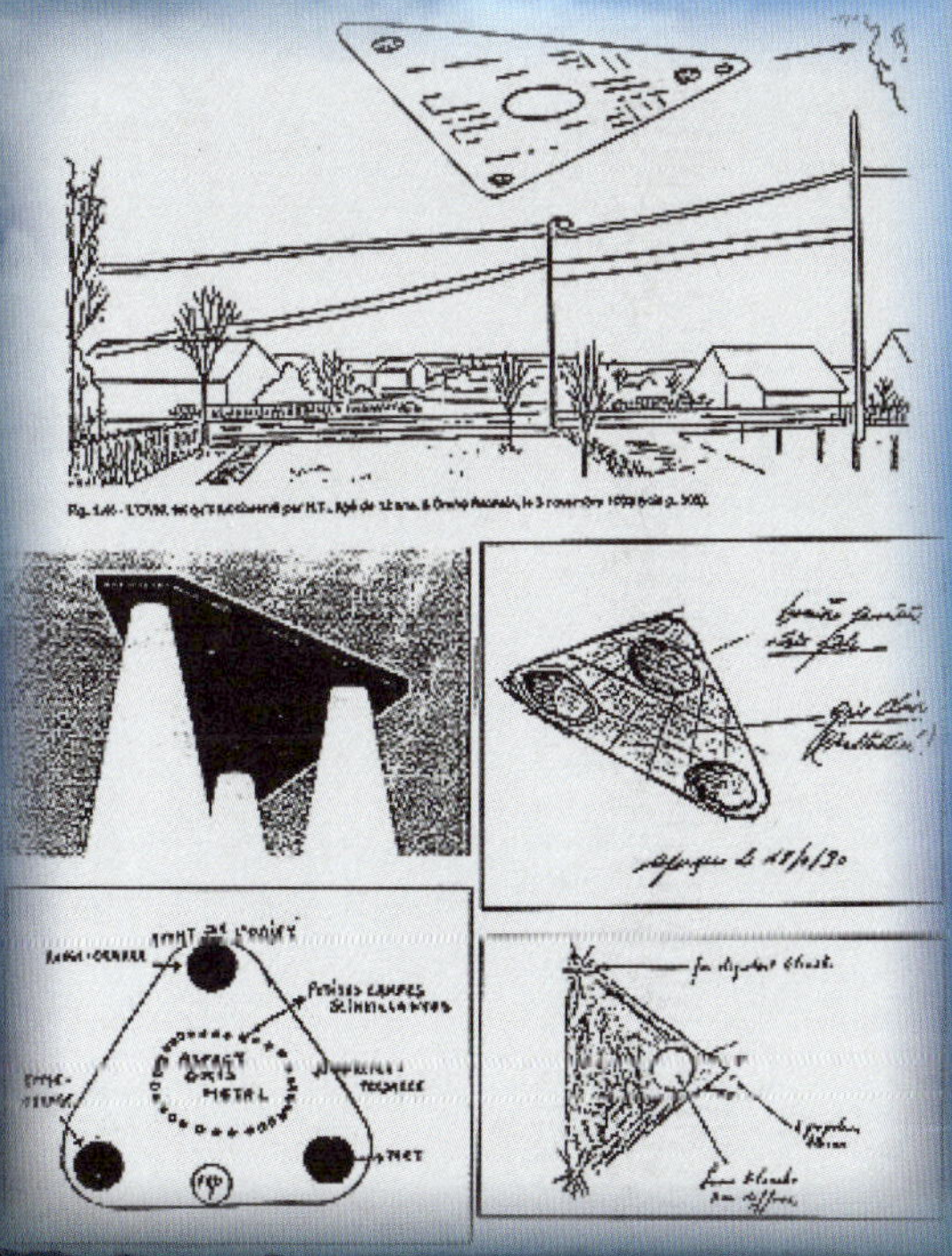

◀目撃者《もくげきしゃ》たちの証言《しょうげん》を元《もと》にしたイラスト。どの目撃《もくげき》者《しゃ》も、UFOは三《さん》角型《かくがた》をしていたと証言《しょうげん》している。

空《そら》飛《と》ぶ靴《くつ》のかかと？ 超高速《ちょうこうそく》で動《うご》く飛行物体《ひこうぶったい》

アリゾナの靴《くつ》のかかと型《がた》UFO

素早《すばや》い動《うご》き

飛行物体《ひこうぶったい》の大《おお》きさは6～10m、時速《じそく》は160㎞ほど。急旋回《きゅうせんかい》をくり返《かえ》し、飛行《ひこう》していたという。

UFO DATA

形状《けいじょう》

ブーメラン型《がた》

出没国《しゅつぼつこく》・地域《ちいき》

アメリカ
アリゾナ州《しゅう》

出没年《しゅつぼつねん》

1947年《ねん》～

第《だい》1種接近遭遇《しゅせっきんそうぐう》

1 2 3 4

目撃数《もくげきすう》

政府《せいふ》も目撃者《もくげきしゃ》も黙《だま》った？証拠写真《しょうこしゃしん》には一体何《いったいなに》が…!?

ウィリアム・ローズは1947年《ねん》7月《がつ》7日《か》にアメリカ・アリゾナ州《しゅう》にある自宅《じたく》の外《そと》で、靴《くつ》のかかとにそっくりの形《かたち》をした物体《ぶったい》を目撃《もくげき》。その物体《ぶったい》は、3回《かい》ほど急旋回《きゅうせんかい》し、そのまま西《にし》の空《そら》に消《き》えていった。その後《ご》、FBI《エフビーアイ》の局員《きょくいん》とハミルトン基地《きち》の将校《しょうこう》がローズの自宅《じたく》を訪《おとず》れ、そのときに撮影《さつえい》したUFOの写真《しゃしん》を回収《かいしゅう》し、写真《しゃしん》を調査《ちょうさ》した。その結果《けっか》、写真《しゃしん》に加工《かこう》などはなく、本物《ほんもの》であるとされた。不思議《ふしぎ》なことに、ローズもこの件《けん》について口《くち》をつぐんだという。もしかしたら、政府《せいふ》が隠《かく》さなければならないほど、重大《じゅうだい》な事件《じけん》だったのかもしれない。

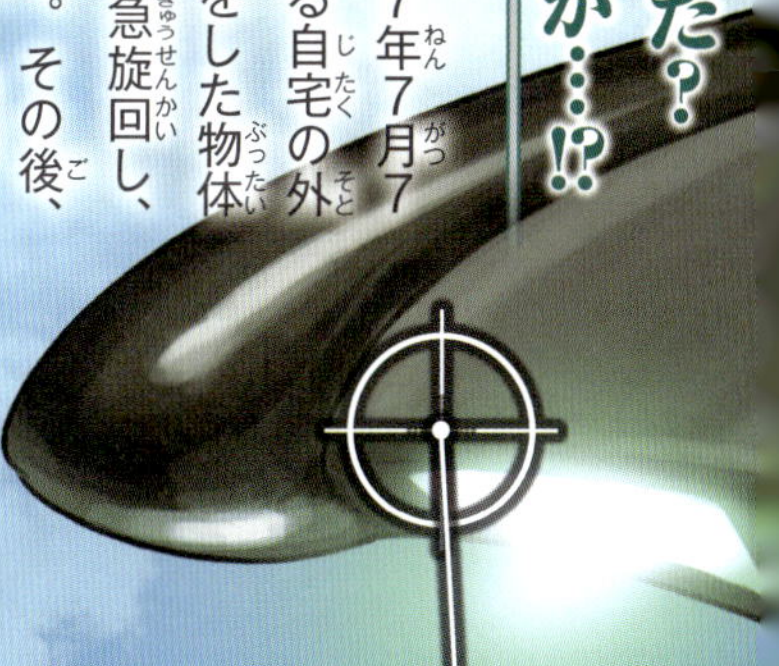

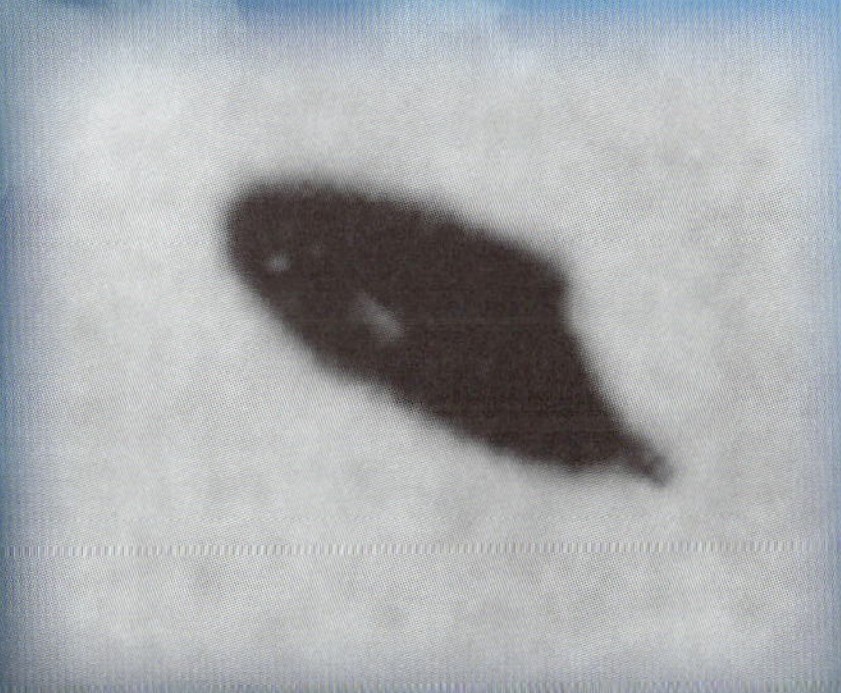

▲目撃者《もくげきしゃ》であるローズが撮影《さつえい》した飛行《ひこう》物体《ぶったい》。確《たし》かに、靴《くつ》のかかとのような形《かたち》をしていることがわかる。

まるでジェット機《き》

ジェット機《き》のような音《おと》をたてながら、上空《じょうくう》を飛《と》んでいたという。

ソコロ事《じ》件《けん》のUFO

炎《ほのお》をふき出《だ》しながら飛《と》び去《さ》ったタマゴ型《がた》の宇《う》宙《ちゅう》船《せん》

近未来型《きんみらいがた》のデザイン!?

タマゴ型《がた》。4つの足《あし》が地面《じめん》にのびている。側面《そくめん》に大《おお》きな赤《あか》いマーク。着陸地点《ちゃくりくちてん》では草《くさ》が円形《えんけい》に焦《こ》げ、煙《けむり》を上《あ》げていたという。

UFO DATA

形状《けいじょう》	出没国《しゅつぼつこく》・地域《ちいき》	第3種接近遭遇《だいしゅせっきんそうぐう》
異形《いぎょう》	アメリカ ソコロなど	3
	出没年《しゅつぼつねん》	目撃数《もくげきすう》
	1964年《ねん》	

搭乗員《とうじょういん》は宇宙人《うちゅうじん》の子《こ》ども⁉ 逃《に》げるように消《き》えたUFO

1964年《ねん》4月《がつ》24日《か》夕方《ゆうがた》5時《じ》45分《ふん》。アメリカのソコロ警察署《けいさつしょ》のロニー・ザモラ巡査《じゅんさ》は、スピード違反《いはん》の車《くるま》の追跡中《ついせきちゅう》に、大《おお》きな音《おと》とともに、1キロほど先《さき》の空中《くうちゅう》に炎《ほのお》を見《み》た。「ダイナマイト小屋《ごや》の爆発《ばくはつ》か!」と思《おも》ったザモラは現場《げんば》へかけつけたが、そこにあったのは輝《かがや》く奇妙《きみょう》な物体《ぶったい》と、子《こ》どものようなふたつの人影《ひとかげ》。ザモラが近《ちか》づくと人影《ひとかげ》は消《き》え、物体《ぶったい》は下部《かぶ》から炎《ほのお》をふき出《だ》し飛《と》び去《さ》った。2日後《かご》、300キロ北《きた》のラ・マデラでも同様《どうよう》の報告《ほうこく》があったことから、ザモラのウソとは考《かんが》えにくい。だが、正体《しょうたい》はいまだ明《あき》らかになっていない。

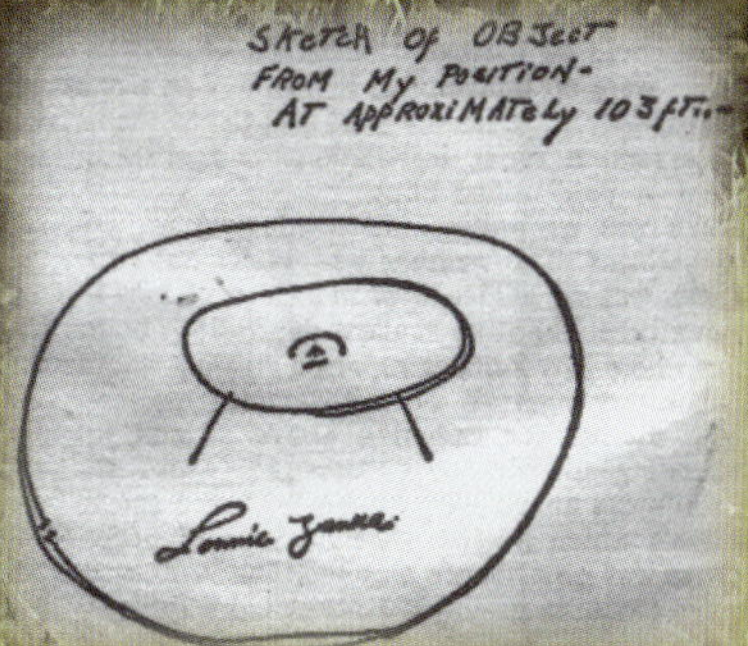

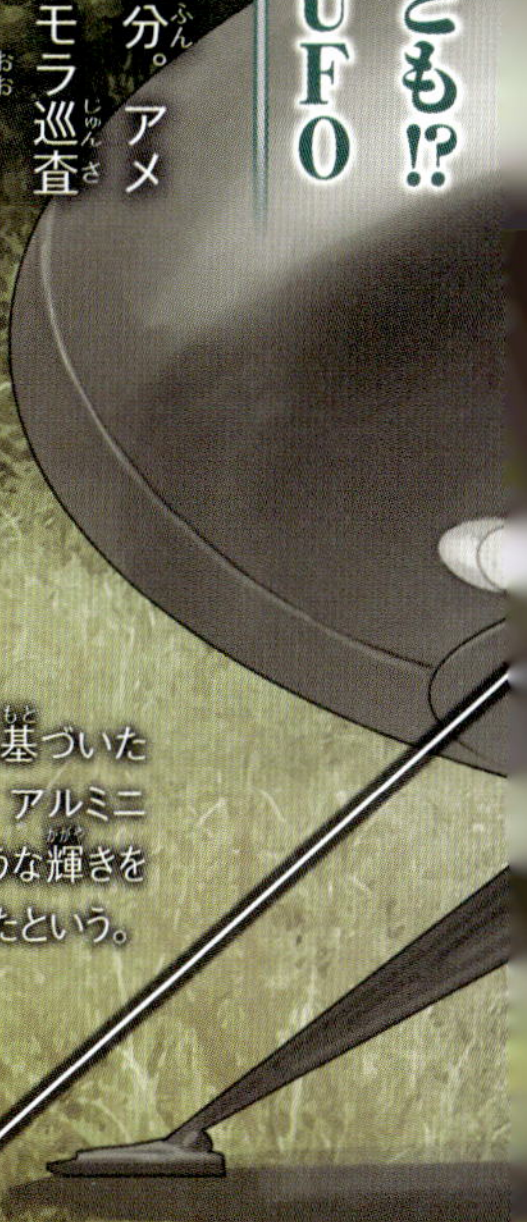

▲証言《しょうげん》に基《もと》づいたイラスト。アルミニウムのような輝《かがや》きを放《はな》っていたという。

不思議《ふしぎ》なロゴマーク

UFOには、奇妙《きみょう》なロゴのようなものが刻《きざ》まれていた。これが一体何《いったいなに》を意味《いみ》しているのかは不明《ふめい》だ。

螺《ら》旋《せん》型《がた》UFO

うずまきのように回《かい》転《てん》しながら怪《あや》しく光《ひか》る謎《なぞ》の飛《ひ》行《こう》物《ぶっ》体《たい》

UFOが放《はな》つ怪《あや》しい光《ひかり》

UFOから放《はな》たれた光《ひかり》は、うずまきのような螺《ら》旋《せん》を描《えが》いたとされる。5～6層《そう》で青白《あおじろ》く、輪《わ》の外側《そとがわ》にはさらにあわい光《ひかり》が。

UFO DATA

形状《けいじょう》
光型《ひかりがた》

出没国《しゅつぼつこく》・地域《ちいき》
中国西部《ちゅうごくせいぶ》、アメリカ

出没年《しゅつぼつねん》
1981 年《ねん》～

第《だい》1種接近遭週《しゅせっきんそうぐう》

目撃数《もくげきすう》

100万人《まんにん》が目撃《もくげき》した⁉ 中国《ちゅうごく》を騒《さわ》がせた光《ひか》るUFO

1981年《ねん》7月《がつ》24日午後《かご》10時《じ》30分《ぷん》。中国《ちゅうごく》西部《せいぶ》に住《す》む約《やく》100万人《まんにん》の住民《じゅうみん》が、いっせいに空《そら》に浮《う》かぶ物体《ぶったい》を目撃《もくげき》した。それは大《おお》きな星《ほし》のようであり、ゆっくりと回転《かいてん》し、尾《お》のような光《ひかり》をのばして空《そら》に螺旋型《らせんがた》を描《えが》いていた。また、事件《じけん》の1か月前《げつまえ》に出《で》たUFO専門雑誌《せんもんざっし》『飞碟探索《フェイディエタンスオ》』にて、中国《ちゅうごく》UFO研究会会員《けんきゅうかいかいいん》の張周生《ちょうしゅうせい》がこの事件《じけん》を予測《よそく》していたという話《はなし》もある。この事件《じけん》は中国《ちゅうごく》全土《ぜんど》で騒《さわ》ぎになり、これを機《き》に中国国内《ちゅうごくこくない》で螺旋型《らせんがた》UFOが何度《なんど》も目撃《もくげき》されるようになった。しかし、これだけ目撃情報《もくげきじょうほう》がありながら、そのすべては謎《なぞ》に包《つつ》まれたままだ。

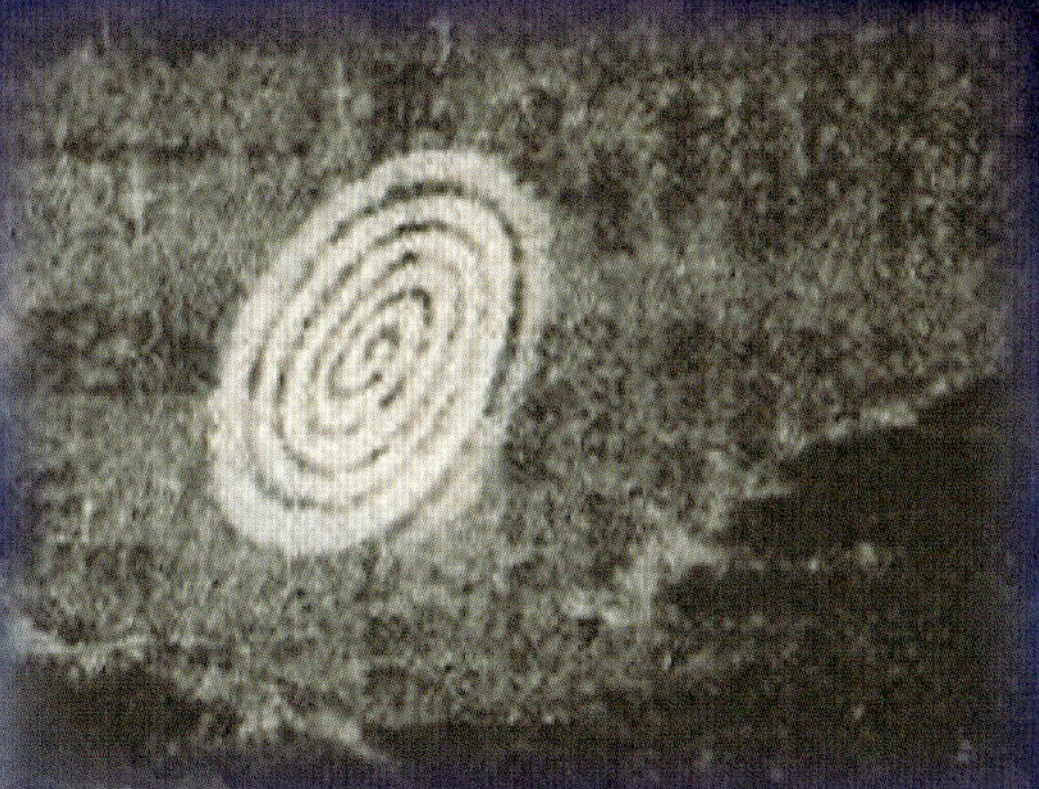

△中国《ちゅうごく》の新聞《しんぶん》に掲載《けいさい》されたUFOの写真《しゃしん》。きれいにうず巻《ま》いているが、どこが本体《ほんたい》なのかは不明《ふめい》だ。

アメリカでも目撃《もくげき》

同日《どうじつ》にアメリカでも同様《どうよう》の螺旋型《らせんがた》の光《ひかり》が目撃《もくげき》されていたという。中国《ちゅうごく》のUFOとの関係性《かんけいせい》はわかっていない。

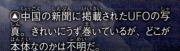

スペイン、ロシアに飛来《ひらい》した「王《おう》」マークのついた謎《なぞ》の機体《たい》

ウンモ星《せい》人《じん》のUFO

黄色《きいろ》からオレンジへ

UFOは黄色《きいろ》やオレンジ色《いろ》などに自由《じゆう》に、その輝《かがや》きを変《か》えながら飛《ひ》行《こう》する場合《ばあい》もあったという。

UFO DATA

形状《けいじょう》
お皿型《さらがた》

出没国《しゅつぼつこく》・地域《ちいき》
スペイン、ロシア

出没年《しゅつぼつねん》
1967年《ねん》、1989年《ねん》

第《だい》3種接近遭遇《しゅせっきんそうぐう》
1 2 3 4

目撃数《もくげきすう》

▲ウンモ星人《せいじん》がロシア・ボロネジ市《し》に出《しゅつ》現《げん》した際《さい》の再現《さいげん》イラスト。光線《こうせん》のようなものを発射《はっしゃ》し、少年《しょうねん》が消《き》えたという。

予告通《よこくどお》り出現《しゅつげん》

ウンモ星人《せいじん》は手紙《てがみ》で1967年《ねん》6月《がつ》1日《たち》に地球《ちきゅう》にやってくると予告《よこく》し、実際《じっさい》にその日《ひ》、マドリード郊外《こうがい》にUFOが出現《しゅつげん》し、着陸《ちゃくりく》した。

手紙《てがみ》で予告《よこく》してから出現《しゅつげん》⁉ ウンモ星人《せいじん》の目的《もくてき》は…？

1965年《ねん》、スペイン・マドリードの住《じゅう》民《みん》に、ウンモ星人《せいじん》と名乗《なの》る宇宙人《うちゅうじん》から奇妙《きみょう》な手紙《てがみ》が届《とど》いた。手紙《てがみ》には、宇宙生物《うちゅうせいぶつ》やウンモ星《せい》について、また、哲学《てつがく》や心理学《しんりがく》について書《か》かれており、その数《かず》は6000通《つう》にもおよんだ。手紙《てがみ》には必《かなら》ず「王《おう》」に似《に》たマークが押《お》されていたという。1967年《ねん》6月《がつ》1日《たち》には、機体《きたい》にそのマークがついたUFOがマドリードに飛来《ひらい》。さらに1989年《ねん》にはロシアで少年《しょうねん》が「王《おう》」マークのUFOから降《お》りてくる宇宙人《うちゅうじん》に遭遇《そうぐう》した事件《じけん》も発《はっ》生《せい》。スペイン、ロシアに現《あらわ》れたウンモ星人《せいじん》は、果《は》たして何《なに》を企《たくら》んでいたのだろうか。

大検証《だいけんしょう》

地球人《ちきゅうじん》に技術《ぎじゅつ》を伝《つた》えにやってきた?
ウンモ星人《せいじん》とUFOの目的《もくてき》は?

地球《ちきゅう》に貢献《こうけん》する宇宙人《うちゅうじん》?
手《て》の込《こ》んだイタズラ?

突然《とつぜん》、6000通《つう》以上《いじょう》の手紙《てがみ》をスペイン・マドリードの住民《じゅうみん》に送《おく》りつけたウンモ星人《せいじん》。手紙《てがみ》には非《ひ》常《じょう》に高度《こうど》な哲学《てつがく》や心理学《しんりがく》について書《か》かれていたというが、何《なに》かを地《ち》球《きゅう》に伝《つた》えようとしているのか?

中《なか》には、すべてはイタズラであるという主張《しゅちょう》もあるが、さまざまな角度《かくど》から、このウンモ星人《せいじん》について検証《けんしょう》していきたい。

可能性《かのうせい》 1 技術提供《ぎじゅつていきょう》にやってきた?

グルジア共和国《きょうわこく》では、ウンモ星人《せいじん》が突然《とつぜん》医者《いしゃ》として現《あらわ》れ、一般人《いっぱんじん》を手術《しゅじゅつ》しているという。患者《かんじゃ》の症状《しょうじょう》はほとんど回復《かいふく》し、手術《しゅじゅつ》のあとも残《のこ》らないほどの技術《ぎじゅつ》があるとのこと。つまり、ウンモ星《せい》人《じん》は自分《じぶん》たちの医療技《いりょうぎ》術《じゅつ》を地球《ちきゅう》に伝《つた》えに来《き》た可能性《かのうせい》があるのだ。

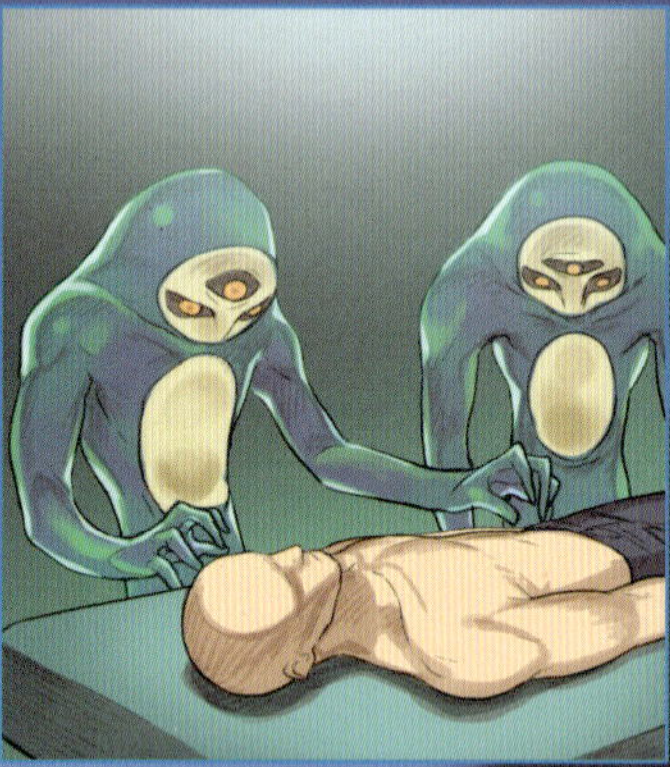

検証《けんしょう》 1 確実《かくじつ》な証拠《しょうこ》はないが 可能性《かのうせい》としては十分《じゅうぶん》考《かんが》えられる

スペイン中《じゅう》に送《おく》られた手紙《てがみ》の内容《ないよう》や、実際《じっさい》に地球《ちきゅう》を訪《おとず》れて高度《こうど》な医療行為《いりょうこうい》を行《おこな》うということから判断《はんだん》するに、彼《かれ》らはかなり高度《こうど》な知能《ちのう》・技術《ぎじゅつ》を持《も》っており、われわれ地球人《ちきゅうじん》に何《なん》らかの技術《ぎじゅつ》を授《さず》けようとしている可能性《かのうせい》はあるだろう。

可能性《かのうせい》 2

愉快犯《ゆかいはん》によるイタズラ?

ウンモ星人《せいじん》に関《かん》するできごとは、すべてイタズラだと主張《しゅちょう》する人《ひと》もいる。その理由《りゆう》として、証拠《しょうこ》にあげられるUFOの写真《しゃしん》に、目撃者《もくげきしゃ》は多《おお》くいたのにも関《かか》わらず、UFOしか写《うつ》っていないという点《てん》。また、撮影者《さつえいしゃ》が誰《だれ》かわからないという点《てん》も疑《うたが》われている理由《りゆう》のひとつだ。

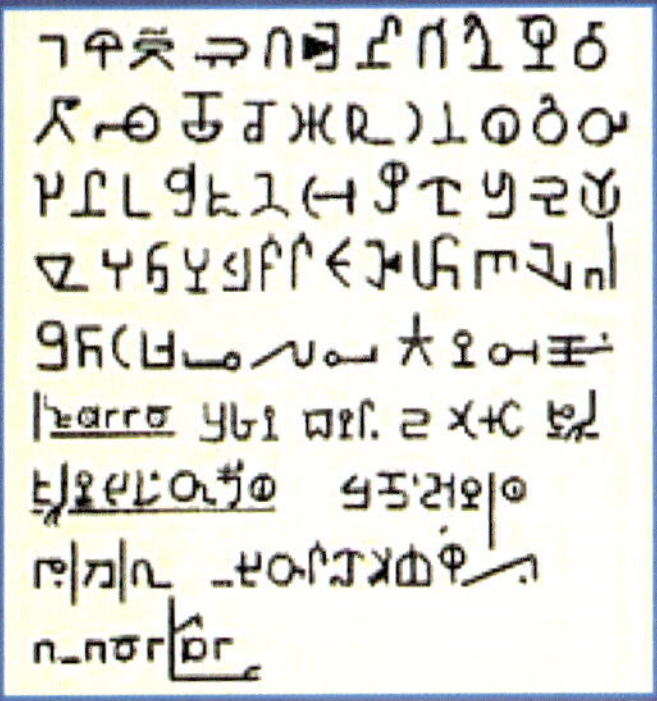

△複雑《ふくざつ》な文字《もじ》が並《なら》ぶ。地球上《ちきゅうじょう》に存在《そんざい》しない文字《もじ》のようだ。

検証《けんしょう》 2

これほど大《おお》がかりなイタズラは不可能《ふかのう》?

手紙《てがみ》に書《か》かれている文字《もじ》はかなり不規則《ふきそく》で複雑《ふくざつ》なものになっており、これを6000通以上《つういじょう》、イタズラのために作《つく》ったとは考《かんが》えにくい。また、ロシアでもウンモ星人《せいじん》目撃《もくげき》はあった。ロシアとスペインという遠《とお》く離《はな》れた国《くに》で、同《おな》じイタズラを仕《し》かける可能性《かのうせい》は少《すく》ないだろう。

△ロシアの少年《しょうねん》たちによるスケッチ。複数《ふくすう》の子《こ》どもたちがこのような宇宙人《うちゅうじん》とUFOを目撃《もくげき》したという。

結論《けつろん》

地球《ちきゅう》への技術支援《ぎじゅつしえん》の可能性大《かのうせいだい》!

イタズラ説《せつ》は、ふたつの遠《とお》い国《くに》で同《おな》じ時期《じき》に起《お》こったことから、可能性《かのうせい》は低《ひく》い。グルジアでの情報《じょうほう》から、ウンモ星人《せいじん》は実在《じつざい》しており、地球人《ちきゅうじん》に対《たい》して彼《かれ》らの技術《ぎじゅつ》を伝《つた》えようとしている可能性《かのうせい》が高《たか》いと言《い》えるだろう。ただし彼《かれ》らの手紙《てがみ》は現在《げんざい》残《のこ》っておらず、真相《しんそう》はいまだはっきりとはしていない。

触《ふ》れると謎《なぞ》の症状《しょうじょう》を引《ひ》き起《お》こす2機《き》の飛行物体《ひこうぶったい》

ミシャラク事《じ》件《けん》のUFO

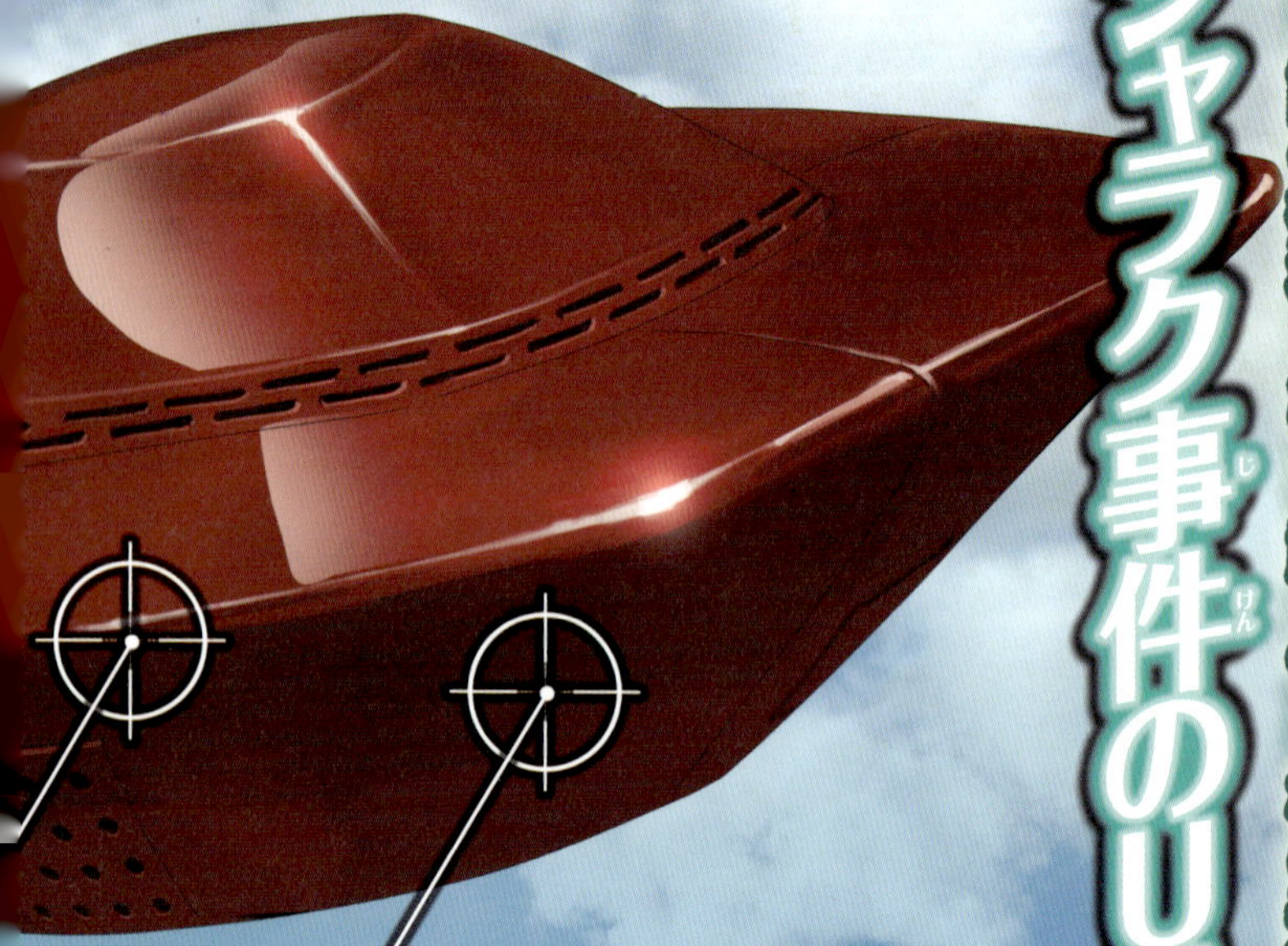

赤《あか》い飛行物体《ひこうぶったい》

直径《ちょっけい》は10mほどで、赤《あか》く光《ひか》っている。空中《くうちゅう》に浮《う》いているものと、地面《じめん》に漂《ひょう》着《ちゃく》しているものの2機《き》が目《もく》撃《げき》された。

UFO DATA

形状《けいじょう》

ドーム型《がた》

出没国《しゅつぼつこく》・地域《ちいき》

カナダ

ファルコン湖《こ》

出没年《しゅつぼつねん》

1967年《ねん》

第《だい》2種接近遭遇《しゅせっきんそうぐう》

目撃数《もくげきすう》

触《ふ》れると危険《きけん》！赤《あか》いメタリックの物体《ぶったい》

1967年《ねん》5月《がつ》19日《にち》の昼《ひる》。スティーブン・ミシャラクは研究《けんきゅう》のため、ファルコン湖《こ》の地質《ちしつ》を調《しら》べていたところ、空《そら》に2機《き》の飛行《ひこう》物体《ぶったい》を目撃《もくげき》、1機《き》が近《ちか》くに着陸《ちゃくりく》した。その表面《ひょうめん》に手《て》を触《ふ》れると、つけていたゴム手袋《てぶくろ》は溶《と》け、さらに機体《きたい》から熱風《ねっぷう》が噴出《ふんしゅつ》し、着《き》ていたTシャツも燃《も》え始《はじ》めた。ミシャラクはあわててその場《ば》を立《た》ち去《さ》ったが、その後《ご》、はき気《け》や下痢《げり》に悩《なや》まされた。現場《げんば》には謎《なぞ》の金属片《きんぞくへん》が残《のこ》され、その後《ご》の調査《ちょうさ》で純度《じゅんど》97%の銀《ぎん》であると判明《はんめい》した。この銀《ぎん》は、当時《とうじ》の技術《ぎじゅつ》では製造不可能《せいぞうふかのう》なものだったため、飛行物体《ひこうぶったい》はUFOの可能性《かのうせい》が高《たか》いとされた。

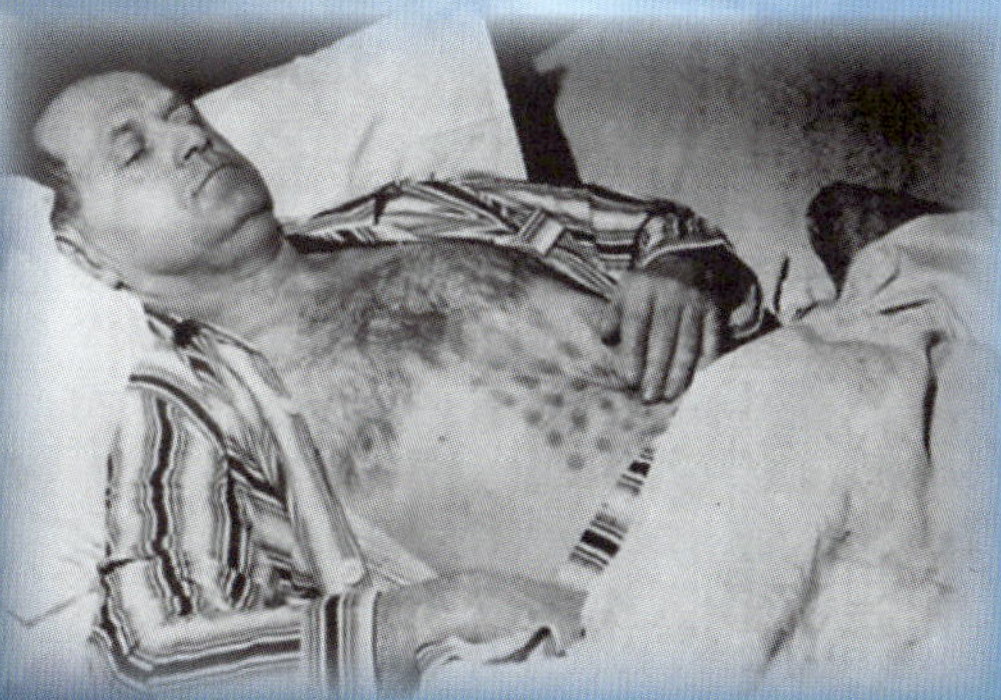

△おなか周辺《しゅうへん》に火傷《やけど》のような跡《あと》のあるミシャラク。

接触《せっしょく》による謎《なぞ》の症状《しょうじょう》

UFOに触《ふ》れたミシャラクを27人《にん》もの医師《いし》が診察《しんさつ》したが、誰《だれ》も原因《げんいん》を説明《せつめい》できなかった。しかし、さまざまな治療法《ちりょうほう》を試《ため》し、約半年《やくはんとし》ほどで回復《かいふく》したという。

航《こう》空《くう》機《き》スレスレまで接《せっ》近《きん》した奇《き》妙《みょう》な飛《ひ》行《こう》物《ぶっ》体《たい》

イースタン航《こう》空《くう》事《じ》件《けん》の葉《は》巻《まき》型《がた》UFO

翼《つばさ》のない奇《き》妙《みょう》な機《き》体《たい》

直径《ちょっけい》およそ10m、長《なが》さ30m。翼《つばさ》などはなく、葉《は》巻《まき》のような形状《けいじょう》。尾《び》部《ぶ》からは15mほどの炎《ほのお》がふき出《だ》していた。起《お》きていた乗客《じょうきゃく》も、強烈《きょうれつ》な光《ひかり》を目撃《もくげき》したと証言《しょうげん》している。

人工衛星《じんこうえいせい》に近《ちか》い？

この大《おお》きさを現代《げんだい》のものに当《あ》てはめると、人工衛星《じんこうえいせい》がかなり近《ちか》いとされている。しかし、1948年当時《ねんとうじ》、人工衛星《じんこうえいせい》はひとつも存在《そんざい》していない。

UFO DATA

形状《けいじょう》
葉巻型《はまきがた》

出没国《しゅつぼつこく》・地域《ちいき》
アメリカ
モンゴメリー

出没年《しゅつぼつねん》
1948年《ねん》

第《だい》1種接近遭遇《しゅせっきんそうぐう》
1 2 3 4

目撃数《もくげきすう》

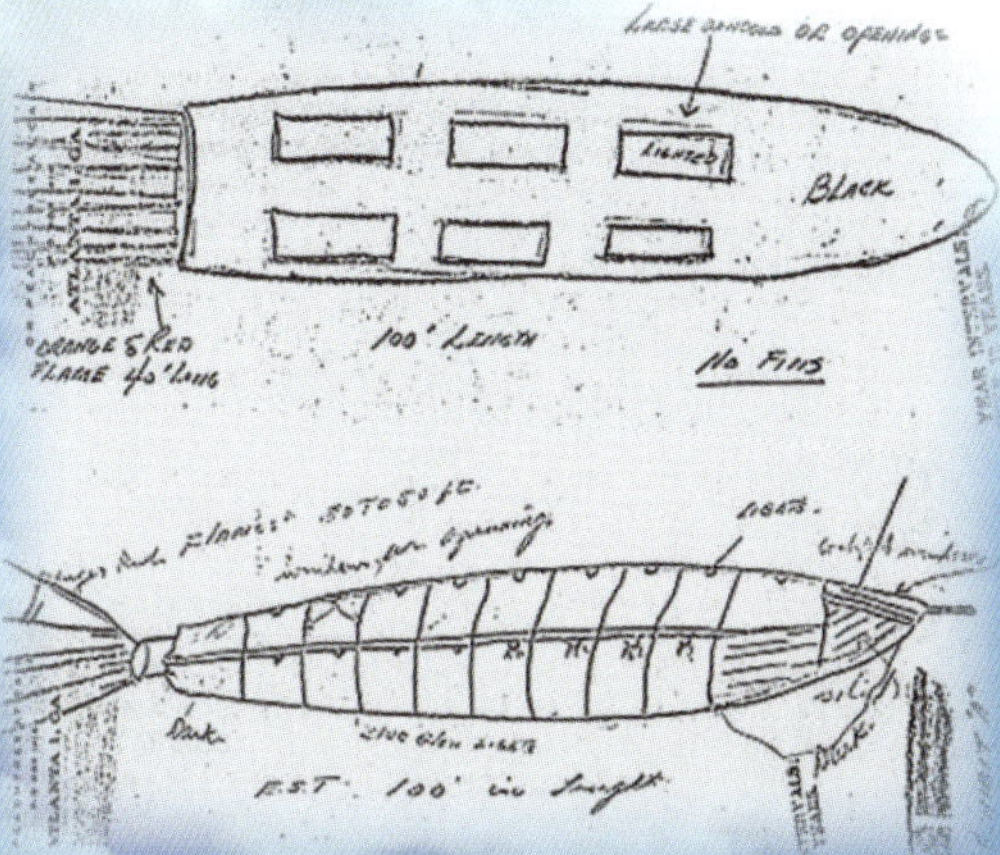

◀旅客機《りょかくき》の機長自《きちょうじ》身《しん》による再現《さいげん》イラスト。かなり細部《さいぶ》まで描《えが》かれており、信《しん》ぴょう性《せい》が高《たか》いと思《おも》われる。

超巨大《ちょうきょだい》な未確認飛行物体《みかくにんひこうぶったい》と航空機《こうくうき》が大衝突寸前《だいしょうとつすんぜん》に!?

1948年《ねん》7月《がつ》24日午前《かごぜん》2時《じ》45分《ふん》。アラバマ州《しゅう》モンゴメリーから南西《なんせい》に約《やく》32キロ付近《ふきん》の上空《じょうくう》で、イースタン航空《こうくう》の旅客機《りょかくき》に巨大《きょだい》な飛行物体《ひこうぶったい》が接近《せっきん》。ものすごい勢《いきお》いで旅客機《りょかくき》に向《む》かって飛《と》んできたため、急旋回《きゅうせんかい》して衝突《しょうとつ》を回避《かいひ》した。その間《かん》、10秒《びょう》ほどのできごとだったという。後《のち》に、この物体《ぶったい》を目撃《もくげき》した機長《きちょう》と副操縦士《ふくそうじゅうし》、乗客《じょうきゃく》に絵《え》を描《えが》かせたところ、数人《すうにん》が物体《ぶったい》の側面《そくめん》に窓《まど》のような規則的《きそくてき》なラインを描《えが》いた。このことにより、物体《ぶったい》の中《なか》には何者《なにもの》かが乗《の》っていて、それは宇宙人《うちゅうじん》ではないかと考《かんが》えられている。

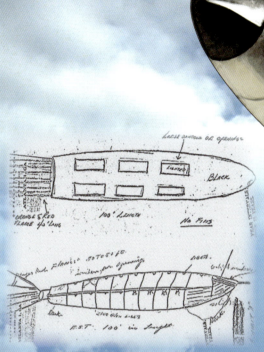

謎《なぞ》の光《ひかり》でヘリコプターを操縦《そうじゅう》不能《ふのう》にする飛行体《ひこうたい》

マンスフィールドの葉《は》巻《まき》型《がた》UFO

無線《むせん》が使用不能《しようふのう》に

大尉《たいい》たちは空港《くうこう》に無線《むせん》で連絡《れんらく》を試《こころ》みたが、なぜか使用不能《しようふのう》になっていた。これも緑色《みどりいろ》の光《ひかり》を浴《あ》びたことが原因《げんいん》かもしれない。

地上《ちじょう》の目撃者《もくげきしゃ》

この事件《じけん》には、地上《ちじょう》にも4人《にん》ほどの目撃者《もくげきしゃ》がいた。彼《かれ》らはUFOを「気球《ききゅう》のような」「スクールバスと同《おな》じくらいの」「洋《よう》ナシのような」物体《ぶったい》だったと語《かた》った。

UFO DATA

形状《けいじょう》

葉巻型《はまきがた》

出没国《しゅつぼつこく》・地域《ちいき》

アメリカ
マンスフィールド

出没年《しゅつぼつねん》

1973年《ねん》

第《だい》3種接近遭遇《しゅせっきんそうぐう》

目撃数《もくげきすう》

緑色《みどりいろ》の閃光《せんこう》
UFOからは、緑色《みどりいろ》の閃光《せんこう》が放《はな》たれた。そのとき、地上《ちじょう》の木《き》や道《みち》、車《くるま》などもすべて緑《みどり》色《いろ》に照《て》らされたという。

コントロール不能《ふのう》にさせる緑《みどり》色《いろ》のサーチライト!?

1973年《ねん》10月《がつ》18日《にち》午後《ごご》11時《じ》過《す》ぎ。アメリカ軍《ぐん》のヘリコプターが、オハイオ州《しゅう》からホプキンス空港《くうこう》へ戻《もど》ろうとしたところで、南東《なんとう》に赤《あか》い光《ひかり》を発見《はっけん》。すると突然《とつぜん》、その光《ひかり》が進路《しんろ》を変《か》えて接近《せっきん》してきた。操縦士《そうじゅうし》のローレンス・コイン大尉《たいい》は、衝突《しょうとつ》を避《さ》けるため急降下《きゅうこうか》しようとしたが、なぜかヘリは上昇《じょうしょう》。UFOはヘリの上空《じょうくう》で停止《ていし》すると、緑色《みどりいろ》の光線《こうせん》を浴《あ》びせ、北西《ほくせい》へ移動《いどう》していった。オリオン座流星群《ざりゅうせいぐん》の誤認《ごにん》との説《せつ》もあるが、それではなぜ操縦不能《そうじゅうふのう》になったのか説《せつ》明《めい》できない。緑色《みどりいろ》の光《ひかり》が原因《げんいん》の可能性《かのうせい》も考《かんが》えられている。

トランカス事《じ》件《けん》のUFO

光《ひかり》の管《くだ》でつながれたまま浮《う》かぶ、ふたつの謎《なぞ》の飛《ひ》行《こう》物《ぶっ》体《たい》

管《くだ》の中《なか》に多《おお》くの人影《ひとかげ》

管《くだ》の中《なか》にいた40人《にん》もの人影《ひとかげ》は、動《うご》いていたと証言《しょうげん》されている。宇宙人《うちゅうじん》か、それともUFOにとらわれた地球人《ちきゅうじん》なのだろうか…。

▼輝《かがや》く発光体《はっこうたい》は次々《つぎつぎ》とその色《いろ》を変《か》えていたという。

UFO DATA

形状《けいじょう》

ドーム型《がた》

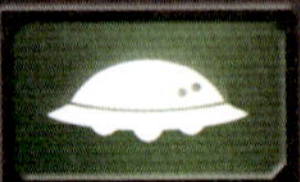

出没国《しゅつぼつこく》・地域《ちいき》

アルゼンチン
トランカス

出没年《しゅつぼつねん》

1963年《ねん》

第《だい》4種接近遭遇《しゅせっきんそうぐう》

目撃数《もくげきすう》

緑色《みどりいろ》に輝《かがや》くUFO

UFOの長《なが》さは、ひとつ9mほど。窓《まど》の大《おお》きさは、90×60cmの長方形《ちょうほうけい》。窓《まど》から放《はな》たれた強《きょう》力《りょく》な光《ひかり》は触手《しょくしゅ》のように、室内《しつない》をかけめぐった。

線路《せんろ》の上《うえ》に現《あらわ》れた奇妙《きみょう》なＵＦＯ 中《なか》でうごめく無数《むすう》の人影《ひとかげ》

1963年《ねん》10月《がつ》21日午後《にちごご》9時半《じはん》ごろ。アルゼンチンのトランカスに住《す》むモレノ家《け》の娘《むすめ》たちは、不思議《ふしぎ》な物体《ぶったい》を目撃《もくげき》した。鉄道《てつどう》の線路《せんろ》の上《うえ》に、長《なが》い光《ひかり》の管《くだ》で結《むす》ばれたふたつの輝《かがや》く物体《ぶったい》が浮《う》いていたのだ。管《くだ》の中《なか》には、40人《にん》ほどの人影《ひとかげ》があったという。娘《むすめ》たちが線路《せんろ》に向《む》かって歩《ある》き始《はじ》めると、今度《こんど》は前方《ぜんぽう》に緑色《みどりいろ》のＵＦＯを発見《はっけん》。突然赤《とつぜんあか》い炎《ほのお》が照射《しょうしゃ》されたかと思《おも》うと、娘《むすめ》たちは地面《じめん》に叩《たた》きつけられたという。その後《ご》、彼女《かのじょ》たちの目《め》の前《まえ》で物体《ぶったい》は6つに増《ふ》え、30分後《ぷんご》に物体《ぶったい》はひとつになり東《ひがし》の方角《ほうがく》へ消《き》えた。ＵＦＯ目撃談《もくげきだん》史上《しじょう》、奇妙《きみょう》な事件《じけん》のひとつとされている。

タルサの光《ひか》るUFO

14歳《さい》の少年《しょうねん》が撮影《さつえい》に成功《せいこう》したカラフルに光《ひか》る飛行物体《ひこうぶったい》

カラフルに発光《はっこう》

複数《ふくすう》の光《ひかり》を放《はな》ちながら飛行《ひこう》する物体《ぶったい》。それぞれが点滅《てんめつ》するように色《いろ》を変《か》えながら、ゆっくりと飛《と》んでいたという。

UFO DATA

形状《けいじょう》	出没年《しゅつぼつねん》
お皿型《さらがた》	1965年《ねん》
出没国《しゅつぼつこく》・地域《ちいき》	第《だい》1種接近遭遇《しゅせっきんそうぐう》
アメリカ タルサ	目撃数《もくげきすう》

アメリカ空軍《くうぐん》がUFOと認《みと》めた⁉

1965年《ねん》8月《がつ》3日深夜《かしんや》。当時《とうじ》14歳《さい》の少年《しょうねん》とその家族《かぞく》がオクラホマ州《しゅう》タルサの自宅裏《じたくうら》庭《にわ》で、白《しろ》・赤《あか》・青《あお》・緑《みどり》など色《いろ》を変《か》えながら飛《と》ぶ物体《ぶったい》を発《はっ》見《けん》し、少年《しょうねん》は写真《しゃしん》の撮影《さつえい》に成《せい》功《こう》。照明《しょうめい》を使《つか》ったニセ物《もの》の写《しゃ》真《しん》と疑《うたが》われたが、後《のち》にアメリカ空軍《くうぐん》が行《おこな》った調査《ちょうさ》で、直径《ちょっけい》10メートルほどのUFOと判《はん》明《めい》。UFO研究団体《けんきゅうだんたい》GSW《ジーエスダブリュー》も、1977年《ねん》のコンピューター解析《かいせき》で本物《ほんもの》と認《みと》めている。

▼タルサの光《ひか》るUFO／コントルドから撮影《さつえい》されたUFO

コンコルドから撮影《さつえい》されたUFO

超音速《ちょうおんそく》ジェット機《き》が偶然撮影《ぐうぜんさつえい》した巨大《きょだい》な物体《ぶったい》

ぼんやりと発光《はっこう》

UFOはドーム型《がた》で、大《おお》きさは直径《ちょっけい》200mほどと大《おお》きい。赤《あか》や黄色《きいろ》の光《ひかり》をぼんやりと発光《はっこう》していた。

UFO DATA

形状《けいじょう》	出没年《しゅつぼつねん》
ドーム型《がた》	1973年《ねん》
出没国《しゅつぼつこく》・地域《ちいき》	**第《だい》1種接近遭遇《しゅせっきんそうぐう》**
アフリカ チャド	目撃数《もくげきすう》 ◉○○

アフリカの巨大飛行体《きょだいひこうたい》はUFOの可能性大《かのうせいだい》！

皆既日食《かいきにっしょく》（月《つき》が太陽《たいよう》で隠《かく》れること）が観測《かんそく》されていた1973年《ねん》の6月《がつ》30日《にち》。超音速《ちょうおんそく》機《き》コントルドがアフリカ・チャドの上空《じょうくう》で、奇妙《きみょう》な飛行体《ひこうたい》を撮影《さつえい》した。フィルムを引《ひ》き延《の》ばすと、そこには直径《ちょっけい》200メートルほどの円盤《えんばん》が写《うつ》り込《こ》んでいた。操縦士《そうじゅうし》はイオン化現象《かげんしょう》か、隕石《いんせき》かもしれないと慎重《しんちょう》な姿勢《しせい》だが、フランス国立科《こくりつか》学調査《がくちょうさ》センターは、UFOの可能性《かのうせい》が高《たか》いと評価《ひょうか》した。

「土《ど》星《せい》タイプ」UFOのイメージを広《ひろ》めた有《ゆう》名《めい》な機《き》体《たい》

トリンダデ島《とう》沖《おき》のUFO

土《ど》星《せい》タイプUFOの元《がん》祖《そ》

「UFOといえば土《ど》星《せい》タイプ」というイメージを広《ひろ》めた最《さい》初《しょ》のUFO。拡《かく》大《だい》すると、表《ひょう》面《めん》には複《ふく》雑《ざつ》な機《き》器《き》がついているようだ。

自《みずか》ら色《いろ》を変《か》える機《き》体《たい》

金《きん》属《ぞく》のような質《しつ》感《かん》で、色《いろ》は灰《はい》色《いろ》。また、さまざまな色《いろ》の光《ひかり》を発《はっ》していたという証《しょう》言《げん》もある。

UFO DATA

形《けい》状《じょう》

お皿《さら》型《がた》

出《しゅつ》没《ぼつ》国《こく》・地《ち》域《いき》

ブラジル
トリンダデ島《とう》

出《しゅつ》没《ぼつ》年《ねん》

1958年《ねん》

第《だい》1種《しゅ》接《せっ》近《きん》遭《そう》遇《ぐう》

目《もく》撃《げき》数《すう》

世界初《せかいはつ》！ ブラジル政府《せいふ》が公式《こうしき》にUFOを認《みと》めた!?

1958年《ねん》1月《がつ》16日《にち》。ブラジル東《ひがし》沖《おき》約《やく》960キロの南大西洋上《みなみたいせいようじょう》にある、トリンダデ島《とう》に派遣《はけん》された観測船《かんそくせん》ルミランテ・サルダナ号《ごう》の50名《めい》の乗員《じょういん》が、水平線上《すいへいせんじょう》を飛行《ひこう》しているUFOを目撃《もくげき》。写真技師《しゃしんぎし》として乗船《じょうせん》していたアルミロ・バラウナが撮影《さつえい》に成功《せいこう》した。船長《せんちょう》は写真《しゃしん》をブラジル政府《せいふ》に提出《ていしゅつ》。当時《とうじ》のオリヴィラ大統領《だいとうりょう》は、写真《しゃしん》が本物《ほんもの》だと考《かんが》えているという見解《けんかい》を示《しめ》した。しかしその後《ご》、政府《せいふ》は発表《はっぴょう》を撤回《てっかい》。アメリカ空軍《くうぐん》に写真《しゃしん》を手渡《てわた》したのではないかとうわさされている。情報《じょうほう》を独占《どくせん》しようとしている軍《ぐん》から、何《なに》か圧力《あつりょく》がかかったのだろうか。

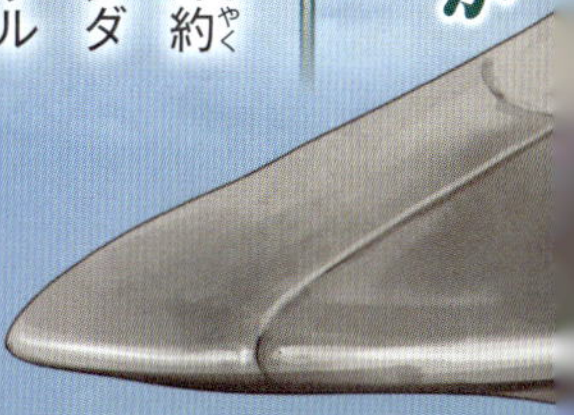

△実際《じっさい》に撮影《さつえい》された連続写真《れんぞくしゃしん》の1枚《まい》。拡大《かくだい》すると飛行物体《ひこうぶったい》がお皿《さら》のような形《かたち》をしているのがわかる。

青年《せいねん》が目撃《もくげき》した発光《はっこう》する小型《こがた》の飛行物体《ひこうぶったい》

フィンランドのベル型《がた》UFO

UFO DATA

形状《けいじょう》	出没年《しゅつぼつねん》
異形《いぎょう》	1976年《ねん》
出没国《しゅつぼつこく》・地域《ちいき》	第《だい》1種接近遭遇《しゅせっきんそうぐう》
フィンランド スオネンヨキ	目撃数《もくげきすう》 ◉◎◎

赤《あか》い光《ひかり》で青年《せいねん》を攻撃《こうげき》!?

物体《ぶったい》は姿《すがた》を消《け》してから6日《か》後《ご》、ふたたび青年《せいねん》の前《まえ》に現《あらわ》れた。近寄《ちかよ》った青年《せいねん》に赤《あか》い光《ひかり》を浴《あ》びせたという。

ベル型《がた》のUFOが何度《なんど》も襲来《しゅうらい》!?

1979年《ねん》の春《はる》。フィンランドのスオネンヨキにいた青年《せいねん》は、後方《こうほう》から奇妙《きみょう》な音《おと》を聞《き》いた。振《ふ》り返《かえ》るとそこには、小《ちい》さなベル型《がた》の発光《はっこう》した物体《ぶったい》が地面《じめん》から2メートルほど上《うえ》を飛《と》んでいた。写真《しゃしん》を撮《と》ってUFOに近《ちか》づくと、逃《に》げるように姿《すがた》を消《け》してしまったという。これまでも青年《せいねん》は近《ちか》くでUFOを目撃《もくげき》しており、もしかしたら、UFOにねらわれていたのかもしれない。

アメリカのUFOコンタクティーが搭乗《とうじょう》

ダニエル・フライのコマ型《がた》UFO

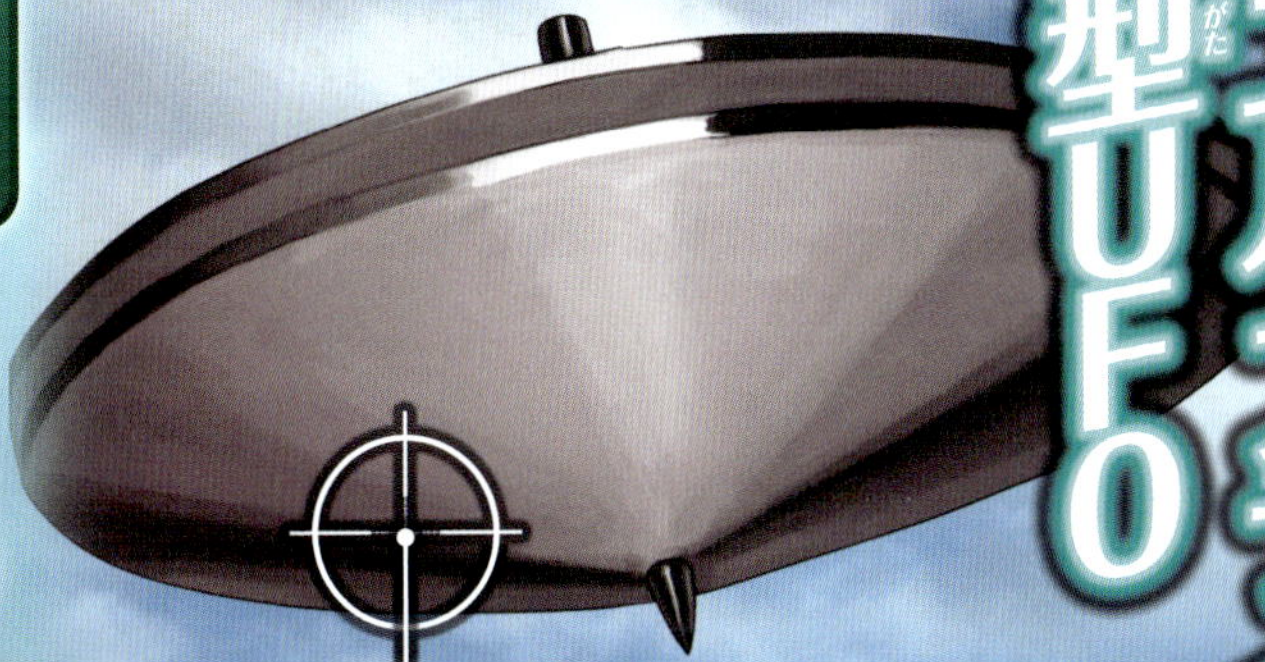

回転《かいてん》しながら浮遊《ふゆう》

見《み》た目《め》はもとより、構造《こうぞう》もコマそっくり。中心《ちゅうしん》の軸《じく》を中《ちゅう》心《しん》に、ゆっくりと回転《かいてん》しながら飛《と》んでいたという。

UFO DATA

形状《けいじょう》	出没年《しゅつぼつねん》
異形《いぎょう》	1954年《ねん》、1964年《ねん》
出没国《しゅつぼつこく》・地域《ちいき》	第《だい》3種接近遭遇《しゅせっきんそうぐう》
アメリカ オレゴン州《しゅう》	目撃数《もくげきすう》

円盤《えんばん》に乗《の》って宇宙《うちゅう》を旅《たび》した男《おとこ》？

アメリカのオレゴン州《しゅう》で工《こう》学者《がくしゃ》のダニエル・フライは、1954年《ねん》9月《がつ》18日《にち》にコマ型《がた》UFOの撮影《さつえい》に成功《せいこう》。同年《どうねん》、UFOに乗《の》って宇宙《うちゅう》を旅《たび》した体験《たいけん》を記《しる》した本《ほん》を発表《はっぴょう》。宇《う》宙人《ちゅうじん》と仲良《なかよ》くなり、宇宙《うちゅう》を旅《たび》したと明《あ》かした。さらに、1964年《ねん》4月《がつ》5日《か》に、黒《くろ》い軸《じく》を中心《ちゅうしん》に回転《かいてん》するUFOの姿《すがた》を撮影《さつえい》することに成功《せいこう》。その映像《えいぞう》は、UFOの姿《すがた》を鮮明《せんめい》に映《うつ》し出《だ》していた。

ケクスバーグの墜《つい》落《らく》UFO

謎《なぞ》の文字《もじ》が刻《きざ》まれたドングリのような形《かたち》の物体《ぶったい》

物体《ぶったい》に描《えが》かれた文字《もじ》

直径《ちょっけい》3～4ｍほどのドングリのような形《かたち》。側面《そくめん》には、奇妙《きみょう》な文字《もじ》が描《えが》かれていた。地球上《ちきゅうじょう》のどの言語《げんご》にも属《ぞく》さない、不思議《ふしぎ》な形《かたち》をしている。

UFO DATA

形状《けいじょう》

異形《いぎょう》

出没国《しゅつぼつこく》・地域《ちいき》

アメリカ
ケクスバーグ

出没年《しゅつぼつねん》

1965年《ねん》

第《だい》2種接近遭遇《しゅせっきんそうぐう》

目撃数《もくげきすう》

ジャーナリストの要求《ようきゅう》を無視《むし》？ 政府《せいふ》が隠《かく》すUFOの正体《しょうたい》は…？

1965年《ねん》12月《がつ》9日《か》、午後《ごご》5時《じ》ごろ。アメリカ北部《ほくぶ》の空《そら》をかけ抜《ぬ》け、ペンシルバニア州《しゅう》ケクスバーグへ落下《らっか》した火《ひ》の玉《たま》を、多《おお》くの住《じゅう》民《みん》が目撃《もくげき》。物体《ぶったい》は金色《きんいろ》がかったドングリのような形《かたち》だったという。すぐさまアメリカ軍《ぐん》がかけつけ、UFOはオハイオ州《しゅう》の空軍《くうぐん》基地《きち》へと運《はこ》びこまれた。しかし、その後空軍《ごくうぐん》は、この情報《じょうほう》を隠《かく》し、「何《なに》もなかった」という声明《せいめい》を発表《はっぴょう》。2003年《ねん》、アメリカのジャーナリストが、この事件《じけん》に関《かん》する文書《ぶんしょ》がNASA《ナサ》に存在《そんざい》するか調査《ちょうさ》を求《もと》めた。NASA《ナサ》は、2007年《ねん》までに再調査《さいちょうさ》を約束《やくそく》。しかし、なぜかいまだ発表《はっぴょう》されていない。

▲UFO墜落《ついらく》現場《げんば》近《ちか》くに設置《せっち》されたUFOの再現《さいげん》模型《もけい》。目撃者《もくげきしゃ》が多数《たすう》いるにも関《かか》わらず、真相《しんそう》は不明《ふめい》のままだ。

住民《じゅうみん》の証言《しょうげん》が一致《いっち》

目撃《もくげき》した住民《じゅうみん》のほとんどが、青《あお》い煙《けむり》と、不思議《ふしぎ》なカーブを描《えが》きながら落下《らっか》する青《あお》い光《ひかり》を見《み》たと証言《しょうげん》。硫黄《いおう》に似《に》たにおいがしたという話《はなし》も一致《いっち》している。

UFO同士《どうし》が衝突《しょうとつ》? 謎《なぞ》の金属片《きんぞくへん》をまき散《ち》らしたUFOの連隊《れんたい》

モーリー島《とう》沖《おき》のUFO

不思議《ふしぎ》な色《いろ》の機体《きたい》

幅《はば》30m、中央《ちゅうおう》に7mほどの穴《あな》があいたドーナツ型《がた》。金《きん》でも銀《ぎん》でもない、不思《ふし》議《ぎ》なメタリックカラー。

故障《こしょう》したような動《うご》き

故障《こしょう》した様子《ようす》の1機《き》の周囲《しゅうい》を、残《のこ》りの5機《き》が心配《しんぱい》そうに取《と》り囲《かこ》むように旋《せん》回《かい》していた。その後《ご》、中央《ちゅうおう》の1機《き》が爆発《ばくはつ》し、金属片《きんぞくへん》が地上《ちじょう》に落《お》ちてきた。

UFO DATA

形状《けいじょう》
お皿型《さらがた》

出没国《しゅつぼつこく》・地域《ちいき》
アメリカ
モーリー島沖《とうおき》

出没年《しゅつぼつねん》
1947年《ねん》

第《だい》2種接近遭遇《しゅせっきんそうぐう》
1 2 3 4

目撃数《もくげきすう》

▼モーリー島沖《とうおき》のUFO

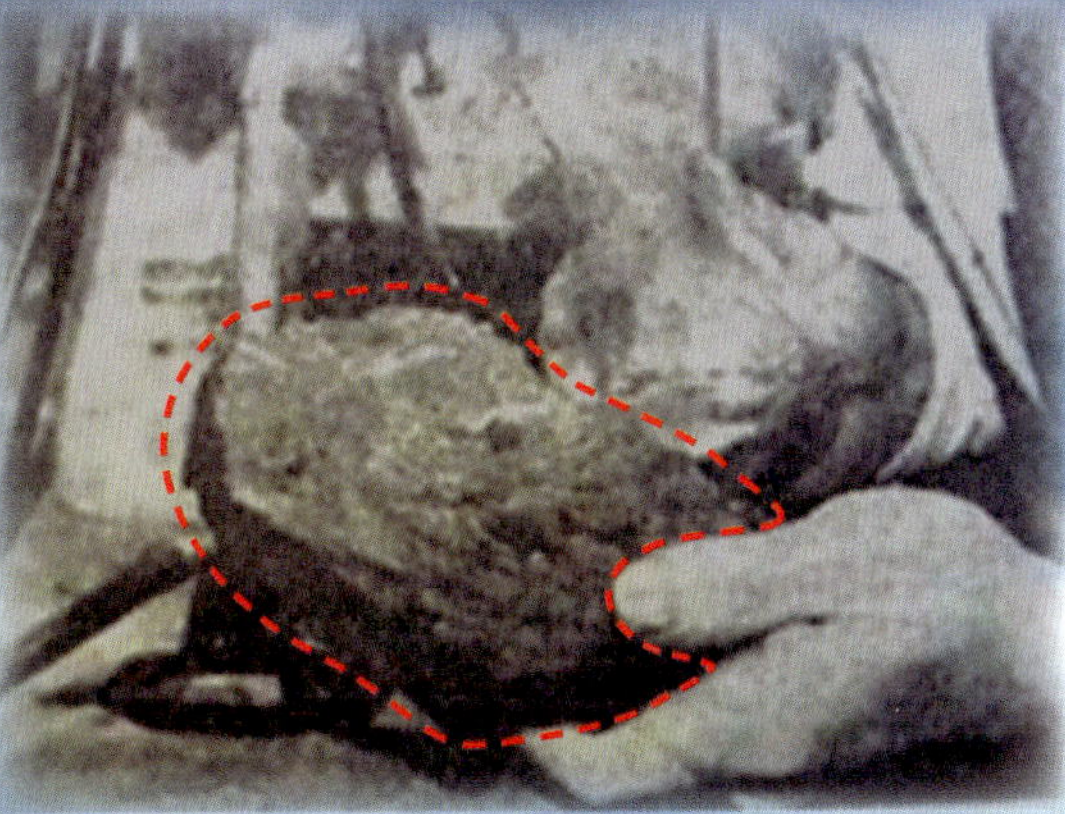

△UFOから落《お》ちてきたと思《おも》われる物体《ぶったい》。輸送中《ゆそうちゅう》だった爆撃機《ばくげきき》が墜落《ついらく》したため、何《なに》でできたものかは不明《ふめい》のままだ。

スパイによる証拠隠滅《しょうこいんめつ》!? 闇《やみ》に葬《ほうむ》られた物体《ぶったい》の正体《しょうたい》は…?

1947年《ねん》6月《がつ》21日《にち》。アメリカのワシントン州《しゅう》モーリー島沖《とうおき》で、巡視員《じゅんしいん》の男性《だんせい》とその息子《むすこ》らが、上空《じょうくう》に6機《き》のUFOを目撃《もくげき》。そのうち1機《き》がほかのUFOと接触《せっしょく》し爆発《ばくはつ》したが、そのまま6機《き》はすぐに飛《と》び去《さ》っていった。初《はじ》めてUFOを目撃《もくげき》したことで知《し》られるケネス・アーノルド氏《し》は、この事件《じけん》について調査《ちょうさ》を開始《かいし》。UFOが爆発《ばくはつ》した際《さい》の金属片《きんぞくへん》を入手《にゅうしゅ》する。しかしその後《ご》、アーノルドの依頼《いらい》を受《う》けて金属片《きんぞくへん》を運《はこ》んでいたB-25型《がた》爆撃機《ばくげきき》が事故《じこ》を起《お》こし、金属片《きんぞくへん》は行方不明《ゆくえふめい》に。重要証拠《じゅうようしょうこ》の輸送《ゆそう》を知《し》ったスパイによる、証拠隠滅《しょうこいんめつ》の可能性《かのうせい》がささやかれている。

出合《であ》った瞬間《しゅんかん》に攻撃《こうげき》！　好戦的《こうせんてき》な謎《なぞ》の球体《きゅうたい》

スコットランドの触《しょく》手《しゅ》を持《も》つUFO

母船《ぼせん》を守《まも》るふたつの球体《きゅうたい》

攻撃《こうげき》をしかけてきたふたつの球《きゅう》体《たい》。長《なが》い釘《くぎ》のような触手《しょくしゅ》がいくつも刺《さ》さっている。母船《ぼせん》を守《まも》る役《やく》割《わり》があるのかもしれない。

UFO内部《ないぶ》で記憶《きおく》を消《け》された!?

テイラーは、攻撃《こうげき》の後《あと》、UFO内部《ないぶ》に引《ひ》きずりこまれるような感覚《かんかく》があったと話《はな》す。その際《さい》、焼《や》け焦《こ》げたブレーキのような強烈《きょうれつ》な悪臭《あくしゅう》を感《かん》じていたらしい。

UFO DATA

形状《けいじょう》

異形《いぎょう》

出没国《しゅつぼつこく》・地域《ちいき》

イギリス
スコットランド

出没年《しゅつぼつねん》

1978年《ねん》

第《だい》2種接近遭遇《しゅせっきんそうぐう》

目撃数《もくげきすう》

△テイラーがUFOを目撃《もくげき》したときの再《さい》現《げん》イラスト。UFOの突進《とっしん》によって、テイラーのズボンはさけてしまったという。

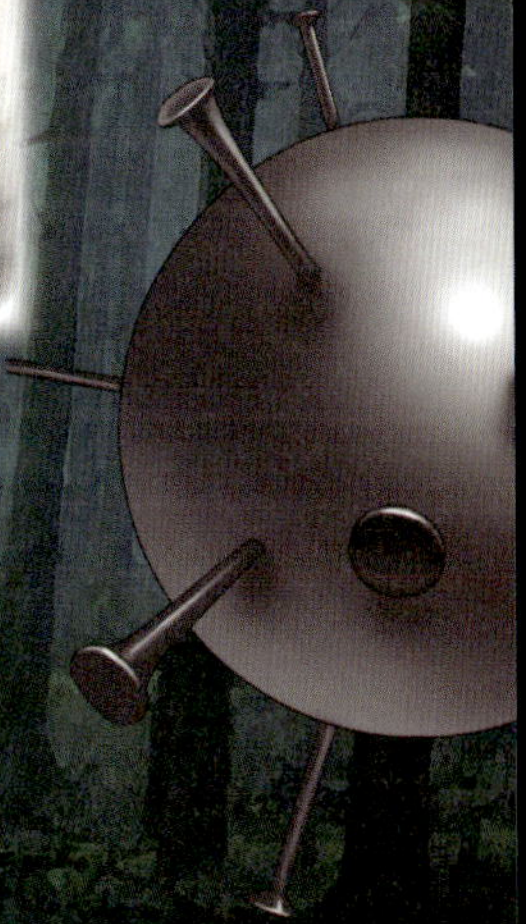

スコットランドの森《もり》に UFOの集《あつ》まる場《ば》所《しょ》が……？

1978年《ねん》11月《がつ》9日《か》早朝《そうちょう》、イギリス北部《ほくぶ》スコットランドの森林《しんりん》管理人《かんりにん》ボブ・テイラーは、森《もり》の中《なか》でUFOを目撃《もくげき》。その瞬間《しゅんかん》、長《なが》い釘《くぎ》のような触手《しょくしゅ》を持《も》つふたつの丸《まる》い物《ぶっ》体《たい》がテイラーに突進《とっしん》。あまりの衝撃《しょうげき》に気絶《きぜつ》してしまった。気《き》づいたときにはUFOの姿《すがた》はなく、UFOの着陸跡《ちゃくりくあと》らしきものが残《のこ》されていた。その後《ご》、警察《けいさつ》にその体験《たいけん》を話《はな》すが、信《しん》じてもらえなかった。しかし、それ以降《いこう》、現場《げんば》周辺《しゅうへん》では、チラチラ光《ひか》る円盤《えんばん》や、不思議《ふしぎ》な光《ひかり》などの目撃談《もくげきだん》が多数《たすう》寄《よ》せられるようになる。ここは、UFOにとって重要《じゅうよう》な場所《ばしょ》なのかもしれない。

空《そら》を飛《と》ぶカツオノエボシ? 触手《しょくしゅ》のある異形《いぎょう》の飛行物体《ひこうぶったい》

ニュージーランドの触手《しょくしゅ》を持《も》つUFO

長《なが》くて硬《かた》い触手《しょくしゅ》

触手《しょくしゅ》は長《なが》いもので、本体《ほんたい》の倍《ばい》ほど。空中《くうちゅう》をゆっくり飛行《ひこう》しているが、それぞれが動《うご》く様子《ようす》はない。硬《かた》い物質《ぶっしつ》であるようだ。

擬態《ぎたい》している!?

今回《こんかい》は上空《じょうくう》を移動《いどう》しているため発見《はっけん》されたが、これが木《き》の多《おお》い森《もり》の中《なか》や、土《つち》の上《うえ》にいたら、見《み》つけるのが困難《こんなん》。生物《せいぶつ》の擬態《ぎたい》では?とも言《い》われている。

UFO DATA

形状《けいじょう》
異形《いぎょう》

出没国《しゅつぼつこく》・地域《ちいき》
ニュージーランド
クイーンズタウン

出没年《しゅつぼつねん》
不明《ふめい》

第《だい》1種接近遭遇《しゅせっきんそうぐう》

目撃数《もくげきすう》

巨大生物《きょだいせいぶつ》？ UFO？ 触手《しょくしゅ》のついた謎《なぞ》の飛行体《ひこうたい》！

▼ニュージーランドの触手《しょくしゅ》を持《も》つUFO

2015年《ねん》、インターネットの〝You《ユー》Tube《チューブ》〟に、生物《せいぶつ》のような触手《しょくしゅ》をもつ未《み》確認飛行物体《かくにんひこうぶったい》の動画《どうが》がアップされた。場所《ばしょ》はニュージーランドのクイーンズタウン上《じょう》空《くう》。撮影《さつえい》された日《ひ》などは不明《ふめい》だが、飛行中《ひこうちゅう》の飛行機《ひこうき》から撮影《さつえい》されたものらしい。カツオノエボシ（⬆上写真）のような、脳《のう》みそのような不思議《ふしぎ》な姿《すがた》の物体《ぶったい》は、飛行機《ひこうき》と平《へい》行《こう》にふわふわと飛《と》んでいた。たくさんの触《しょく》手《しゅ》が生《は》えているが、風《かぜ》でゆれる様子《ようす》はなく、金属《きんぞく》のような硬《かた》い物質《ぶっしつ》なのだろうか。乗《の》り物《もの》なのか、それとも生命体《せいめいたい》なのか、いまもネット上《じょう》で議論《ぎろん》されている。

△実際《じっさい》のカツオノエボシ。クラゲの一《いっ》種《しゅ》で「電気《でんき》クラゲ」とも言《い》われ、刺《さ》されると強烈《きょうれつ》な痛《いた》みを感《かん》じる。

写《しゃ》真《しん》に残《のこ》された火《か》星《せい》文《ぶん》明《めい》の動《うご》かぬ証《しょう》拠《こ》となる宇《う》宙《ちゅう》船《せん》

火《か》星《せい》の葉《は》巻《まき》型《がた》UFO

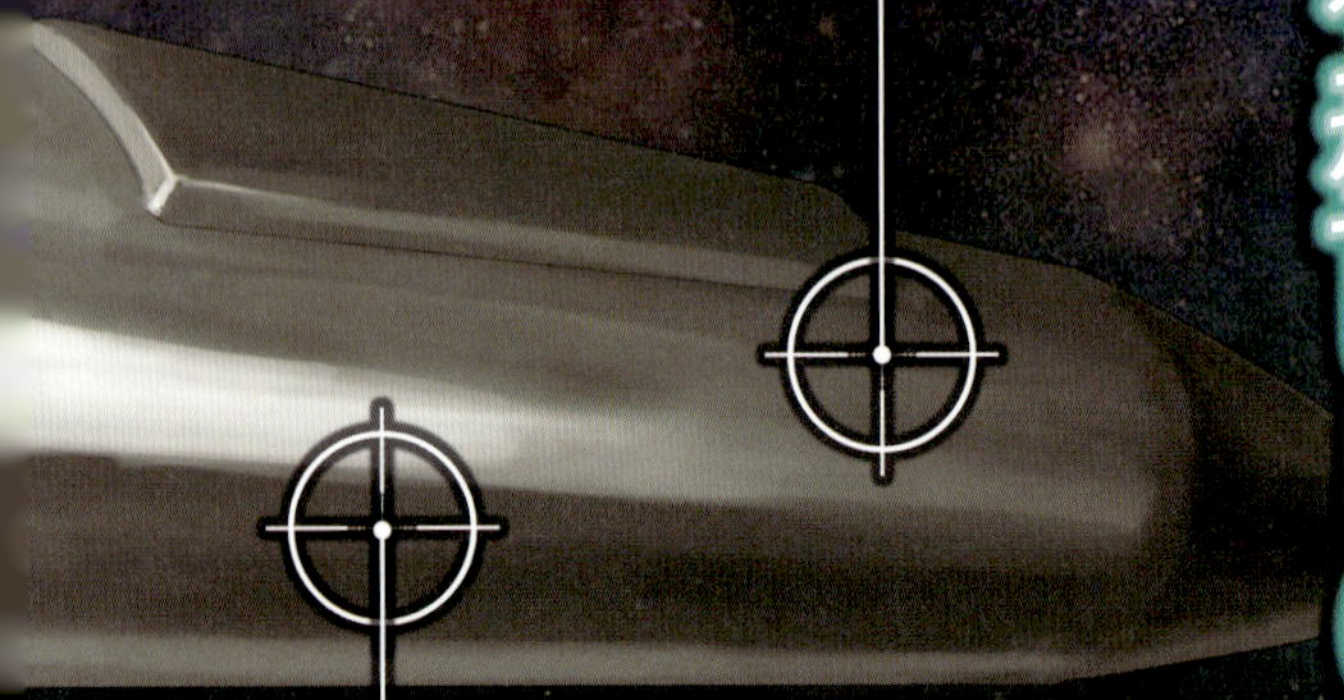

ＵＦＯの母船《ぼせん》だった？

フォボス2号《ごう》の消失《しょうしつ》から数年後《すうねんご》、ソビエト連邦《れんぼう》の元《もと》宇宙《うちゅう》飛行士《ひこうし》マリーナ・ポポビッチが未公開《みこうかい》写真《しゃしん》を公開《こうかい》した。その写真《しゃしん》に写《うつ》っていた物体《ぶったい》についてポポビッチはUFOの母船《ぼせん》と推測《すいそく》できると主張《しゅちょう》した。

20kmもの大《おお》きさ

モスクワの研究者《けんきゅうしゃ》は、この葉巻《はまき》型《がた》UFOを長《なが》さ20kmと推測《すいそく》した。また、1機《き》だけでなく複数《ふくすう》写《うつ》っていたとも言《い》われている。

UFO DATA

形状《けいじょう》	出没国《しゅつぼつこく》・地域《ちいき》	第《だい》1種接近遭遇《しゅせっきんそうぐう》
葉巻型《はまきがた》	火星付近《かせいふきん》	
	出没年《しゅつぼつねん》	
	1889年《ねん》〜	目撃数《もくげきすう》

△フォボス2号《ごう》がとらえたUFOと思《おも》われる影《かげ》。この後《あと》、フォボス2号《ごう》は消《き》えてしまったという。

探査機《たんさき》が発見《はっけん》したUFOには火星人《かせいじん》が乗《の》っていた!?

1988年《ねん》に打《う》ち上《あ》げられた、ソビエト連邦《れんぼう》の火星探査機《かせいたんさき》フォボス2号《ごう》。1989年《ねん》3月《がつ》26日《にち》に火星《かせい》の様子《ようす》を37枚撮影《まいさつえい》し、その2日後《かご》に突如姿《とつじょすがた》を消《け》してしまった。消《き》える直前《ちょくぜん》の画像《がぞう》には、火星《かせい》へ向《む》かう葉巻型《はまきがた》のUFOが写《うつ》されていた。もしかしたら、この物体《ぶったい》と何《なに》か関係《かんけい》あるのだろうか。近年《きんねん》では、2014年《ねん》にも葉巻型《はまきがた》UFOが撮影《さつえい》されている。また、火星《かせい》にはかつて水《みず》があったことがわかっている。つまり火星《かせい》には生《せい》命《めい》がいた可能性《かのうせい》があるのだ。火星《かせい》にあるというピラミッドや人面岩《じんめんいわ》を作《つく》ったのも、このUFOのしわざなのかもしれない。

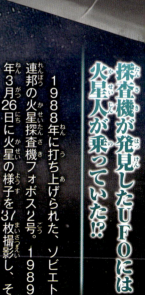

ドローンズ

まるでハイテク機器《きき》！ 世界中《せかいじゅう》でいくつも目撃《もくげき》されている異形《いぎょう》のUFO

操縦席《そうじゅうせき》がないUFO

数々《かずかず》の機器《きき》がつながった、メカニックな外見《がいけん》。人《ひと》が乗《の》る部分《ぶぶん》がないことから、ドローンズ（無人機《むじんき》）と呼《よ》ばれるようになった。別名《べつめい》、ストレンジクラフトともいう。

UFO DATA

形状《けいじょう》

異形《いぎょう》

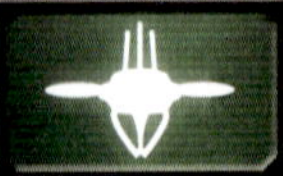

出没国《しゅつぼつこく》・地域《ちいき》

アメリカ、イタリア、フランスなど

出没年《しゅつぼつねん》

2007年《ねん》〜

第《だい》1種接近遭遇《しゅせっきんそうぐう》

目撃数《もくげきすう》

△中国《ちゅうごく》に出現《しゅつげん》したドローンズの写真。かなり複雑《ふくざつ》な形《かたち》をしており、進化系《しんかけい》の一種《いっしゅ》だと考《かんが》えられる。

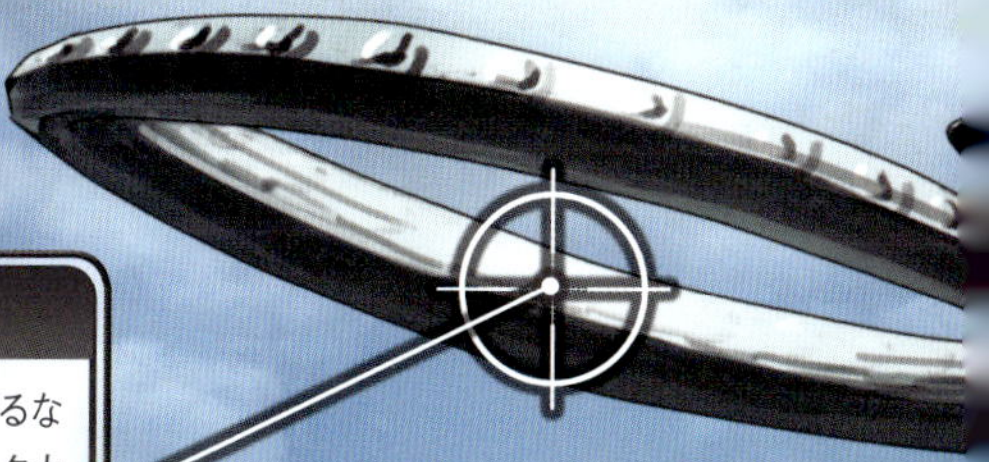

形状《けいじょう》が進化《しんか》!?

現《あらわ》れるたびにパーツが増《ふ》えるなど、形《かたち》が変《か》わる。機体《きたい》にカタカナのような記号《きごう》が描《えが》かれているものも。どの写真《しゃしん》も、鮮明《せんめい》な姿《すがた》が写《うつ》し出《だ》されている。

出現《しゅつげん》するたびに形《かたち》が変《か》わる!? メカニックな無《む》人《じん》UFO

2007年《ねん》4月《がつ》、アメリカのカリフォルニア州《しゅう》に出現《しゅつげん》した異形《いぎょう》のUFO。撮影《さつえい》した人物《じんぶつ》がインターネットに公開《こうかい》し、話題《わだい》を呼《よ》んだ。その1か月後《げつご》、アメリカのタホ湖《こ》付《ふ》近《きん》に似《に》たようなUFOが姿《すがた》を現《あらわ》す。目撃《もくげき》した夫婦《ふうふ》によると、低空《ていくう》をゆっくり移動《いどう》していたかと思《おも》うと、急《きゅう》に飛《と》び去《さ》ったという。

その後《ご》、アメリカだけでなく、イタリアやフランス、ハイチでも同様《どうよう》の飛行物体《ひこうぶったい》が出《しゅつ》現《げん》した。ドローンズと名《な》づけられたそのUFOは、出現《しゅつげん》するたびに姿《すがた》が変《か》わっているのが特徴《とくちょう》。模型《もけい》やCG《シージー》説《せつ》のほか、アメリカ軍《ぐん》の新兵器《しんへいき》、偵察《ていさつ》UFOなどの説《せつ》がある。

中国《ちゅうごく》をはじめ世界《せかい》各地《かくち》で目撃《もくげき》されている重厚《じゅうこう》な飛行物体《ひこうぶったい》

巨《きょ》大《だい》ピラミッド型《がた》UFO

窓《まど》や入《い》り口《ぐち》はない？

金属《きんぞく》と見《み》られる表面《ひょうめん》には、窓《まど》らしきものは見《み》つからない。どのように開閉《かいへい》するのか、中《なか》に何《なに》が乗《の》っているかなどは不明《ふめい》だ。

UFO DATA

形状《けいじょう》
異形《いぎょう》

出没国《しゅつぼつこく》・地域《ちいき》
中国《ちゅうごく》、アメリカ、日本《にほん》、コロンビアなど

出没年《しゅつぼつねん》
2010年《ねん》～

第《だい》1種接近遭遇《しゅせっきんそうぐう》
1 2 3 4

目撃数《もくげきすう》

母艦《ぼかん》の周《まわ》りを小型機《こがたき》が飛《と》ぶ鮮明《せんめい》な映像《えいぞう》が話題《わだい》に！

2010年《ねん》2月《がつ》、中国《ちゅうごく》、陝西省《せんせいしょう》の西安市《せいあんし》の上空《じょうくう》に、巨大《きょだい》なピラミッド型《がた》UFOが姿《すがた》を現《あらわ》した。母艦《ぼかん》と見《み》られる大《おお》きなUFOの周《まわ》りを、小《ちい》さなUFOが旋回《せんかい》していた。その後《ご》、2011年《ねん》9月《がつ》にも河北省《かほくしょう》の唐山市《とうざんし》にピラミッド型《がた》UFOが出現《しゅつげん》。低空《ていくう》を飛《と》んでいたため、鮮明《せんめい》な写真《しゃしん》が残《のこ》されている。

また、関連性《かんれんせい》があるかは不明《ふめい》だが、同様《どうよう》のUFO写真《しゃしん》がアメリカやコロンビア、スペイン、日本《にほん》などでも撮影《さつえい》されている。凧《たこ》などの誤認説《ごにんせつ》なども挙《あ》げられているが、鈍《にぶ》く光《ひか》る素材《そざい》は金属《きんぞく》のようにも見《み》えるため、それだけでは説明《せつめい》できない。

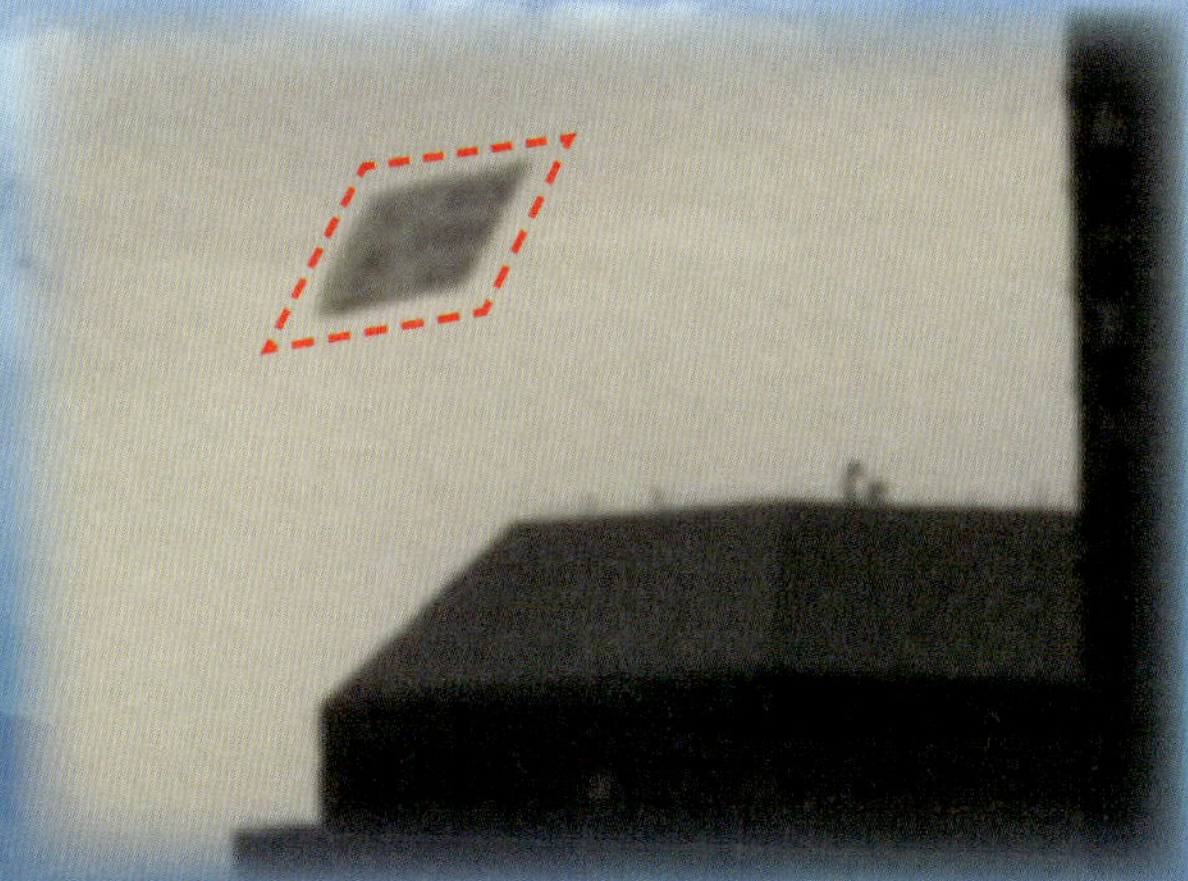

▲2011年《ねん》にニューヨークに出現《しゅつげん》したUFO。ピラミッド型《がた》UFOに比《くら》べ、やや平《ひら》べったい形《かたち》をしているのがわかる。

多《おお》くの人《ひと》が目撃《もくげき》

中国《ちゅうごく》の杭州《こうしゅう》では、空港《くうこう》が封《ふう》鎖《さ》されるほど数多《かずおお》くの目撃情《もくげきじょう》報《ほう》が寄《よ》せられた。、低空飛行《ていくうひこう》だったため、多《おお》くの人《ひと》にはっきりと見《み》えたのだろう。

謎《なぞ》のビームを水面《すいめん》に照射《しょうしゃ》し続《つづ》けた
ワナク貯《ちょ》水《すい》池《ち》のUFO

▲事件現場《じけんげんば》であるワナク貯水池《ちょすいち》。事件《じけん》当時《とうじ》は冬《ふゆ》で、水面《すいめん》は凍《こお》っていたという。

UFO DATA

形状《けいじょう》

ドーム型《がた》

出没国《しゅつぼつこく》・地域《ちいき》

アメリカ

ニュージャージー州《しゅう》

出没年《しゅつぼつねん》

1966年《ねん》

第《だい》1種接近遭遇《しゅせっきんそうぐう》

1 2 3 4

目撃数《もくげきすう》

ぼんやり光《ひか》る機体《きたい》

池《いけ》の上空《じょうくう》に現《あらわ》れたUFOは、ぼんやりと光《ひか》る白《しろ》いドーム型《がた》だったという。大《おお》きさは1～3mほどで、ビームを弱々《よわよわ》しくも放《はな》ち続《つづ》けていた。

氷《こおり》に穴《あな》をあけた!?

UFOが発《はっ》した光《ひかり》が貯水池《ちょすいち》に当《あ》たると、張《は》っていた氷《こおり》が溶《と》けてしまったという話《はなし》も残《のこ》されている。ビームが高温《こうおん》であることが推測《すいそく》できる。

MIB《メンインブラック》が関《かか》わった!? 謎《なぞ》の光《ひかり》を放《はな》ち消《き》えたUFO

アメリカのニュージャージー州《しゅう》で、1966年《ねん》1月《がつ》11日《にち》に目撃《もくげき》されたUFO。ドーム型《がた》UFOの下部《かぶ》から放《はな》たれたビームが、貯水《ちょすい》池《ち》を照《て》らした。その街《まち》の市長《しちょう》や市議会議員《しぎかいぎいん》、警察所長《けいさつしょちょう》など数々《かずかず》の人《ひと》が現場《げんば》を目撃《もくげき》したらしい。しかし、残念《ざんねん》なことに写真《しゃしん》は数枚《すうまい》しか残《のこ》されていない上《うえ》、撮影者《さつえいしゃ》も不明《ふめい》。また、地中《ちちゅう》に含《ふく》まれる鉱物《こうぶつ》の結晶《けっしょう》が発生《はっせい》させた高《こう》電圧《でんあつ》、つまりプラズマだったのではないかという説《せつ》もある。ペンタゴン広報官《こうほうかん》の証言《しょうげん》によると、目撃者《もくげきしゃ》の口《くち》を封《ふう》じるためMIB《メンインブラック》(⬇P184)が動《うご》いたという話《はなし》も。謎《なぞ》の多《おお》さは、MIB《メンインブラック》におどされたためだろうか。

森《もり》の中《なか》にひそみ光線《こうせん》で攻撃《こうげき》する謎《なぞ》の機体《きたい》

トラヴィス・ウォルトン事件《じけん》のUFO

▲トラヴィスの証言《しょうげん》を元《もと》に、エイリアンにさらわれたときを再現《さいげん》した映像《えいぞう》。この部屋《へや》がUFOの内部《ないぶ》なのかどうかも不明《ふめい》だ。

UFO DATA

形状《けいじょう》

お皿型《さらがた》

出没国《しゅつぼつこく》・地域《ちいき》

アメリカ
アリゾナ州《しゅう》

出没年《しゅつぼつねん》

1975年《ねん》

第《だい》4種接近遭遇《しゅせっきんそうぐう》

目撃数《もくげきすう》

突然攻撃《とつぜんこうげき》し男性《だんせい》を連《つ》れ去《さ》る！凶暴《きょうぼう》なUFOと宇宙人《うちゅうじん》の正体《しょうたい》は…？

1975年《ねん》11月《がつ》5日《か》、アメリカ・アリゾナ州《しゅう》。仕事《しごと》の帰《かえ》り道《みち》、トラヴィス・ウォルトンら7名《めい》は、森《もり》の中《なか》に白《しろ》く光《ひか》る物体《ぶったい》を目《もく》撃《げき》。積《つ》み上《あ》げられた丸太《まるた》の5メートルほど上《うえ》を、皿《さら》を重《かさ》ねたような形状《けいじょう》のUFOが、警戒音《けいかいおん》のような音《おと》を発《はっ》しながら飛《と》んでいた。UFOから光線《こうせん》が放《はな》たれ、ウォルトンを直撃《ちょくげき》した。仲間《なかま》たちは恐怖《きょうふ》で逃《に》げ、その後《ご》、現場《げんば》に戻《もど》るとウォルトンは消《き》えていた。5日後《かご》、20キロ離《はな》れた林《はやし》でウォルトンは発《はっ》見《けん》され、宇宙人《うちゅうじん》にさらわれたと証言《しょうげん》。幻覚《げんかく》症状《しょうじょう》という説《せつ》もあるが、仲間《なかま》の目撃証言《もくげきしょうげん》もあり、事実《じじつ》の可能性《かのうせい》が高《たか》い。

人《ひと》を持《も》ち上《あ》げるビーム!?

UFOから放《はな》たれた光線《こうせん》は青緑《あおみどり》色《いろ》。ウォルトンに直撃《ちょくげき》すると、体《からだ》が少《すこ》し地面《じめん》から浮《う》き上《あ》がり、次《つぎ》の瞬間《しゅんかん》にはものすごい勢《いきお》いで地面《じめん》に叩《たた》きつけたという。

UFOからの攻撃《こうげき》

ウォルトンと彼《かれ》の仲間《なかま》6人《にん》も事件《じけん》の様子《ようす》をスケッチしている。そこには、パイ皿《ざら》をふたつ重《かさ》ねたような形《けい》状《じょう》のUFOに攻撃《こうげき》されるウォルトンの姿《すがた》が、はっきりと描《えが》かれている。

オランダのクラゲ型《がた》UFO

空《そら》を撮影《さつえい》したときに偶然《ぐうぜん》写《うつ》った、幻想的《げんそうてき》な緑《みどり》の発光体《はっこうたい》

クラゲのような形《かたち》

緑色《みどりいろ》の光《ひかり》に包《つつ》まれたUFOは円盤《えんばん》のようにも見《み》えたという。また、光《ひかり》は尾《お》ひれのように後《うし》ろにのび、クラゲの触手《しょくしゅ》のような形《かたち》をしていたという。

UFO DATA

形状《けいじょう》

光型《ひかりがた》

出没国《しゅつぼつこく》・地域《ちいき》

オランダ

オンランデン

出没年《しゅつぼつねん》

2015年《ねん》

第《だい》1種接近遭遇《しゅせっきんそうぐう》

目撃数《もくげきすう》

緑《みどり》の輪《わ》からのびる光《ひかり》
緑色《みどりいろ》の光《ひかり》の輪《わ》の中心《ちゅうしん》から、黄《き》緑色《みどりいろ》の光《ひかり》がのびている。バートンは「稲妻《いなずま》かと思《おも》ったらUFOらしき物体《ぶったい》も写《うつ》っていた」と証《しょう》言《げん》している。

光《ひかり》の正体《しょうたい》は？
謎《なぞ》を呼《よ》ぶ光《ひか》り輝《かがや》くＵＦＯ

２０１５年《ねん》5月《がつ》20日《か》、オランダの新聞《しんぶん》が不思議《ふしぎ》なＵＦＯの写真《しゃしん》を掲載《けいさい》した。撮影《さつえい》したハリー・バートンは、自然《しぜん》を撮《と》ることが趣味《しゅみ》のブロガー。フローニンゲン州《しゅう》とドレンテ州《しゅう》の境《さかい》にあるオンランデンで、緑《みどり》の光《ひかり》を目撃《もくげき》。雷《かみなり》だろうと思《おも》いながら数枚《すうまい》の写真《しゃしん》を撮影《さつえい》し、自宅《じたく》で確認《かくにん》すると、そこにはクラゲのような美《うつく》しい飛行物体《ひこうぶったい》が写《うつ》し出《だ》されていた。バートンのカメラには、水滴《すいてき》や汚《よご》れなどはついていなかったことが確認《かくにん》されているため、カメラの不具合《ふぐあい》ではない。隕《いん》石《せき》の落下《らっか》、気象現象《きしょうげんしょう》など多《おお》くの説《せつ》があるが、真相《しんそう》はまだわかっていない。

ラボック・ライト

ラボック周辺《しゅうへん》で何百人《なんびゃくにん》もに目撃《もくげき》されたV《ブイ》字《じ》の編隊《へんたい》

15～30個《こ》の光体《こうたい》

一度《いちど》に見《み》える光《ひかり》の数《かず》は、15～30個《こ》ほど。規則《きそく》正《ただ》しくV《ブイ》字《じ》に並《なら》んでいることもあれば、編隊《へんたい》が崩《くず》れていることもあったという。

一晩《ひとばん》に2～3回目撃《かいもくげき》

記録《きろく》を取《と》り続《つづ》けた教授《きょうじゅ》たちによると、北《きた》45度上空《どじょうくう》から突然《とつぜん》現《あらわ》れ、南《みなみ》45度上空《どじょうくう》で消《き》えることが多《おお》くあった。

UFO DATA

形状《けいじょう》	出没国《しゅつぼつこく》・地域《ちいき》	出没年《しゅつぼつねん》	第《だい》1種接近遭遇《しゅせっきんそうぐう》	目撃数《もくげきすう》
光型《ひかりがた》	アメリカ ラボックほか	1951年《ねん》	1	◎◎◎

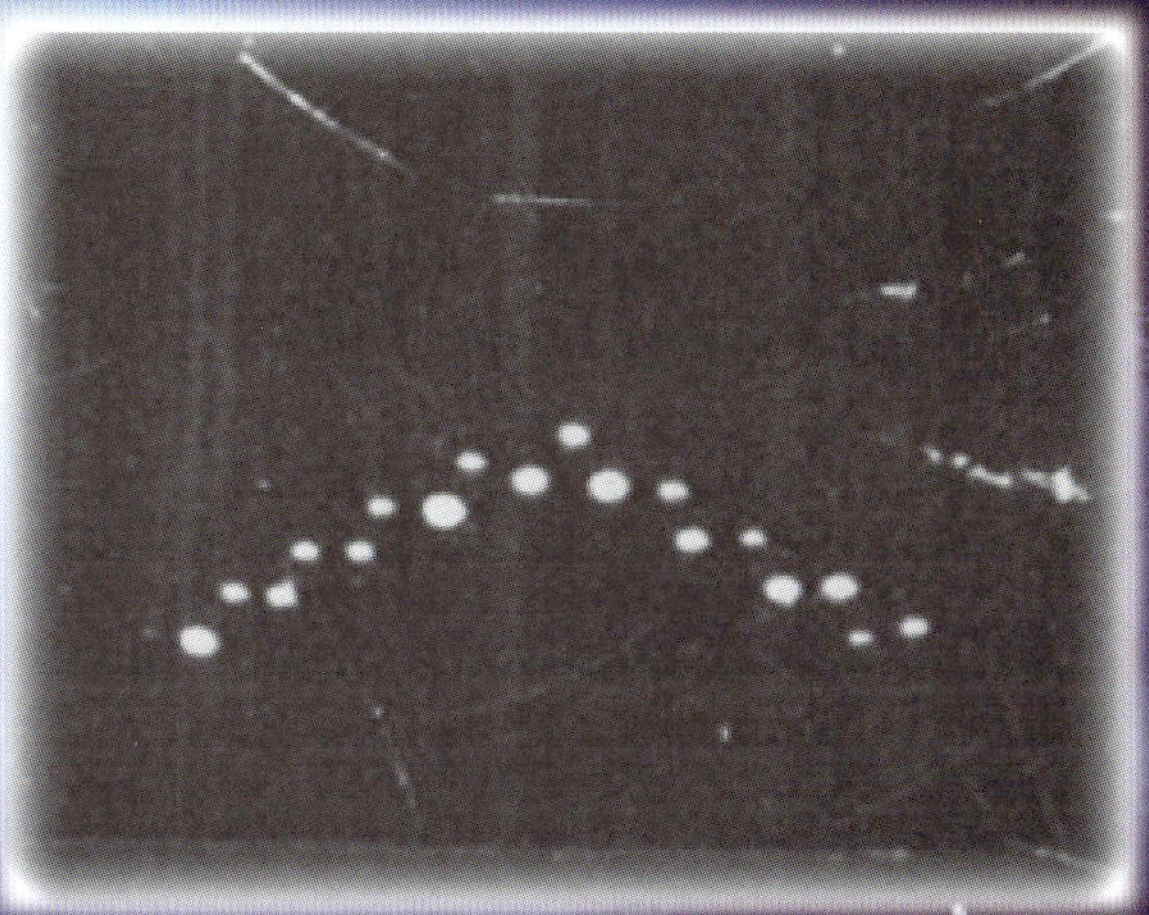

△実際《じっさい》に撮影《さつえい》された写真《しゃしん》。一部《いちぶ》の研《けん》究者《きゅうしゃ》からは、1機《き》のUFOの光《ひかり》ではないかとも言《い》われている。

隊列《たいれつ》をつくって飛《と》ぶ！ 奇妙《きみょう》な発光物《はっこうぶつ》はUFOの群《む》れ？

1951年《ねん》に、アメリカのニューメキシコ州近辺《しゅうきんぺん》でおよそ3週間《しゅうかん》にも渡《わた》って何度《なんど》も目撃《もくげき》されたUFO。8月《がつ》25日《にち》の夜《よる》9時《じ》ごろ、ある夫婦《ふうふ》が庭《にわ》で夜空《よぞら》を眺《なが》めていると、V字《ブイじ》の編隊《へんたい》が高速《こうそく》で飛《と》んでいくのを見《み》た。同日《どうじつ》の9時《じ》20分《ぷん》ごろには、テキサス州《しゅう》のラボックで、テキサス工科大学《こうかだいがく》の教授《きょうじゅ》4人《にん》も同様《どうよう》の光《ひかり》を目撃《もくげき》。教授《きょうじゅ》たちはそれから3週間《しゅうかん》ほど、くわしい目撃記録《もくげききろく》を取《と》り続《つづ》けた。この光《ひかり》は、何百人《なんびゃくにん》もの付近《ふきん》の住民《じゅうみん》に目撃《もくげき》されていたという。教授《きょうじゅ》たちは自然現象《しぜんげんしょう》と考《かんが》えたが、目撃《もくげき》された期間《きかん》や人数《にんずう》から、すべて自《し》然現象《ぜんげんしょう》とするには無理《むり》がありそうだ。

雲《くも》をまといながら浮遊《ふゆう》する円盤型《えんばんがた》の飛行物体《ひこうぶったい》

ヴィボーの蒸気《じょうき》に包《つつ》まれたUFO

まるでクラゲ

蒸《じょう》気《き》に包《つつ》まれながら浮遊《ふゆう》する姿《すがた》は、クラゲのようにも見《み》える。雲《くも》を見《み》つけたら、よく観察《かんさつ》するとUFOが隠《かく》れているかもしれない。

UFO DATA

形状《けいじょう》	お皿型《さらがた》
出没国《しゅつぼつこく》・地域《ちいき》	デンマーク ヴィボー
出没年《しゅつぼつねん》	1974年《ねん》

第《だい》1種接近遭遇《しゅせっきんそうぐう》

1 2 3 4

目撃数《もくげきすう》

蒸気《じょうき》を発《はっ》するUFOが雲《くも》に隠《かく》れて地球《ちきゅう》を観察《かんさつ》!?

1974年《ねん》11月《がつ》17日《にち》、デンマークのユトランド半島中部《はんとうちゅうぶ》にあるヴィボーに出現《しゅつげん》したUFO。写真《しゃしん》に収《おさ》めることに成功《せいこう》したラウエルセンによると、はじめに直径《ちょっけい》20メートルほどの円盤《えんばん》が現《あらわ》れ、それが次第《しだい》に蒸気《じょうき》に包《つつ》まれたという。その後《ご》、UFOは下《した》にあった雲《くも》を吸《す》い込《こ》みながら上昇《じょうしょう》し、どこかに消《き》えた。UFO研究家《けんきゅうか》のコールマン・ケビツキーは、UFOには自《みずか》ら蒸気《じょうき》を発生《はっせい》する仕《し》組《く》みがあるのではないかと推測《すいそく》している。自分《じぶん》の姿《すがた》を隠《かく》すために雲《くも》を使《つか》えるのなら、世界中《せかいじゅう》どこからでも地球《ちきゅう》、そして人類《じんるい》の様《よう》子《す》を観察《かんさつ》できるのかもしれない。

100m上空《じょうくう》にいる！

デンマークのUFO研究家《けんきゅうか》ハンス・ピーターセンが写真《しゃしん》を解析《かいせき》。それによると、地上《ちじょう》からおよそ100mくらいの高《たか》さにいたと見《み》られている。

◀この写真《しゃしん》は2014年《ねん》4月《がつ》にアメリカのジョージア州《しゅう》で撮影《さつえい》されたもの。上空《じょうくう》に写《うつ》っているのは、雲《くも》にカモフラージュしたUFOだと思《おも》われる。

草《くさ》を倒《たお》しながら浮《う》かぶコマのような金《きん》属《ぞく》製《せい》の物《ぶっ》体《たい》

宇《う》宙《ちゅう》人《じん》“ヨセフ”のUFO

コマのような形《かたち》

幅《はば》6m、高《たか》さ4mの金属製《きんぞくせい》。横《よこ》から見《み》ると、コマかダイヤモンドのように底《そこ》がすぼんでいる。上《じょう》部《ぶ》はドーム状《じょう》で、窓《まど》らしきものが光《ひか》っていた。

UFO DATA

形状《けいじょう》
異形《いぎょう》

出没国《しゅつぼつこく》・地域《ちいき》
イギリス
ウエストヨークシャー州《しゅう》

出没年《しゅつぼつねん》
1980年《ねん》

第《だい》4種接近遭遇《しゅせっきんそうぐう》

目撃数《もくげきすう》

宇宙人《うちゅうじん》がロボットを使《つか》って地上《ちじょう》を偵察《ていさつ》していた？

1980年《ねん》、イギリスで起《お》こったUFOによる誘《ゆう》かい事件《じけん》。11月《がつ》28日《にち》、パトロール中《ちゅう》の警察官《けいさつかん》アラン・ゴトフリーは、コマのような形《かたち》をした奇妙《きみょう》な物体《ぶったい》を発見《はっけん》。ぐるぐると草《くさ》をなぎ倒《たお》しながら、地上《ちじょう》から約《やく》1・5メートルほど上《うえ》に浮《う》かんでいた。ゴトフリーがその様子《ようす》をスケッチしようとしたところで、記憶《きおく》が一時《いちじ》途切《とぎ》れた。後《のち》に逆行催眠《ぎゃっこうさいみん》を受《う》けたゴトフリーは、UFOの内部《ないぶ》でヨセフと名乗《なの》る宇宙人《うちゅうじん》と部下《ぶか》のロボットに体《からだ》を調《しら》べられたことを思《おも》い出《だ》した。多《おお》くの人《ひと》が夢《ゆめ》だと指摘《してき》したが、この日《ひ》はほかにもふたりがUFOを目撃《もくげき》していたという。

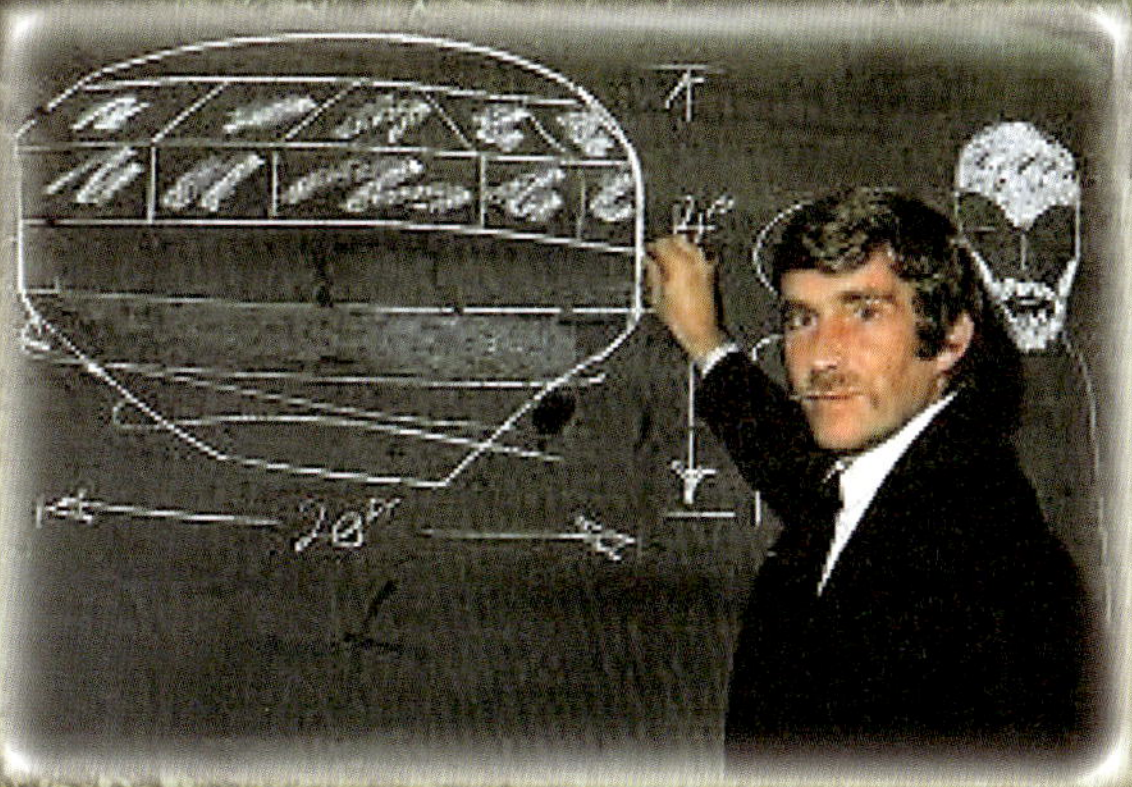

▲逆行催眠《ぎゃっこうさいみん》後《ご》に、事件《じけん》についてスケッチするアラン・ゴドフリー。かなりくわしく思《おも》い出《だ》せたことがわかる。

乾《かわ》いた地面《じめん》

その日《ひ》は雨《あめ》が降《ふ》っていたが、UFOが浮《う》かんでいた場所《ばしょ》に引《ひ》き返《かえ》すと、その部分《ぶぶん》だけ乾《かわ》いていた。アランはこれを見《み》てUFOの存在《そんざい》を確信《かくしん》したのだ。

緊急報告書《きんきゅうほうこくしょ》②

UFO多発地帯《たはつちたい》ランキング

世界《せかい》には、UFOや宇宙人《うちゅうじん》の目撃情報《もくげきじょうほう》が多数寄《たすうよ》せられる地域《ちいき》がいくつかある。ここでは、特《とく》にUFOが何度《なんど》も飛来《ひらい》してくる秘密《ひみつ》の地域《ちいき》を報告《ほうこく》する。昔《むかし》からのUFO出現《しゅつげん》が多《おお》い最重要地帯《さいじゅうようちたい》はもちろん、近年目撃情報《きんねんもくげきじょうほう》が増《ふ》えてきているところもあるので、今後《こんご》も注意《ちゅうい》して観察《かんさつ》する必要《ひつよう》がある。

NO1 世界最大《せかいさいだい》のUFOスポット！ メキシコ・ポポカテペトル山《さん》

△火口付近《かこうふきん》で急降下《きゅうこうか》・急旋回《きゅうせんかい》する光《ひか》る物体《ぶったい》。UFOでなければ不可能《ふかのう》な動《うご》きだ。

メキシコのプエブラ州《しゅう》にある活火山《かっかざん》ポポカテペトル山《さん》では、何度《なんど》も謎《なぞ》の飛行物体《ひこうぶったい》が目撃《もくげき》されている。UFOが目撃《もくげき》されると、火山活動《かざんかつどう》が活発《かっぱつ》になるという説《せつ》もあり、UFOと火山《かざん》の関連性《かんれんせい》に注目《ちゅうもく》が高《たか》まっている。

△2012年《ねん》10月《がつ》に撮影《さつえい》された、葉巻型《はまきがた》の物体《ぶったい》が火口《かこう》に吸《す》いこまれる瞬間《しゅんかん》の映像《えいぞう》。

UFO群《ぐん》が何度《なんど》も襲来《しゅうらい》！

NO2 メキシコ・ハリスコ州《しゅう》

NO2はメキシコ中部《ちゅうぶ》に位置《いち》するハリスコ州《しゅう》。ポポカテペトル山《さん》といい、メキシコには宇宙人《うちゅうじん》につながる何《なに》かが隠《かく》されているのかもしれない。

◀2004年《ねん》にUFOの大群《たいぐん》が目撃《もくげき》された。全体《ぜんたい》を統率《とうそつ》する親機《おやき》がいた可能性《かのうせい》もある。

UFOの隊列《たいれつ》がやってくる!?

NO3 アメリカ・アリゾナ州《しゅう》

アメリカで目撃情報《もくげきじょうほう》が多《おお》いのがアリゾナ州《しゅう》。さまざまな形状《けいじょう》のUFOが目撃《もくげき》できる。また、多《おお》くのコンタクティー（➡P278）も住《す》んでいる。

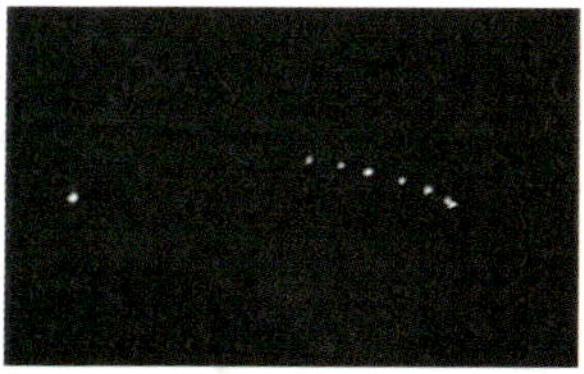

◀1997年《ねん》に出現《しゅつげん》した飛行物体《ひこうぶったい》。巨大《きょだい》UFOではないかと言《い》われている。

目撃情報急増中《もくげきじょうほうきゅうぞうちゅう》！

新《しん》・UFO出現地帯《しゅつげんちたい》

カナダ・バンクーバー

▲バンクーバーも多発地帯《たはつちたい》のひとつ。これは1981年《ねん》に撮影《さつえい》されたお皿型《さらがた》UFO。

中国《ちゅうごく》・遼寧省《りょうねいしょう》

▲中国《ちゅうごく》の遼寧省森林《りょうねいしょうしんりん》で目撃《もくげき》されたUFO。中国《ちゅうごく》でも近年《きんねん》、目撃情報《もくげきじょうほう》が増《ふ》えている。

号外《ごうがい》

積極的《せっきょくてき》に関与《かんよ》か!?

国家《こっか》の繁栄《はんえい》を宇宙人《うちゅうじん》と約束《やくそく》していた!?

宇宙人《うちゅうじん》と政府《せいふ》には深《ふか》いつながりがあった!?

△政府《せいふ》は、宇宙人《うちゅうじん》の技術《ぎじゅつ》を密《ひそ》かに手《て》にしてすでに利用《りよう》している…？

宇宙人《うちゅうじん》を否定《ひてい》するのは国《くに》の利益《りえき》を守《まも》るため!?

我々《われわれ》はUFO・宇宙人《うちゅうじん》に関《かん》する調査《ちょうさ》をしていたところ、驚《おどろ》くべき疑惑《ぎわく》にたどりついた。それはUFO・宇宙人《うちゅうじん》は各国政府《かっこくせいふ》とつながっているかもしれないということだ。たとえば、1969年《ねん》に人類《じんるい》初《はつ》の月面着陸《げつめんちゃくりく》に成功《せいこう》したアポロ11

あの宇宙計画《うちゅうけいかく》にも政府《せいふ》の影《かげ》が？

△アポロ計画《けいかく》は、UFO・宇宙人《うちゅうじん》調査《ちょうさ》が目的《もくてき》だった？

号《ごう》。その乗組員《のりくみいん》たちが、そのときすでに宇宙人《うちゅうじん》と遭遇《そうぐう》していたという話《はなし》もあるのだ！

また、数々《かずかず》の目撃証言《もくげきしょうげん》や存在《そんざい》を証明《しょうめい》する痕跡《こんせき》があるにもかかわらず、世界各国《せかいかっこく》の政府《せいふ》は、ＵＦＯ・宇宙人《うちゅうじん》の存在《そんざい》を認《みと》めようとしない。その理由《りゆう》としては、国民《こくみん》がパニックになるのを防《ふせ》ぐためという説《せつ》や、すでに宇宙人《うちゅうじん》と接触《せっしょく》している政府《せいふ》が、その技術《ぎじゅつ》を使《つか》ってＵＦＯを製造《せいぞう》しているなどの説《せつ》があるのだ。

もし、これが事実《じじつ》であれば、ＵＦＯ・宇宙人《うちゅうじん》の謎《なぞ》が一気《いっき》に解明《かいめい》されるかもしれない。それでは、疑《ぎ》惑《わく》の数々《かずかず》をひも解《と》いていこう。

20XX年《ねん》○月《がつ》○日《にち》　UFO・宇宙人新聞《うちゅうじんしんぶん》＜号外《ごうがい》＞

の驚《おどろ》くべき関係《かんけい》!

疑惑《ぎわく》1
アポロ計画《けいかく》とUFO 宇宙計画《うちゅうけいかく》の真《しん》の目的《もくてき》とは?

1961年《ねん》、NASA《ナサ》は、アポロ計画《けいかく》を開始《かいし》。そして1969年《ねん》7月《がつ》20日《か》、アポロ11号《ごう》が人類初《じんるいはつ》の月面着陸《げつめんちゃくりく》に成功《せいこう》。実《じつ》は計画前《けいかくまえ》より、アメリカ政府《せいふ》はUFOの存《そん》在《ざい》をつかんでいたという。その証拠《しょうこ》が、1969年《ねん》11月《がつ》24日《か》の2度目《どめ》の月面着陸《げつめんちゃくりく》に成功《せいこう》したアポロ12号《ごう》の宇《う》宙飛行士《ちゅうひこうし》が撮影《さつえい》した写真《しゃしん》の後方《こうほう》に輝《かがや》くふたつの謎《なぞ》の飛《ひ》行物体《こうぶったい》だ。このほかにも謎《なぞ》の発光体《はっこうたい》が写《うつ》った写真《しゃしん》も数《すう》枚存在《まいそんざい》するという。しかしNASA《ナサ》は、これらの写真《しゃしん》についていまだに何《なに》も語《かた》ろうとしない。

▶謎《なぞ》の発光体《はっこうたい》は楕円型《だえんけい》のUFOに見《み》えなくもないが、NASA《ナサ》は口《くち》を閉《と》ざしている。

検証《けんしょう》 アポロ計画《けいかく》の目的《もくてき》はUFOの確認《かくにん》か?

謎《なぞ》の発光体《はっこうたい》についてNASA《ナサ》が語《かた》らないのは、そこに隠《かく》したい何《なに》かがあるから。NASA《ナサ》はアポロ計画《けいかく》でUFOを確認《かくにん》した、もしくは、計画実行前《けいかくじっこうまえ》からすでにUFOの存在《そんざい》を知《し》っていたのではないだろうか。

政府《せいふ》とUFO・宇宙人《うちゅうじん》

疑惑《ぎわく》2

ドイツがUFOを製造《せいぞう》!? 政府《せいふ》は宇宙人《うちゅうじん》と交信《こうしん》か？

△1945年《ねん》に撮影《さつえい》された「ヴリル8」。ドーム型《がた》UFOのようだ。

我々《われわれ》は、ドイツ軍《ぐん》が第《だい》2次《じ》世界大戦中《せかいたいせんちゅう》にUFOを製《せい》造《ぞう》していた、という情報《じょうほう》を入手《にゅうしゅ》した。ドイツ政府《せいふ》は、宇宙人《うちゅうじん》から技術提供《ぎじゅつていきょう》を受《う》けて研究《けんきゅう》を進《すす》め、「RFZ《アールエフゼット》」「ヴリル」「ハニブー」という、UFOに似《に》た円盤型飛行機《えんばんがたひこうき》を開発《かいはつ》。さらにUFOが飛《と》ぶための動力《どうりょく》であるといわれている「電磁波推進《でんじはすいしん》」によるテスト飛行《ひこう》にも成功《せいこう》していたというのだ。

しかし、終戦《しゅうせん》によって、これらの円盤型飛行機《えんばんがたひこうき》も製《せい》造技術《ぞうぎじゅつ》も失《うしな》われてしまったため、謎《なぞ》は解明《かいめい》されないまま残《のこ》っている。

検証《けんしょう》　ドイツは宇宙人《うちゅうじん》から技術《ぎじゅつ》を教《おそ》わっていた!?

当時《とうじ》のドイツは、UFO以外《いがい》にもリニアモーターカーやテレビ電話《でんわ》などの発明《はつめい》に成功《せいこう》していたという。これらの情報《じょうほう》からも、ドイツが宇宙人《うちゅうじん》から高《たか》い技術《ぎじゅつ》を教《おし》えてもらっていた可能性《かのうせい》が高《たか》い。

疑惑《ぎわく》3

墜落《ついらく》したUFOを隠《かく》した!? カナダ版《ばん》ロズウェル事件《じけん》の真相《しんそう》とは…

▼謎《なぞ》の物体《ぶったい》は凍《こお》った湖《みずうみ》に墜落《ついらく》。軍《ぐん》は秘密裏《ひみつり》に作業《さぎょう》を行《おこな》った。

2015年《ねん》2月《がつ》18日《にち》、カナダのマニトバ州《しゅう》にあるウィニペグ湖《こ》に、UFOと見《み》られる円形《えんけい》の物体《ぶったい》が墜《つい》落《らく》。その物体《ぶったい》を引《ひ》き上《あ》げるため、軍隊《ぐんたい》が湖《みずうみ》の北岸《ほくがん》に集《しゅう》結《けつ》。撮影《さつえい》はおろか、地元住《じもとじゅう》民《みん》の外出《がいしゅつ》も禁止《きんし》するなど、厳戒態勢《げんかいたいせい》のなかで撤去作業《てっきょさぎょう》が行《おこな》われた。その後《あと》カナダ軍《ぐん》は、ウィニペグ湖《こ》での一《いち》連《れん》の出来事《できごと》は、単《たん》なる空軍《くうぐん》の軍事演習《ぐんじえんしゅう》で、150人《にん》の兵士《へいし》が北極《ほっきょく》を想定《そうてい》した地上《ちじょう》捜索《そうさく》の訓練《くんれん》を行《おこな》っていただけだと発表《はっぴょう》。しかし、何人《なんにん》もの市民《しみん》が湖上付近《こじょうふきん》で怪《あや》しい光《ひかり》や謎《なぞ》の物体《ぶったい》を目撃《もくげき》しており、真偽《しんぎ》のほどは不明《ふめい》だ。

検証《けんしょう》　厳戒態勢《げんかいたいせい》の現場《げんば》が何《なに》よりの証拠《しょうこ》！

軍《ぐん》は墜落《ついらく》した物体《ぶったい》を見《み》るために集《あつ》まった市民《しみん》を遠《とお》ざけたり、写真《しゃしん》を撮《と》った市民《しみん》を拘束《こうそく》。この異常《いじょう》な厳戒態勢《げんかいたいせい》は、隠《かく》したいこと＝UFOを政《せい》府《ふ》が回収《かいしゅう》したためだと言《い》えるのではないか。

最終検証《さいしゅうけんしょう》結果《けっか》

政府《せいふ》はすでに宇宙人《うちゅうじん》と接触《せっしょく》 宇宙《うちゅう》の技術《ぎじゅつ》を手《て》にしている!?

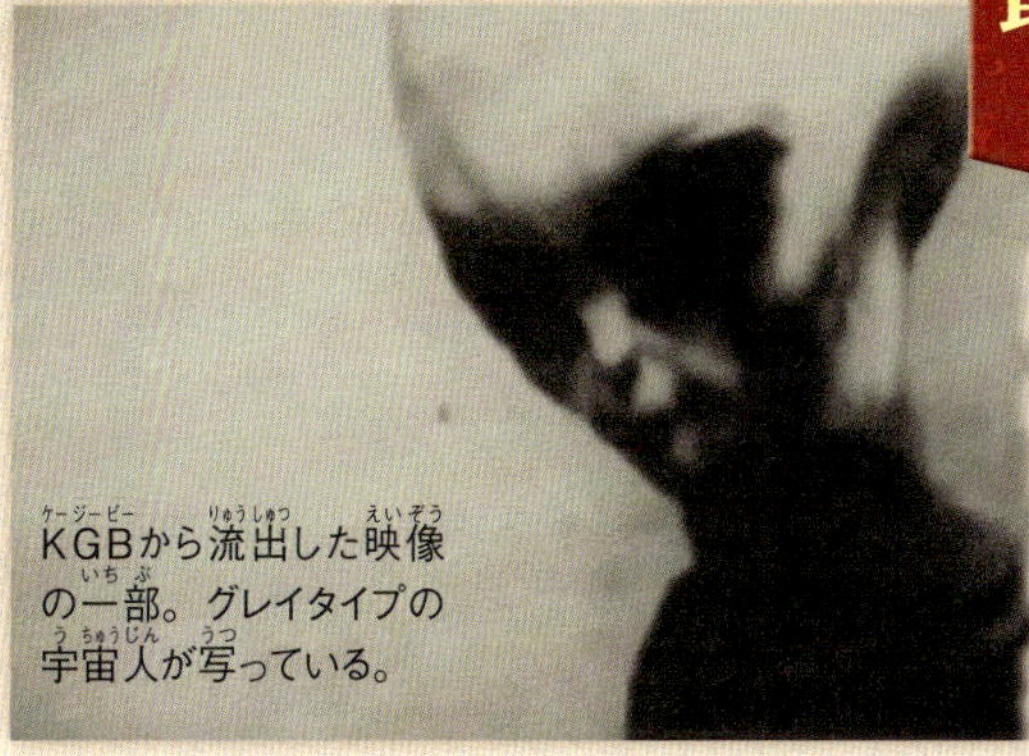

KGB《ケージービー》から流出《りゅうしゅつ》した映像《えいぞう》の一部《いちぶ》。グレイタイプの宇宙人《うちゅうじん》が写《うつ》っている。

以上《いじょう》3件《けん》の疑惑《ぎわく》を調査《ちょうさ》したが、各国政府《かっこくせいふ》はUFOや宇宙《うちゅう》人《じん》と接触《せっしょく》していたにもかかわらず、その事実《じじつ》を隠《かく》したとしか言《い》いようがない。さらに、2011年《ねん》9月《がつ》、旧《きゅう》ソ連《れん》の秘《ひ》密《みつ》警察《けいさつ》機関《きかん》兼《けん》対外《たいがい》諜報《ちょうほう》機関《きかん》であるKGB《ケージービー》が、宇宙人《うちゅうじん》とコンタクトをとっていたという極《ごく》秘《ひ》情報《じょうほう》も。彼《かれ》らが撮影《さつえい》した宇《う》宙人《ちゅうじん》の映像《えいぞう》が公開《こうかい》されるなど、今回《こんかい》の3件《けん》以外《いがい》にも疑惑《ぎわく》はまだまだ存在《そんざい》する。

なぜ政府《せいふ》はUFOや宇宙人《うちゅうじん》の情報《じょうほう》をひた隠《かく》しにするのか。各国政府《かっこくせいふ》には、宇宙人《うちゅうじん》と協定《きょうてい》を結《むす》び、宇宙人《うちゅうじん》が保有《はゆう》する最先端《さいせんたん》の技術《ぎじゅつ》を得《え》て、政治《せいじ》的《てき》、軍事的《ぐんじてき》に優位《ゆうい》に立《た》ちたいという国家的《こっかてき》な戦略《せんりゃく》があり、世界《せかい》の裏側《うらがわ》ですでに進行《しんこう》しているのかもしれない。

謎《なぞ》に迫《せま》る!

事《じ》件《けん》大《だい》解《かい》剖《ぼう》!

真《しん》実《じつ》か!? もしくはニセ物《もの》か!?

最《もっと》も有《ゆう》名《めい》なUFO事《じ》件《けん》…
その真《しん》実《じつ》に迫《せま》る!

大《だい》特《とく》集《しゅう》 UFO史《し》上《じょう》最《さい》大《だい》の ロズウェル

1947年《ねん》、アメリカ・ニューメキシコ州《しゅう》ロズウェルに墜落《ついらく》したUFOと宇宙人《うちゅうじん》が軍《ぐん》によって隠《いん》ぺいされたといわれるロズウェル事件《じけん》。この史上最《しじょうもっと》も有名《ゆうめい》なミステリーをさまざまな角度《かくど》から検証《けんしょう》する！

ロズウェル事件《じけん》の流《なが》れ

1947年《ねん》

7月《がつ》1日《たち》　正体不明《しょうたいふめい》の飛行物体《ひこうぶったい》をレーダーが感知《かんち》。

7月《がつ》5日《か》　マック・ブラゼルが、農場内《のうじょうない》で奇妙《きみょう》な銀色《ぎんいろ》の残骸《ざんがい》を発見《はっけん》。

7月《がつ》7日《か》　ロズウェル陸軍飛行場《りくぐんひこうじょう》に派遣《はけん》されたジェシー・マーセル少佐《しょうさ》、農場《のうじょう》で残骸《ざんがい》を回収《かいしゅう》。

7月《がつ》8日《か》　「空飛《そらと》ぶ円盤《えんばん》を回収《かいしゅう》した」と軍《ぐん》が発表《はっぴょう》。新聞《しんぶん》の一面《いちめん》に掲載《けいさい》される。

7月《がつ》9日《か》　軍《ぐん》が「墜落《ついらく》したのは気象観測用《きしょうかんそくよう》気球《ききゅう》だった」と発表《はっぴょう》。
これにより、ロズウェルのUFO墜落事件《ついらくじけん》は一度収束《いちどしゅうそく》したかのように見《み》えた。

そして30年後《ねんご》・・・

1978年《ねん》　マーセル少佐《しょうさ》が「ロズウェルに墜落《ついらく》したのは気球《ききゅう》ではなかった」という証言《しょうげん》をする。

1980年《ねん》　ロズウェルに墜落《ついらく》したのはUFOだったとする書籍《しょせき》『謎《なぞ》のロズウェル事件《じけん》』が出版《しゅっぱん》。

1984年《ねん》　テレビプロデューサーのジェイムス・シャンドラの自宅《じたく》へ、ＭＪ-12《エムジェイ》の文書《ぶんしょ》と未現像《みげんぞう》のフィルムが送《おく》られてくる。

1988年《ねん》　アメリカの民間《みんかん》UFO研究団体《けんきゅうだんたい》が、調査《ちょうさ》チームをロズウェルに派遣《はけん》。

1997年《ねん》　アメリカ軍《ぐん》が「1947年《ねん》にロズウェルで回収《かいしゅう》したのは、軍事用《ぐんじよう》気球《ききゅう》の残骸《ざんがい》だった」と改《あらた》めて公式発表《こうしきはっぴょう》を行《おこな》う。

2005年　ロズウェルフィルム（宇宙人解剖《うちゅうじんかいぼう》フィルム）が放映《ほうえい》される。

2011年《ねん》　ロズウェルで回収《かいしゅう》された宇宙人《うちゅうじん》の遺体写真《いたいしゃしん》が公開《こうかい》される。

世界《せかい》を揺《ゆ》るがすUFO墜落事件《ついらくじけん》のはじまり…1

ロズウェル第《だい》一《いち》事《じ》件《けん》

謎《なぞ》の轟音《ごうおん》と金属破片《きんぞくはへん》 墜落《ついらく》したのは円盤《えんばん》か⁉

1947年《ねん》7月《がつ》4日《か》、フォスター牧場《ぼくじょう》のブラゼルは深夜《しんや》にすごい轟音《ごうおん》を耳《みみ》にした。翌日牧場《よくじつぼくじょう》を見《み》回《まわ》りに行《い》くと、大量《たいりょう》の金属片《きんぞくへん》が散《ち》らばっているのを発見《はっけん》。その知《し》らせはロズウェル陸軍航空基地《りくぐんこうくうきち》のマーセル少佐《しょうさ》の元《もと》に届《とど》き、マーセルは陸軍航空隊《りくぐんこうくうたい》を率《ひき》いて、飛《と》び散《ち》った残骸《ざんがい》を全《すべ》て回収《かいしゅう》した。

△第一発見者《だいいちはっけんしゃ》のブラゼルは残骸回収後《ざんがいかいしゅうご》、数日軍《すうじつぐん》に拘束《こうそく》された。

軍《ぐん》が公式《こうしき》に発表《はっぴょう》！「UFOを回収《かいしゅう》した！」

これを受《う》けて8日《か》、軍《ぐん》は「空飛《そらと》ぶ円盤《えんばん》を回収《かいしゅう》した」との公式発表《こうしきはっぴょう》をし、地元紙《じもとし》には「空飛《そらと》ぶ円盤《えんばん》を捕獲《ほかく》」との文字《もじ》が踊《おど》った。

フォスター牧場《ぼくじょう》にてUFOの残《ざん》骸《がい》を回収《かいしゅう》するマーセル少佐《しょうさ》と牧場管理人《ぼくじょうかんりにん》のブラゼル。

UFO墜落《ついらく》事件《じけん》が一転《いってん》「あれは気球《ききゅう》だった」

しかし残骸《ざんがい》が輸送《ゆそう》されたフォートワース空軍《くうぐん》司令部《しれいぶ》で、「気象観《きしょうかん》測用気球《そくようききゅう》の誤認《ごにん》だった」というUFO墜落《ついらく》をくつがえす発表《はっぴょう》がされた。残骸《ざんがい》の一部《いちぶ》とされる銀色《ぎんいろ》の布《ぬの》を前《まえ》に、軍《ぐん》の要人《ようじん》とマーセル少佐《しょうさ》が撮影《さつえい》に応《おう》じる場面《ばめん》も公開《こうかい》。一般《いっぱん》人《じん》をも巻《ま》き込《こ》んだ前代未聞《ぜんだいみもん》のUFO事件《じけん》はあっけなく収束《しゅうそく》した…。

△残骸《ざんがい》を広《ひろ》げてメディアに説明《せつめい》するレイミー准将《じゅんしょう》(写真左《しゃしんひだり》)。

気象観測用気球《きしょうかんそくようききゅう》

司令部《しれいぶ》で行《おこな》われた会見《かいけん》では回収《かいしゅう》された残骸《ざんがい》も公開《こうかい》された。それらは気象観測用気球《きしょうかんそくようききゅう》とレーダー反射板《はんしゃばん》の残骸《ざんがい》だったが、後《のち》にマーセル少佐《しょうさ》は「あれは私《わたし》が牧場《ぼくじょう》で回収《かいしゅう》したものとは違《ちが》う」と告発《こくはつ》することに。

▶軍《ぐん》はあくまでも「風向《かざむき》や風速《ふうそく》の測定《そくてい》に航空隊《こうくうたい》や気象局《きしょうきょく》が使用《しよう》する気球《ききゅう》」だと主張《しゅちょう》した。

軍《ぐん》はウソをついていた!? 30年《ねん》後《ご》の真実《しんじつ》とは？

ロズウェル第《だい》二《に》事《じ》件《けん》

くつがえった気球説《ききゅうせつ》！墜落《ついらく》したのは本当《ほんとう》は…

空軍《くうぐん》司令部《しれいぶ》による発表《はっぴょう》により、収束《しゅうそく》していたかのように思《おも》えたロズウェル事件《じけん》。ところが30年《ねん》の時《とき》を経《へ》て、ロズウェル事件《じけん》は不死鳥《ふしちょう》のようによみがえる。

物理学者《ぶつりがくしゃ》でUFO研究家《けんきゅうか》であるスタントン・フリードマンが、1978年《ねん》にマーセル少佐《しょうさ》にインタビューをした際《さい》、「ロズウェルで回収《かいしゅう》した残骸《ざんがい》は気球《ききゅう》ではなかった。明《あき》らかに奇妙《きみょう》な物質《ぶっしつ》の残骸《ざんがい》だった」という衝撃《しょうげき》の証言《しょうげん》を得《え》たのだ。

マーセル少佐《しょうさ》によると「残骸《ざんがい》が輸送《ゆそう》されたフォートワース空軍《くうぐん》司令部《れいぶ》まで行《い》ってみると、私《わたし》が農場《のうじょう》で拾《ひろ》ったものとはまったくちがう残骸《ざんがい》の一部《いちぶ》が用意《ようい》されておりニセの気球《ききゅう》の残骸《ざんがい》の前《まえ》で記者会見《きしゃかいけん》をさせられた」のだという。

マーセルの証言《しょうげん》

「私《わたし》が拾《ひろ》った金属《きんぞく》は銀紙《ぎんがみ》のようにうすかったが曲《ま》げようとしても曲《ま》がらない、火《ひ》をつけてみたがまったく燃《も》えないという、それまで見《み》たことのない物質《ぶっしつ》でできていた。そして象形《しょうけい》文字《もじ》のような解読《かいどく》できないシンボルと文字《もじ》が描《えが》かれていた」

▶マーセルは「気球《ききゅう》とUFOをかんちがいした」という汚名《おめい》を着《き》せられていたのだ。

軍《ぐん》がUFOを隠《いん》ぺい？　すり替《か》えられた残《ざん》骸《がい》！

記者会見場《きしゃかいけんじょう》に気象観測用気球《きしょうかんそくようききゅう》の残骸《ざんがい》が並《なら》べられているのを見《み》て驚《おどろ》いたマーセル少佐《しょうさ》は、レミー准将《じゅんしょう》と気象官《きしょうかん》のニュートン准尉《じゅんい》に「なぜこんなものがここに？　私《わたし》がロズウェルで回収《かいしゅう》した金属《きんぞく》はどこですか？」と問《と》い正《ただ》した。しかし、マーセル少佐《しょうさ》の言葉《ことば》は聞《き》き入《い》れてもらえず「UFOを気球《ききゅう》と誤認《ごにん》しただけだった」とメディアにウソの発《はっ》表《ぴょう》させられたのだった。その後《ご》「この件《けん》に関《かん》しては口外《こうがい》するな」と口《くち》止《ど》めされ、マーセル少佐《しょうさ》は長《なが》らく沈黙《ちんもく》を守《まも》ることになった。

△墜落当日《ついらくとうじつ》、砂漠《さばく》にいたカップルは墜落《ついらく》したUFOの横《よこ》に宇宙人《うちゅうじん》の遺《い》体《たい》があるのを見《み》たという。

本物《ほんもの》の金属片《きんぞくへん》はどこに運《はこ》ばれたのだろうか？　誰《だれ》かがUFO墜落《ついらく》の事実《じじつ》を隠《かく》すために、残骸《ざんがい》をすり替《か》えたのか？

事《じ》実《じつ》を知《し》った人《ひと》は消《け》される恐《きょう》怖《ふ》！

実《じつ》はこの記者会見《きしゃかいけん》の裏《うら》で、事実《じじつ》を知《し》った人々《ひとびと》が姿《すがた》を消《け》すという異《い》常《じょう》な事態《じたい》も起《お》こっていた。回収《かいしゅう》された宇宙人《うちゅうじん》が運《はこ》び込《こ》まれた病院《びょういん》で、宇宙人《うちゅうじん》の解剖《かいぼう》にも立《た》ち会《あ》った看護婦《かんごふ》は、数日後《すうじつご》に突然《とつぜん》姿《すがた》を消《け》した。これも事実《じじつ》を隠《いん》ぺいしたい軍《ぐん》や政府《せいふ》に連《つ》れ去《さ》られてしまったのだろうか…？

新証言《しんしょうげん》が続々《ぞくぞく》！ロズウェル関連本《かんれんほん》も出版《しゅっぱん》

マーセル少佐《しょうさ》の証言《しょうげん》をきっかけに世論《よろん》は「ロズウェルにはＵＦＯが墜落《ついらく》し宇宙人《うちゅうじん》の遺体《いたい》も回収《かいしゅう》したのに、軍《ぐん》や国家《こっか》がそれを隠《いん》ぺいしている！」という流《なが》れに一気《いっき》に傾《かたむ》いていく。

調査《ちょうさ》チームをロズウェルに派遣《はけん》した民間《みんかん》ＵＦＯ研究団体《けんきゅうだんたい》は、葬儀屋《そうぎや》のデニスから「軍《ぐん》から子《こ》ども用《よう》の棺《ひつぎ》や死体《したい》の防腐処理《ぼうふしょり》について聞《き》かれた」という証言《しょうげん》を得《え》る。またほかの研究者《けんきゅうしゃ》たちも、ロズウェル近《ちか》くでキャンプをしていたカップルから墜落《ついらく》したＵＦＯと宇宙人《うちゅうじん》の遺体《いたい》の目撃証言《もくげきしょうげん》を新《あら》たに収集《しゅうしゅう》するなど、ロズウェル事件《じけん》は息《いき》を吹《ふ》き返《かえ》したように世間《せけん》を騒《さわ》がせ始《はじ》めた。その後《あと》、新証言《しんしょうげん》や独自《どくじ》の見解《けんかい》を述《の》べた書籍《しょせき》が数多《かずおお》く出版《しゅっぱん》された。

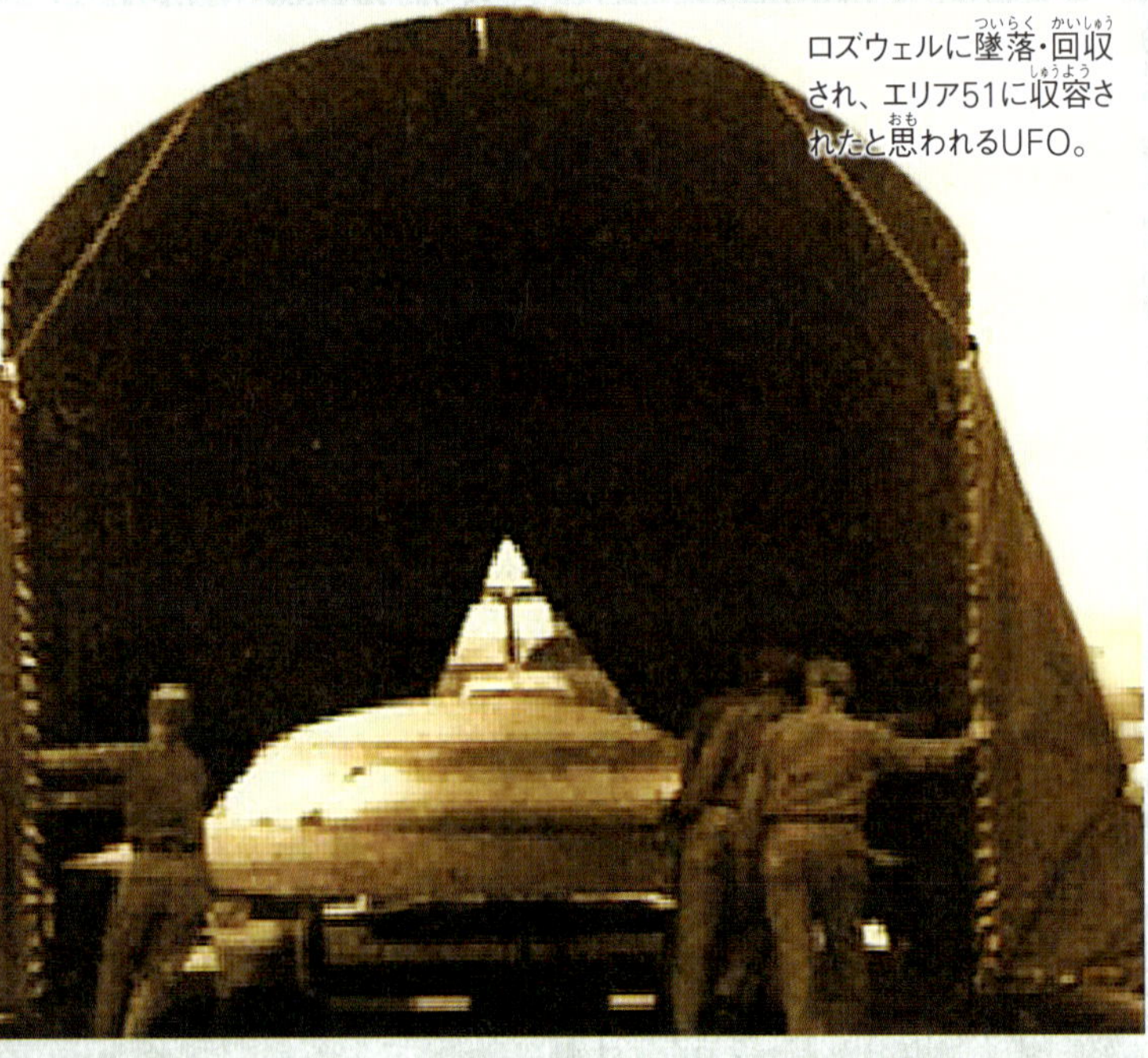

ロズウェルに墜落《ついらく》・回収《かいしゅう》され、エリア51に収容《しゅうよう》されたと思《おも》われるUFO。

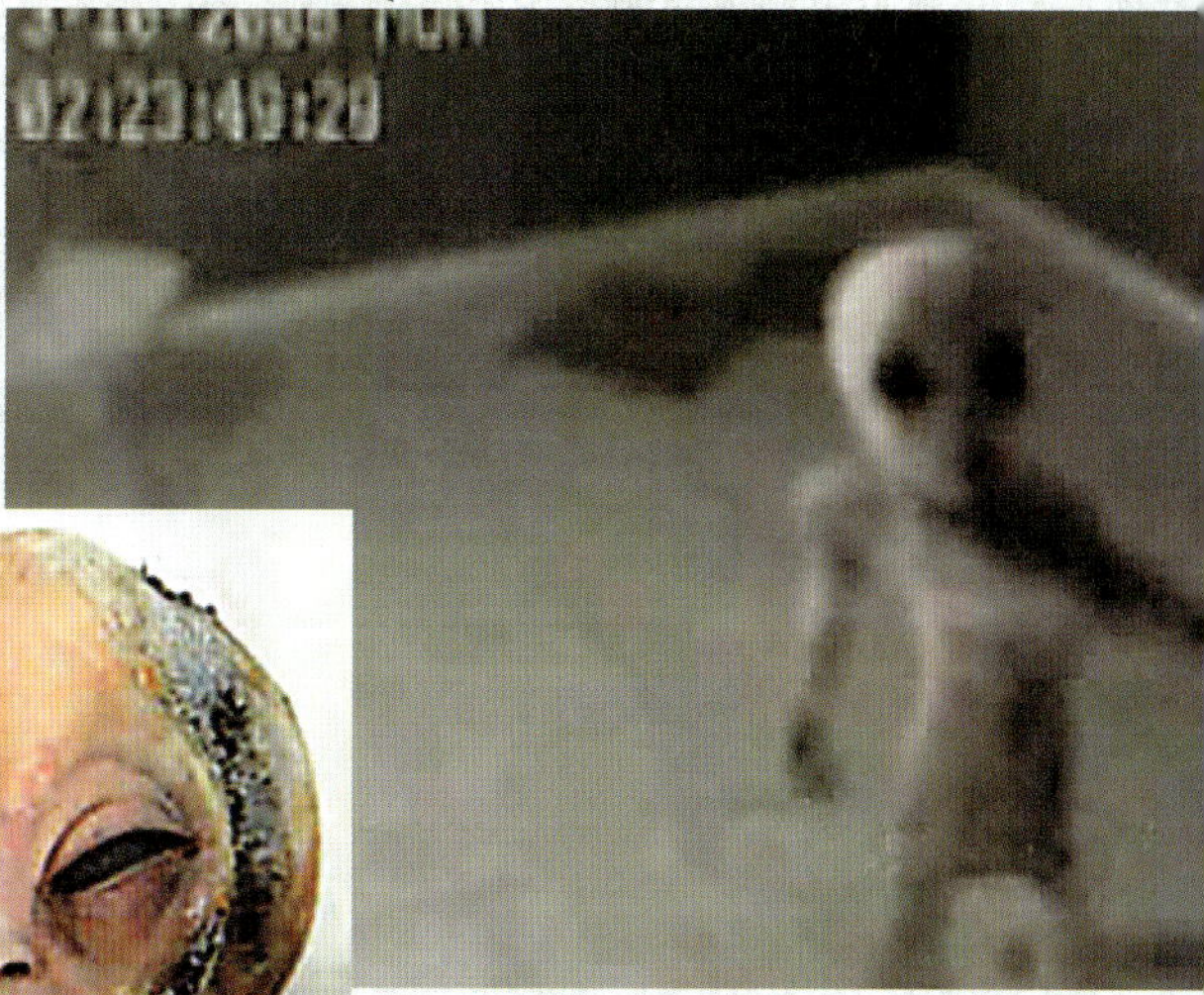

▶▼流出《りゅうしゅつ》したエリア51に軟禁《なんきん》されている宇宙人《うちゅうじん》の映像《えいぞう》（写真右《しゃしんみぎ》）と一般人《いっぱんじん》の目撃情報《もくげきじょうほう》をもとに再現《さいげん》された宇宙人《うちゅうじん》の模型《もけい》（写真下《しゃしんした》）。

一般人《いっぱんじん》にまで及《およ》んだ軍《ぐん》の口封《くちふう》じ作戦《さくせん》

ロズウェル関連《かんれん》の新《あたら》しい書籍《しょせき》が発売《はつばい》され、新《あら》たな証言《しょうげん》が世《よ》に出《で》ると、これまで口《くち》を閉《と》ざしていた人々《ひとびと》も声《こえ》をあげるようになった。

事件当時《じけんとうじ》、衝撃的《しょうげきてき》な音《おと》をたてて墜落《ついらく》したUFOは当然《とうぜん》ながら多《おお》くの野次馬《やじうま》を呼《よ》び寄《よ》せた。中《なか》には、トラックがUFOらしき物体《ぶったい》を運《はこ》んでいたのを目撃《もくげき》した者《もの》もいた。しかし、そのほとんどが軍《ぐん》の関係者《かんけいしゃ》や黒《くろ》い服《ふく》の男《おとこ》たちに「見《み》たことを誰《だれ》かに話《はな》したら命《いのち》はない」と脅《きょう》迫《はく》まがいの注意《ちゅうい》を受《う》けていたことが次々《つぎつぎ》に明《あか》るみに出《で》た。

アメリカ軍《ぐん》がそこまでして隠《かく》したい真実《しんじつ》とは何《なに》なのか？　さまざまな推測《すいそく》が今《いま》なお飛《と》び交《か》うロズウェル事件《じけん》が、史上最大《しじょうさいだい》の謎《なぞ》と呼《よ》ばれる理由《りゆう》はここにあるようだ。

ロズウェル事件《じけん》の謎《なぞ》 1

消《き》えた宇宙人《うちゅうじん》は軍《ぐん》が確保《かくほ》していた？

宇《う》宙《ちゅう》人《じん》解《かい》剖《ぼう》フィルム

世界全土《せかいぜんど》に公開《こうかい》された宇宙人《うちゅうじん》の解剖映像《かいぼうえいぞう》！

1995年《ねん》、イギリス人《じん》プロデューサー、レイ・サンティリにより宇宙人《うちゅうじん》の死体解剖映像《したいかいぼうえいぞう》が世界中《せかいじゅう》に発信《はっしん》された。サンティリいわく「これはロズウェルのUFO墜落時《ついらくじ》に回収《かいしゅう》された宇宙人《うちゅうじん》の死《し》体解剖《たいかいぼう》で、撮影《さつえい》したカメラマンから買《か》い取《と》ったんだ」という。

横《よこ》たわる宇宙人《うちゅうじん》の腹《はら》は大《おお》きく膨《ふく》らんでおり目《め》は大《おお》きく、異形《いぎょう》の姿《すがた》をしている。映像《えいぞう》は世界《せかい》32か国《こく》でテレビ放映《ほうえい》され（日《に》本《ほん》では1996年《ねん》フジテレビの特別番《とくべつばん》組《ぐみ》）、当時《とうじ》ここまで鮮明《せんめい》な宇宙人映像《うちゅうじんえいぞう》は初《はじ》めてだったこともあり、90分《ぷん》あまりのフィルムは世界中《せかいじゅう》の人々《ひとびと》を興奮《こうふん》の渦《うず》に巻《ま》き込《こ》んだ。

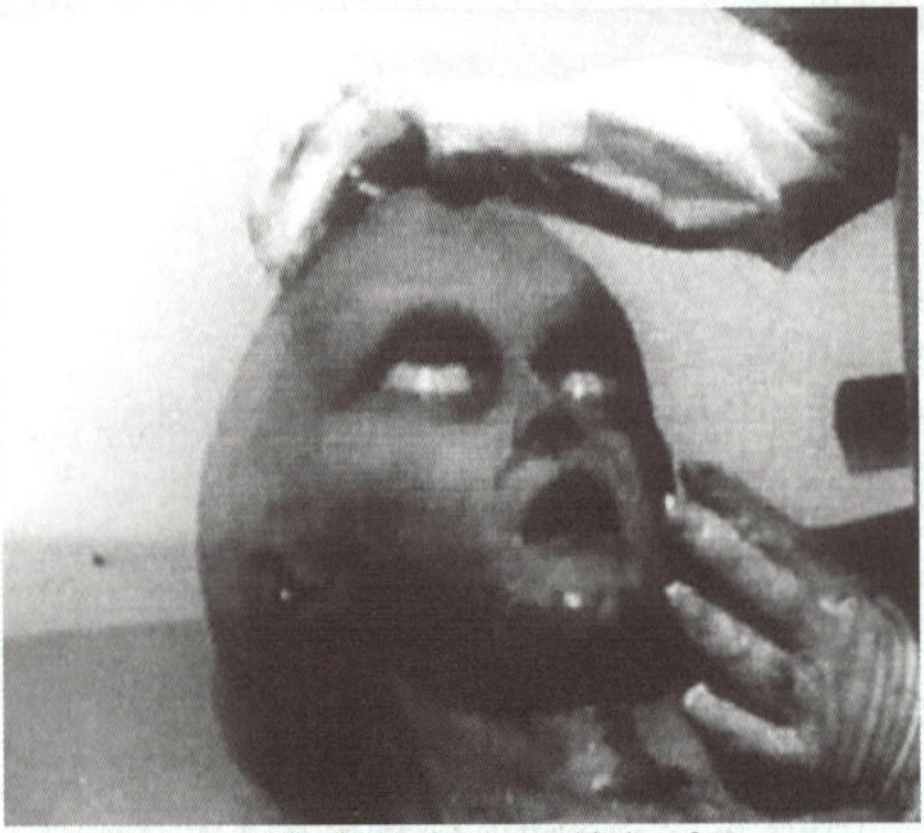
△医師《いし》らしい人物《じんぶつ》が調査検分《ちょうさけんぶん》する様子《ようす》が映《うつ》されている。

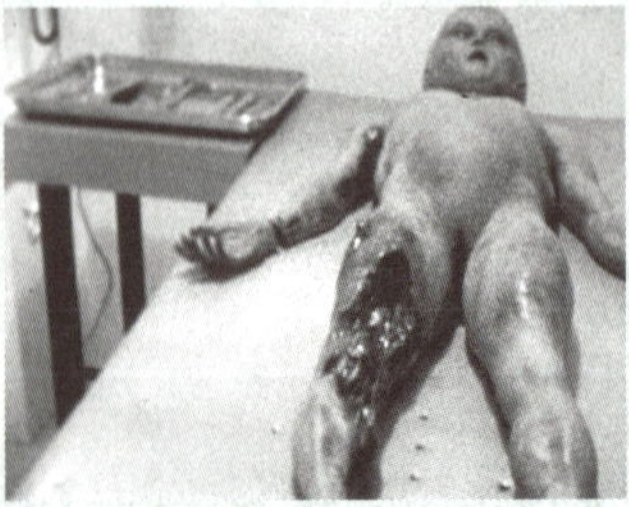
◁宇宙人《うちゅうじん》の足《あし》の傷《きず》は、墜落《ついらく》の衝撃《しょうげき》でできた損傷《そんしょう》だという。

2011年《ねん》12月《がつ》

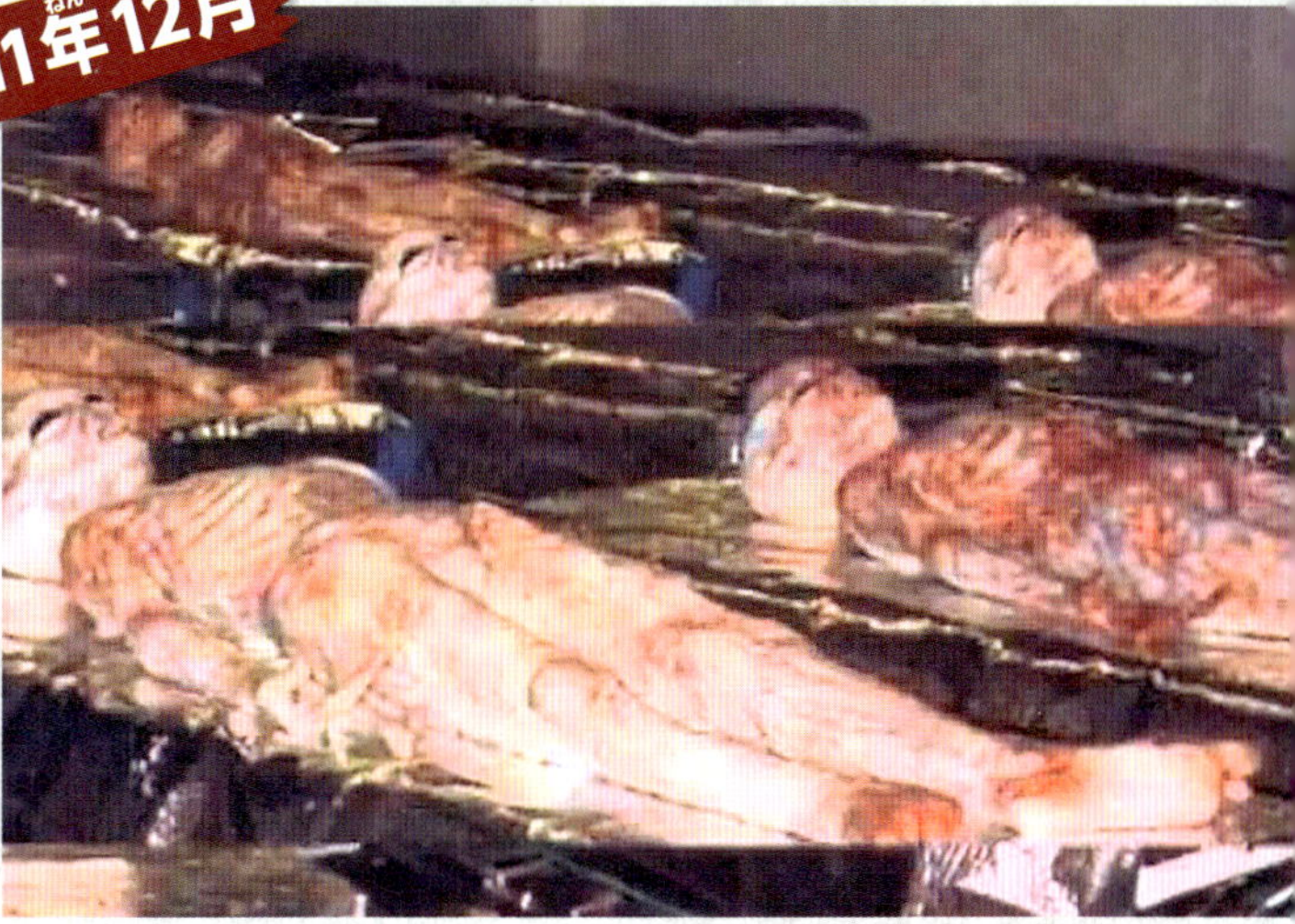

▶安置《あんち》された宇宙人《うちゅうじん》の遺体《いたい》。何体《なんたい》も横《よこ》たわっている…。

関連《かんれん》映像《えいぞう》がネットに流出《りゅうしゅつ》

2011年《ねん》にロズウェルの宇宙人《うちゅうじん》の遺体《いたい》が安置《あんち》された映像《えいぞう》がネット上《じょう》に流《なが》れた。2015年《ねん》にもメキシコの博物館《はくぶつかん》でロズウェルスライドが公開《こうかい》された。

相次《あいつ》ぐ続報《ぞくほう》

ロズウェルの宇宙人《うちゅうじん》

事件《じけん》から半世紀《はんせいき》たった今《いま》なお、ロズウェル事件《じけん》の情報《じょうほう》は後《あと》を絶《た》たない。常《つね》に世界《せかい》中《じゅう》の注目《ちゅうもく》を集《あつ》め続《つづ》けている。

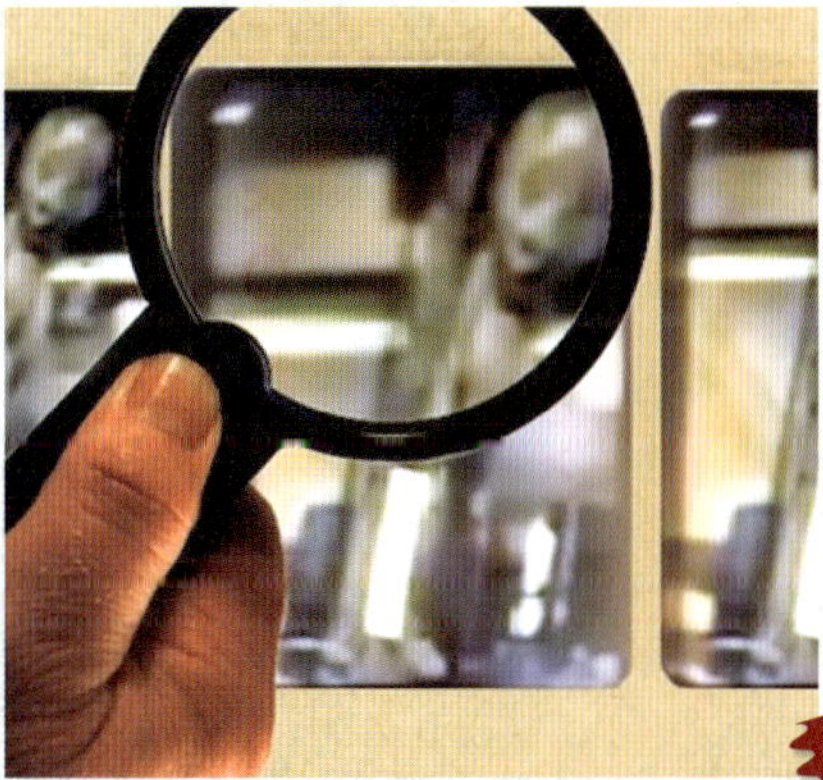

▲◀世界中《せかいじゅう》のUFO研究家《けんきゅうか》が注目《ちゅうもく》するロズウェルスライド。公開当日《こうかいとうじつ》は遺《い》体《たい》の画像分析《がぞうぶんせき》も行《おこな》われた。

2015年《ねん》5月《がつ》

地図《ちず》にさえ載《の》らない機密基地《きみつきち》 エリア51

軍《ぐん》が否定《ひてい》する極秘研究《ごくひけんきゅう》とは？

アメリカ・ネバダ州《しゅう》・ラスベガスの北北西《ほくほくせい》約《やく》２００キロにある「エリア51」は、アメリカ政府《せいふ》が長《なが》らくその存在自体《そんざいじたい》を認《みと》めようとしなかった軍事基地《ぐんじきち》。理由《りゆう》は秘密兵器《ひみつへいき》の開発《かいはつ》・実験《じっけん》だといわれるが、実《じつ》はここにロズウェルで回収《かいしゅう》されたＵＦＯや宇宙人《うちゅうじん》が運《はこ》び込《こ》まれ、その後《ご》、研究《けんきゅう》されていたとのうわさがある。

確《たし》かにこの地区《ちく》では発光体《はっこうたい》やＵＦＯなどが多《おお》く目撃《もくげき》されていて、立《た》ち入《い》り禁止区域《きんしくいき》に足《あし》を踏《ふ》み入《い》れただけで発砲《はっぽう》されたり逮捕《たいほ》されることもある厳戒態勢《げんかいたいせい》のエリア。一般《いっぱん》に知《し》られてはいけない「何《なに》か」が隠《かく》されているのではと、想像《そうぞう》をかきたてられる。

△この奇妙《きみょう》な模様《もよう》が宇宙人《うちゅうじん》との交信《こうしん》に使《つか》われているとうわさになったが、今《いま》はなくなっている。

研究者《けんきゅうしゃ》たちが暴露《ばくろ》！地球製《ちきゅうせい》UFOの開発《かいはつ》？

1989年《ねん》、物理学者《ぶつりがくしゃ》のラザーが「エリア51内《ない》の秘密区域《ひみつくいき》〝サイト4〟では地球製《ちきゅうせい》UFOの研究《けんきゅう》・開発《かいはつ》が行《おこな》われている」と暴露《ばくろ》した。翌年《よくとし》にはその研究《けんきゅう》に協力《きょうりょく》した技《ぎ》師《し》、ユーハウスによって「基地内《きちない》には宇宙人《うちゅうじん》がいてUFOの技術《ぎじゅつ》を地球人《ちきゅうじん》に教《おし》えていた」という話《はなし》まで飛《と》び出《だ》した。

エリア51では空軍《くうぐん》のステルス戦《せん》闘機《とうき》など、最新鋭《さいしんえい》の技術兵器《ぎじゅつへいき》が開《かい》発《はつ》されている。これらは、宇宙人《うちゅうじん》たちの技術協力《ぎじゅつきょうりょく》によるものなのだろうか…？

軍内《ぐんない》でもトップシークレット サイト4とは

▶シミュレーターの組《く》み立《た》て作《さ》業《ぎょう》をする男性《だんせい》がはっきりと映《うつ》っている。

地下施設《ちかしせつ》にはUFOシミュレーター？

ユーハウスによるとエリア51があるグルームレイクの地下施設《ちかしせつ》「サイト4」では、UFOシミュレーター（UFOの操《そう》縦《じゅう》を疑似体験《ぎじたいけん》できる装置《そうち》）があり、空軍《くうぐん》パイロットたちが操縦訓練《そうじゅうくんれん》をしているそうだ。しかもそのプロジェクトリーダーは宇《う》宙人《ちゅうじん》だったといううわさだ。

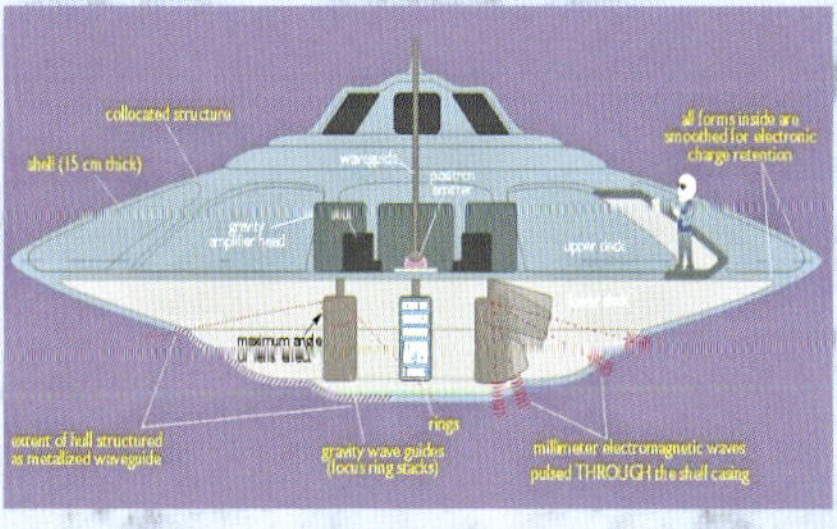

▶かなり具体的《ぐたいてき》なシミュレーターの概念図《がいねんず》の資料《しりょう》が、軍《ぐん》から流出《りゅうしゅつ》している。

UFO事件《じけん》につきまとう黒《くろ》い影《かげ》

MIB（メン・イン・ブラック）

UFO目撃情報《もくげきじょうほう》があるとどこからともなく現《あらわ》れる

スーツ、ネクタイ、靴《くつ》に至《いた》るまで全身《ぜんしん》黒《くろ》に身《み》を包《つつ》んだ男《おとこ》たち。Men《メン》 In《イン》 Black《ブラック》（「黒《くろ》い服《ふく》の男《おとこ》」という意味《いみ》）はUFO関連事件《かんれんじけん》が起《お》こると、どこからともなく姿《すがた》を現《あらわ》し目撃者《もくげきしゃ》や調査関係者《ちょうさかんけいしゃ》に接触《せっしょく》する。最初《さいしょ》は情報提供《じょうほうていきょう》を求《もと》めるが、「この問題《もんだい》に関《かか》わるな」「UFOや宇宙人《うちゅうじん》のことは他言《たごん》するな」「従《したが》わなければ命《いのち》はない」などと圧力《あつりょく》をかける。UFO研究家《けんきゅうか》のベンダーは、1953年《ねん》にコネティカット州《しゅう》に落《お》ちた巨大《きょだい》な火《ひ》の玉《たま》を調査中《ちょうさちゅう》、黒《くろ》づくめの男《おとこ》の訪問《ほうもん》を受《う》け「われわれは君《きみ》を監視《かんし》している。この問題《もんだい》から手《て》を引《ひ》け」とおどされたという。この最初《さいしょ》の公式記録以降《こうしききろくいこう》、UFOを目撃《もくげき》した人《ひと》や異星人《いせいじん》に誘《ゆう》かいされた人《ひと》が現《あらわ》れる度《たび》に、アメリカのみならずカナダ、イギリス、イタリアなど世界《せかい》各国《かっこく》で「口止《くちど》め」をするMIB《メンインブラック》の存在《そんざい》が確認《かくにん》されている。

△MIB《メンインブラック》の再現《さいげん》イラスト。頭《あたま》から爪先《つまさき》まで真《ま》っ黒《くろ》だという。

政府《せいふ》の裏工作員《うらこうさくいん》？　それとも宇宙人《うちゅうじん》なのか？　UFO事件《じけん》に現《あらわ》れるMIB《メンインブラック》とは何者《なにもの》か⁉

MIB《メンインブラック》に接触《せっしょく》した人々《ひとびと》は彼《かれ》らを「ぎこちないロボットのように歩《ある》き、話《はな》し方《かた》は棒読《ぼうよ》みでアクセントが変《へん》だった」と話《はな》す。アメリカ政府《せいふ》に雇《やと》われたスパイ説《せつ》や、宇宙人説《うちゅうじんせつ》など仮説《かせつ》はさまざまあるものの実際《じっさい》には何《なに》もわかっていない。調査《ちょうさ》をやめるようにおどしたり連《つ》れ去《さ》ったりするが、実際《じっさい》に事故《じこ》や自殺《じさつ》に見《み》せかけて殺害《さつがい》することもあるという。もし彼《かれ》らに出会《であ》うようなことがあれば、言《い》うことを聞《き》いた方《ほう》が身《み》のためかもしれない…。

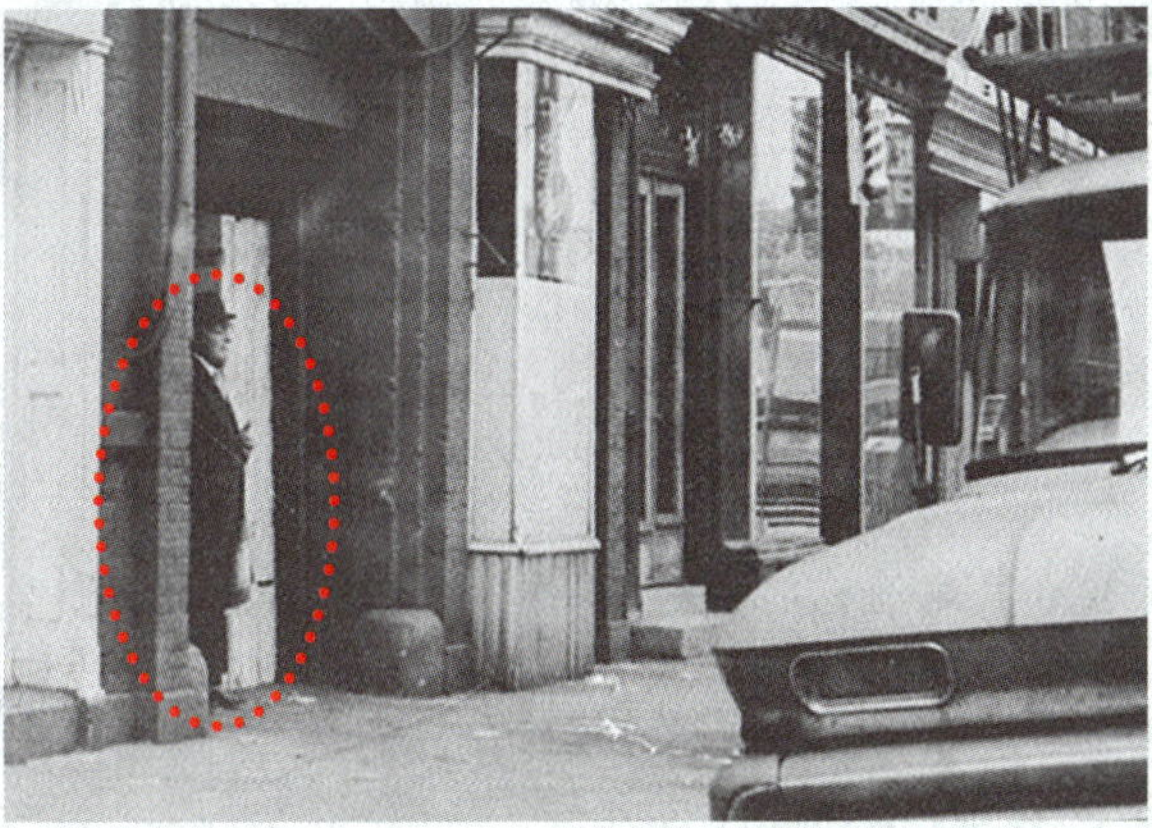

▶街《まち》なかで撮影《さつえい》されたMIB《メンインブラック》と思《おも》わしき人物《じんぶつ》。

MIB《メンインブラック》の手口《てぐち》

- UFOや宇宙人《うちゅうじん》を目撃《もくげき》した人《ひと》を訪《たず》ね、情報提供《じょうほうていきょう》を依頼《いらい》する。
- 最初《さいしょ》はおだやかだが、急《きゅう》に態度《たいど》を変《か》え、「これらを口外《こうがい》するな」と脅迫《きょうはく》する。
- 時《とき》には暴力《ぼうりょく》などの手段《しゅだん》を使《つか》って口封《くちふう》じをする。
- 事故《じこ》や自殺《じさつ》などに見《み》せかけて殺害《さつがい》する。
- どこかの施設《しせつ》へ連《つ》れ去《さ》り、隔離《かくり》する。

ロズウェル事件《じけん》の謎《なぞ》 4

大統領《だいとうりょう》のサインなど極秘書類《ごくひしょるい》の宝庫《ほうこ》！

ロズウェルを解明《かいめい》する文書《ぶんしょ》

ロズウェル事件《じけん》を契機《けいき》に結成《けっせい》された秘密機関《ひみつきかん》

MJ《エムジェイ》-12の秘密文書《ひみつぶんしょ》

◀MJ《エムジェイ》-12とアメリカ政府高官《せいふこうかん》が、この世界《せかい》を操《あやつ》ろうとしているのか？

大統領《だいとうりょう》の命令《めいれい》で結成《けっせい》された秘密委員会《ひみついいんかい》の文書《ぶんしょ》が流出《りゅうしゅつ》！

「MJ《エムジェイ》-12」。それは、アメリカの政府高官《せいふこうかん》や科学者《かがくしゃ》など専門家《せんもんか》12名《めい》から構成《こうせい》され、宇宙人《うちゅうじん》に関《かん》する調査《ちょうさ》や接触《せっしょく》、交渉《こうしょう》などを専門《せんもん》に行《おこな》う秘密機関《ひみつきかん》である。長《なが》らくその存在《そんざい》は秘密《ひみつ》にされていたが、MJ《エムジェイ》-12に関《かん》する文書《ぶんしょ》が1984年《ねん》12月《がつ》、ロサンゼルスに住《す》むテレビプロデューサーの元《もと》に突然送《とつぜんおく》られてきたことで、世《よ》の中《なか》に知《し》られることとなった。

内容《ないよう》は、初代CIA長官《しょだいシーアイエーちょうかん》から、アイゼンハワー次期大統領《じきだいとうりょう》へMJ《エムジェイ》-12に関《かん》して説明《せつめい》する文書《ぶんしょ》からはじまり、ロズウェルで宇宙人《うちゅうじん》の遺体《いたい》を回収《かいしゅう》したこと、その調査《ちょうさ》のためにトルーマン大統領《だいとうりょう》がMJ《エムジェイ》-12を設置《せっち》したことなどが書《か》かれている。UFO研究家《けんきゅうか》の中《なか》には、MJ《エムジェイ》-12がこの世界《せかい》を操《あやつ》っている張本人《ちょうほんにん》であると主張《しゅちょう》するものもいる。

アメリカ空軍《くうぐんこうしき》公式のUFO調査機関《ちょうさきかん》

プロジェクト・ブルーブック

未《み》確《かく》認《にん》飛《ひ》行《こう》物《ぶっ》体《たい》を科《か》学《がく》的《てき》アプローチで解明《かいめい》

度重《たびかさ》なるＵＦＯ目撃事件《もくげきじけん》を受《う》け、アメリカ空軍《くうぐん》は１９５１年《ねん》から公式《こうしき》のＵＦＯ調査機関《ちょうさきかん》「プロジェクト・ブルーブック」を立《た》ち上《あ》げた。解散《かいさん》する１９６９年《ねん》までの分析《ぶんせき》サンプルは１万《まん》２千件《せんけん》以上《いじょう》、戦闘《せんとう》機《き》やミサイルなどを除《のぞ》いた識別不能《しきべつふのう》の飛《ひ》行物体《こうぶったい》は７０１件《けん》あり、ロズウェル事件《じけん》はこの中《なか》に含《ふく》まれる。

18年間《ねんかん》の調査《ちょうさ》打《う》ち切《き》りの際《さい》に発表《はっぴょう》されたのは「ＵＦＯがほかの天体《てんたい》から飛来《ひらい》する宇宙船《うちゅうせん》だという証拠《しょうこ》がない」という文《ぶん》書《しょ》。この発表《はっぴょう》がさらなる憶測《おくそく》を生《う》み、アメリカ軍《ぐん》はＵＦＯの情報《じょうほう》を隠《かく》し持《も》っているといううわさが広《ひろ》まった。

疑惑《ぎわく》の記者会見《きしゃかいけん》のウソを指《さ》し示《しめ》す？

レイミーメモ

メモを解析《かいせき》すると不気味《ぶきみ》な言葉《ことば》が…

「ロズウェルに墜落《ついらく》した残骸《ざんがい》は気《き》象観測用《しょうかんそくよう》気球《ききゅう》だった」とＵＦＯ説《せつ》をくつがえす発表《はっぴょう》をしたロズウェル事《じ》件《けん》の記者会見《きしゃかいけん》。そのときにレイミー准将《じゅんしょう》が持《も》っていたメモを写真解析《しゃしんかいせき》の専門家《せんもんか》チームが解読《かいどく》したところ、「犠牲者《ぎせいしゃ》」「円盤《えんばん》に関《かん》するメッセージ」「第《だい》２現場《げんば》」などの文字《もじ》が見《み》つかったという。これは、記者会見《きしゃかいけん》とはまったくちがった内容《ないよう》で、レイミーは事実《じじつ》と異《こと》なる発表《はっぴょう》をしたとしか考《かんが》えられない。

ウソか本当《ほんとう》か!? 世間《せけん》を騒《さわ》がせる
ロズウェル関連《かんれん》のうわさ

2013年《ねん》になって初《はじ》めてその存在《そんざい》をアメリカ政府《せいふ》が認《みと》めた「エリア51」。

うわさ1 エリア51では宇宙人《うちゅうじん》が働《はたら》いている?

開発《かいはつ》を手伝《てつだ》う宇宙人《うちゅうじん》の集団《しゅうだん》 地球《ちきゅう》生《う》まれの宇宙人《うちゅうじん》の子孫《しそん》もいる!?

ロズウェル事件《じけん》で墜落《ついらく》したUFOと宇宙人《うちゅうじん》が運《はこ》び込《こ》まれたと言《い》われるエリア51。地球製《ちきゅうせい》UFOの開発《かいはつ》も行《おこな》われているというこの基《き》地《ち》では、多《おお》くの宇宙人《うちゅうじん》が開《かい》発《はつ》に関《かか》わり、UFO技術《ぎじゅつ》を教《おし》えているといううわさがある。開発《かいはつ》のプロジェクトリーダーは、ジェイ・ロッドと呼《よ》ばれる宇宙《うちゅう》人《じん》らしい。数百人《すうひょくにん》にのぼるという宇宙人《うちゅうじん》は、地球《ちきゅう》に墜落《ついらく》した際《さい》に連《つ》れて来《こ》られるケースや、エリア51内《ない》でDNA《ディーエヌエー》交配《こうはい》によって生《う》まれたケースなどがあるとも言《い》われている。

プロジェクトのリーダー、ジェイ・ロッドの似顔絵。

うわさ②

宇宙人《うちゅうじん》とアメリカ大統領《だいとうりょう》は密約《みつやく》を結《むす》んでいる？

◀ＭＪ《エムジェイ》－12のメンバーとケネディ大統領《だいとうりょう》。

技術《ぎじゅつ》を教《おそ》わるかわりに宇宙人《うちゅうじん》の悪行《あくぎょう》を黙認《もくにん》？

　Ｍ《エム》Ｊ《ジェイ》－12の文書《ぶんしょ》に登場《とうじょう》するアイゼンハワーやトルーマン、そのメンバーといっしょに写真《しゃしん》に写《うつ》るケネディなど、国家機密《こっかきみつ》のＵＦＯや宇宙人《うちゅうじん》の話《はなし》にはアメリカ大統領《だいとうりょう》の影《かげ》がつきまとう。実《じつ》は「宇宙人《うちゅうじん》と大統領《だいとうりょう》の間《あいだ》には密約《みつやく》が結《むす》ばれている」といううわさがあり、宇宙人《うちゅうじん》から先進的《せんしんてき》な技術《ぎじゅつ》を教《おし》えてもらう代《か》わりに、地球上《ちきゅうじょう》の家畜《かちく》を実験《じっけん》に使用《しよう》したり、時《とき》には人間《にんげん》を誘《ゆう》かいすることも黙認《もくにん》するという条件《じょうけん》を提示《ていじ》しているというのだ。その密約《みつやく》は今《いま》なお続《つづ》いていて、それを証明《しょうめい》するかのように、オバマ大統領《だいとうりょう》の就任演説時《しゅうにんえんぜつじ》には、まるであいさつをするように、ＵＦＯが現《あらわ》れたのだという。

うわさ③

宇宙映画《うちゅうえいが》は国民《こくみん》の安心材料《あんしんざいりょう》

超有名映画《ちょうゆうめいえいが》で国民《こくみん》を洗脳《せんのう》か？

　宇宙人《うちゅうじん》が登場《とうじょう》する映画《えいが》は多《おお》くある。これは、宇宙人《うちゅうじん》の存在《そんざい》が明《あき》らかになった時《とき》に、一般人《いっぱんじん》がパニックにならないようにと政《せい》府公認《ふこうにん》で制作《せいさく》されたものだとうわさされている。親《した》しみやすい宇宙人像《うちゅうじんぞう》を作《つく》り上《あ》げて、「宇宙《うちゅう》人《じん》は平和的《へいわてき》だ」と思《おも》わせようとしているのかもしれない。

ロズウェル事件《じけん》の謎《なぞ》 6

恐怖《きょうふ》の実験《じっけん》にもロズウェルの影《かげ》？

モントーク・プロジェクト

ロズウェル事件《じけん》が極秘実験《ごくひじっけん》に絡《から》んでいた⁉

　フィラデルフィア計画《けいかく》という1943年《ねん》に行《おこな》われたアメリカ海軍《かいぐん》の極秘実験《ごくひじっけん》がある。これは、軍艦《ぐんかん》が敵《てき》のレーダー波《は》に写《うつ》らないようにする試《こころ》みで、駆逐艦《くちくかん》エルドリッジにテスラコイル（高周波《こうしゅうは》・高電圧《こうでんあつ》を発生《はっせい》させる変圧器《へんあつき》）を設置《せっち》して行《おこな》われた。結果《けっか》、軍艦《ぐんかん》はレーダーから消《き》えたが、同時《どうじ》に2500キロ離《はな》れた港《みなと》にテレポートしてしまった。その際《さい》、乗組員《のりくみいん》が燃《も》えたり、精神《せいしん》錯乱《さくらん》になったりと異常《いじょう》が発生《はっせい》し、実験《じっけん》はすぐに中止《ちゅうし》された。

　そのテレポート現象《げんしょう》は極秘《ごくひ》で引《ひ》き続《つづ》き研究《けんきゅう》され、これが「モントーク・プロジェクト」と呼《よ》ばれている。そして、タイムワープを可能《かのう》にする装置《そうち》「タイムトンネル」の発明《はつめい》に成功《せいこう》。その際《さい》に、ロズウェル事件《じけん》で保護《ほご》された宇宙人《うちゅうじん》も技《ぎ》術協力《じゅつきょうりょく》していたという。このトンネルには、極秘《ごくひ》に連《つ》れてこられた少年《しょうねん》を送《おく》り込《こ》み、火《か》星探索《せいたんさく》や歴史《れきし》のねつ造《ぞう》などが行《おこな》われたと言《い》われている。

ロズウェルの宇宙人《うちゅうじん》はセルポ人《じん》だった⁉

本書《ほんしょ》でも紹介《しょうかい》しているセルポ人《じん》（➡P86）は、ロズウェル事件《じけん》の宇宙人《うちゅうじん》と目《もく》されている。セルポ人《じん》と地球人《ちきゅうじん》は交換留学《こうかんりゅうがく》しているという情報《じょうほう》もあるため、彼《かれ》らが「モントーク・プロジェクト」に関係《かんけい》していた可能性《かのうせい》は高《たか》い。

ロズウェル事件《じけん》の謎《なぞ》 7

衝撃《しょうげき》の真実《しんじつ》！ 本音《ほんね》を語《かた》り始《はじ》めた

事件《じ》《けん》関係者《かんけいしゃ》たちの告発《こくはつ》

△元《もと》海軍《かいぐん》将校《しょうこう》、CIA《シーアイエー》諜報員《ちょうほういん》。1989年《ねん》5月《がつ》にUFOに関《かん》する機密情報《きみつじょうほう》の暴露《ばくろ》講演《こうえん》行《おこな》う。2001年《ねん》に射殺《しゃさつ》されたが、その死《し》には謎《なぞ》が多《おお》い。

ウィリアム・クーパーの告発《こくはつ》

１９４７年《ねん》からの５年間《ねんかん》でアメリカでは少《すく》なくとも１６機《き》のＵＦＯが墜落《ついらく》し、６５体《たい》の宇宙人《うちゅうじん》の遺体《いたい》と生《い》きた宇宙人《うちゅうじん》が１体《たい》回収《かいしゅう》されているんだ。１９４７年《ねん》のＣＩＡ《シーアイエー》（中央情報《ちゅうおうじょうほう》局《きょく》）設立《せつりつ》には、これらＵＦＯの情報《じょうほう》公開《こうかい》をいかにコントロールするかという目的《もくてき》があり、当時《とうじ》のトルーマン大統領《だいとうりょう》は「国民《こくみん》からはこの存在《そんざい》を隠《かく》すように」という通達《つうたつ》を出《だ》したんだ。

△元《もと》陸軍《りくぐん》情報《じょうほう》将校《しょうこう》。陸軍《りくぐん》研究《けんきゅう》開発局《かいはつきょく》・先端《せんたん》技術部《ぎじゅつぶ》の中佐《ちゅうさ》としてUFOを分析《ぶんせき》、その技術《ぎじゅつ》を新兵器《しんへいき》開発《かいはつ》に応用《おうよう》する任務《にんむ》にあたった。

フィリップ・コーソの告発《こくはつ》

ロズウェルで回収《かいしゅう》したＵＦＯには動力源《どうりょくげん》にあたるものはなかったが、中《なか》に光《ひかり》を通《とお》す透明《とうめい》で細《ほそ》いワイヤーや暗視《あんし》装置《そうち》、粒子《りゅうし》ビーム砲《ほう》などを発見《はっけん》。このほかアメリカ軍《ぐん》が回収《かいしゅう》した多《おお》くのＵＦＯからは、移動式原子力発電機《いどうしきげんしりょくはつでんき》（アポロ計画《けいかく》の宇宙船《うちゅうせん》に応用《おうよう》）、電磁推進《でんじすいしん》システム（ステルス戦闘機《せんとうき》に応用《おうよう》）などの技術《ぎじゅつ》が発見《はっけん》され、私《わたし》はそれらを実用化《じつようか》するための開発《かいはつ》を進《すす》めていたんだ。

検証《けんしょう》1 ロズウェル事《じ》件《けん》の宇《う》宙《ちゅう》人《じん》の死《し》体《たい》は本《ほん》物《もの》か?

チェック1 死体《したい》の目撃証言《もくげきしょうげん》は正《ただ》しいか?

宇宙人《うちゅうじん》の死体《したい》の目撃証言《もくげきしょうげん》については、多《おお》くの人《ひと》が見《み》ているため、MIB《メンインブラック》ももみ消《け》しきれなかった。さまざまな証言《しょうげん》を照《て》らし合《あ》わせると、大《おお》きな目《め》・手《て》の形《かたち》・頭髪《とうはつ》のない頭《あたま》など共通《きょうつう》するものばかりだ。

チェック2 死体《したい》の写真《しゃしん》は信頼《しんらい》できるか?

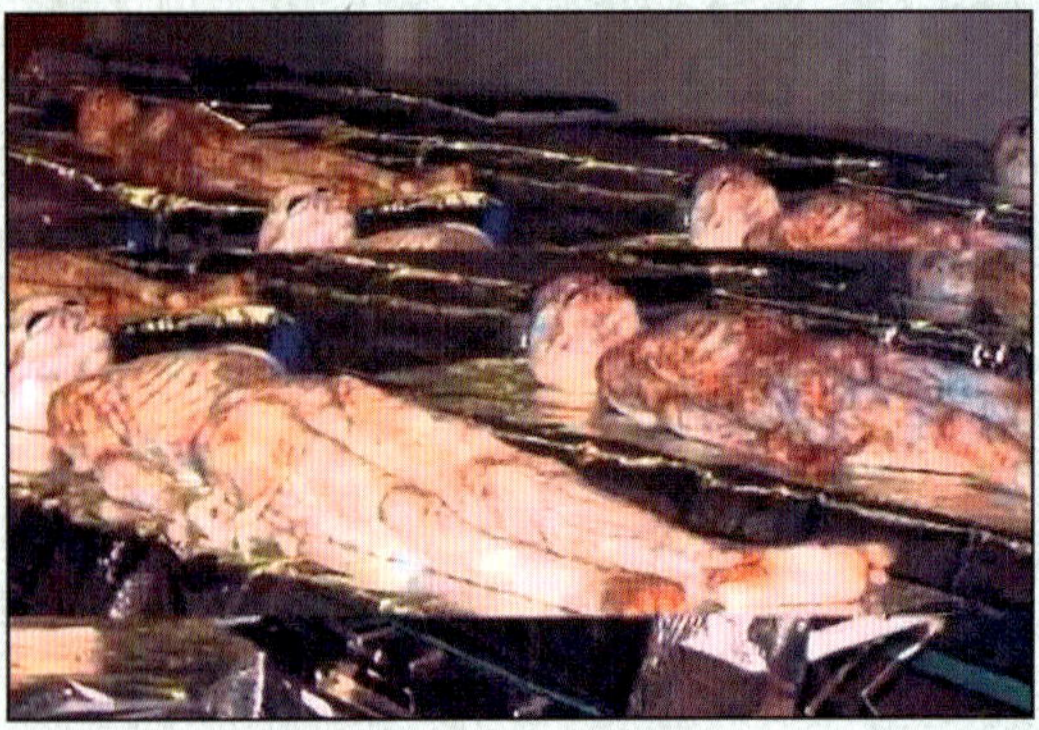

ただれた宇宙人《うちゅうじん》の遺体《いたい》が複数並《ふくすうなら》ぶ写真《しゃしん》は、リアルで生々《なまなま》しい。ロズウェルスライド（➡P181）は「コダック社《しゃ》の１９４７年製《ねんせい》」で、事件《じけん》が起《お》こった年《とし》と同《おな》じ年《とし》に撮影《さつえい》されたものとわかっている。

検証《けんしょう》結果《けっか》

宇宙人の特徴《とくちょう》には共通点《きょうつうてん》が多《おお》い

目撃者《もくげきしゃ》が語《かた》る死体《したい》の特徴《とくちょう》には驚《おどろ》くほど共通点《きょうつうてん》が多《おお》い。また、死体《したい》の写真《しゃしん》もリアルで、目撃証言《もくげきしょうげん》とも一致《いっち》するため死体《したい》は本物《ほんもの》である可能性《かのうせい》が高《たか》いと言《い》える。

検証《けんしょう》2

残骸《ざんがい》の正体《しょうたい》は？ 報道《ほうどう》と目撃《もくげき》証言《しょうげん》のちがい

チェック1

新聞《しんぶん》の報道《ほうどう》は信頼《しんらい》できるか?

Roswell Daily Record

Claims Army Is Stacking Courts Martial

RAAF Captures Flying Saucer On Ranch in Roswell Region

House Passes Tax Slash by Large Margin

No Details of Flying Disk Are Revealed

Ex-King Carol Weds Mme. Lupescu

△事件直後《じけんちょくご》の新聞《しんぶん》は「空飛《そらと》ぶ円盤墜落《えんばんついらく》」と報道《ほうどう》していたが…。

当初《とうしょ》はUFO墜落《ついらく》を大々的《だいだいてき》に報道《ほうどう》した地元新聞《じもとしんぶん》。しかし、政府《せいふ》の「気球見《ききゅうみ》まちがえ説《せつ》」が発表《はっぴょう》されると、一転《いってん》して否定報道《ひていほうどう》をするように。これは、軍《ぐん》が報道規制《ほうどうきせい》をかけた可能性《かのうせい》があるのではないか…？

チェック2

関係者《かんけいしゃ》の証言《しょうげん》の内容《ないよう》は？

ブラゼルの証言《しょうげん》

残骸《ざんがい》はうすいのに折《お》り曲《ま》げられない、初《はじ》めて見《み》る材質《ざいしつ》だった。

目撃者《もくげきしゃ》カップルの証言《しょうげん》

墜落《ついらく》したＵＦＯの近《ちか》くには、背《せ》の小《ちい》さな遺体《いたい》が数体《すうたい》あった。

葬儀屋《そうぎや》デニスの証言《しょうげん》

軍《ぐん》から遺体処理方法《いたいしょりほうほう》や子《こ》ども用棺桶《ようかんおけ》の質問《しつもん》を受《う》けた。

マーセルの証言《しょうげん》

記者会見《きしゃかいけん》で公開《こうかい》したのは回収《かいしゅう》した残骸《ざんがい》ではなかった。

検証《けんしょう》結果《けっか》

地球外《ちきゅうがい》の何《なに》かが現場《げんば》にあった!

報道《ほうどう》は軍《ぐん》による情報操作《じょうほうそうさ》の可能性《かのうせい》を否定《ひてい》できない。一方《いっぽう》、目撃者《もくげきしゃ》の証言《しょうげん》は、非常《ひじょう》に具体的《ぐたいてき》で、地球外《ちきゅうがい》の何《なに》かがその場《ば》に残《のこ》されていた可能性《かのうせい》が高《たか》い。

検証《けんしょう》3

アメリカ軍《ぐん》はなぜ本当《ほんとう》のことを隠《かく》すのか？

チェック1

なぜ宇宙人《うちゅうじん》の存在《そんざい》を隠《かく》すのか？

地球外生物《ちきゅうがいせいぶつ》の生態《せいたい》を調《しら》べることで、人類《じんるい》の宇宙移住《うちゅういじゅう》の可能性《かのうせい》や方法《ほうほう》をリサーチ。火星《かせい》や月《つき》などの支配《しはい》を世界《せかい》の国々《くにぐに》に先駆《さきが》けて行《おこな》うことができるためと思《おも》われる。

チェック2

墜落《ついらく》したUFOは何《なに》に使用《しよう》しているのか？

UFOは未知《みち》の最先端技術《さいせんたんぎじゅつ》の宝庫《ほうこ》！　秘密裏《ひみつり》ににその技術《ぎじゅつ》を入手《にゅうしゅ》してステルス戦闘機《せんとうき》やロケットに利用《りよう》したり、地球《ちきゅう》製《せい》UFOの開発《かいはつ》を進《すす》めたりしているのだ。

検証《けんしょう》結果《けっか》

宇宙人《うちゅうじん》の高度《こうど》な技術《ぎじゅつ》を独占《どくせん》しようとしている！

ロズウェル事件《じけん》の隠《いん》ぺい工作《こうさく》を筆頭《ひっとう》に、アメリカ軍《ぐん》は宇宙人《うちゅうじん》やUFOから入手《にゅうしゅ》した高度《こうど》な技術《ぎじゅつ》や知識《ちしき》を独占《どくせん》。これにより、他国《たこく》に先《さき》がけて、破壊力《はかいりょく》のある武器《ぶき》を作《つく》ったり、先進的《せんしんてき》な宇宙開発《うちゅうかいはつ》を目指《めざ》しているのだ！

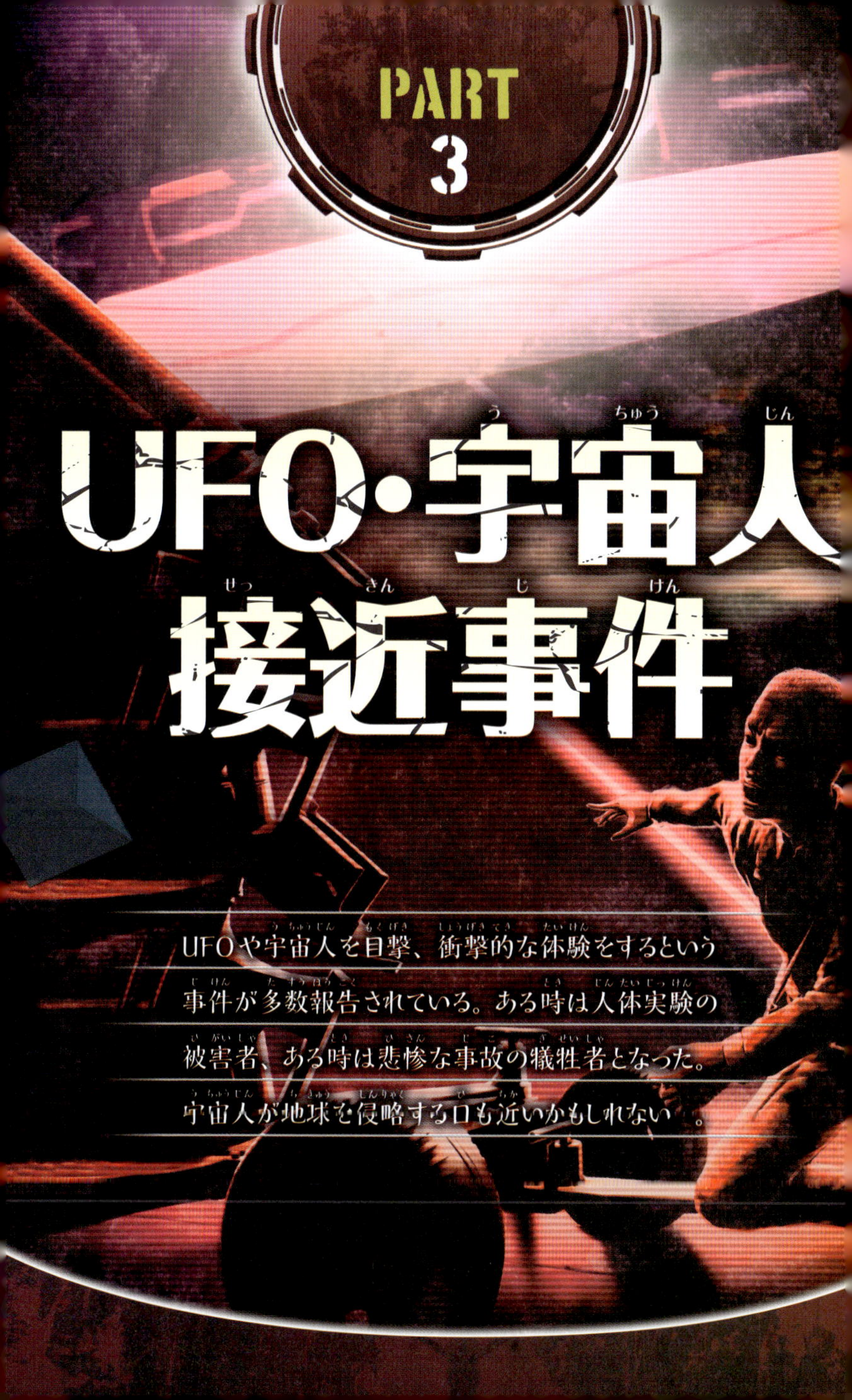

PART 3

UFO・宇《う》宙《ちゅう》人《じん》接《せっ》近《きん》事《じ》件《けん》

UFOや宇宙人《うちゅうじん》を目撃《もくげき》、衝撃的《しょうげきてき》な体験《たいけん》をするという事件《じけん》が多数報告《たすうほうこく》されている。ある時《とき》は人体実験《じんたいじっけん》の被害者《ひがいしゃ》、ある時《とき》は悲惨《ひさん》な事故《じこ》の犠牲者《ぎせいしゃ》となった。宇宙人《うちゅうじん》が地球《ちきゅう》を侵略《しんりゃく》する日《ひ》も近《ちか》いかもしれない。

UFOにさらわれた!?
ヒル夫妻《ふさい》事件《じけん》
1961年《ねん》アメリカ
ニューハンプシャー州《しゅう》
ランカスター
ブロロロ…
カナダでの休暇《きゅうか》を終《お》えたヒル夫妻《ふさい》は車《くるま》で自宅《じたく》へと向《む》かっていた
ねえ あなた
なんだい
さっきから変《へん》な光《ひかり》が見《み》えるんだけど…何《なに》かしら?
キキッ
?
なんだ? ありゃあ
だんだん近《ちか》づいてくるわ…
な 中《なか》に何《なに》かいるぞ!
ここっちを見《み》てる…!?
ベティ 早《はや》く乗《の》れ逃《に》げるんだ!
バン!

ピィイイィイイイイィ…
ブロロロ…
ななんの音《おと》だ？
わからないわ…
とにかく…急《いそ》い…
ブツン…
ハッ
…おい 着《つ》いたぞ 家《いえ》だ！
もうこんな時間《じかん》？ 予定《よてい》より2時間《じかん》も 遅《おそ》いわ… おかしいわね…
フラ…
フラ…
無事《ぶじ》に自宅《じたく》へと帰《かえ》った夫妻《ふさい》だったが なぜか光《ひかり》を見《み》た記憶《きおく》はなくなっていた
うううう…
だが その日《ひ》から毎晩《まいばん》悪夢《あくむ》に うなされるようになり…
夫妻《ふさい》は精神分析医《せいしんぶんせきい》 ベンジャミン・サイモン 博士《はかせ》の治療《ちりょう》を受《う》ける ことにした
悪夢《あくむ》の原因《げんいん》を 催眠療法《さいみんりょうほう》で 探《さぐ》りましょう まずは 奥《おく》さんから

リラックスして…あなたの身《み》に何《なに》が起《お》こったのですか？

ピクッ
あの夜《よる》…

私《わたし》たちは…宇宙人《うちゅうじん》と遭遇《そうぐう》してUFOの中《なか》に連《つ》れ去《さ》られた…！

——連《つ》れ去《さ》られた？そこで何《なに》をされましたか？

イスに固定《こてい》されて…身体《からだ》のあちこちを検査《けんさ》されたわ 長《なが》い針《はり》のような器具《きぐ》をへそに刺《さ》されたり…

―バーニーも同《おな》じような検査《けんさ》を?

ええ そうよ 夫《おっと》も身体《からだ》のあちこちを 検査《けんさ》されたわ
―宇宙人《うちゅうじん》と会話《かいわ》ができたのですか?

言葉《ことば》じゃなくて… テレパシーのような もので話《はなし》ができたのよ
―それからどうしました?

不思議《ふしぎ》な天体図《てんたいず》も 見《み》せられたり…

私《わたし》たちがUFOに さらわれたなんて… 信《しん》じられない…

…ベティ キミのお腹《なか》に…!!

キャアアアア!!

1965年《ねん》10月《がつ》25日《にち》 新聞記事《しんぶんきじ》にヒル夫妻《ふさい》の 体験《たいけん》が報道《ほうどう》され UFOによる誘《ゆう》かい事件《じけん》 として世界《せかい》を驚《おどろ》かせた

ヒル夫《ふ》妻《さい》事《じ》件《けん》

意《い》識《しき》が途《と》切《ぎ》れた夫《ふ》妻《さい》に待《ま》ち受《う》けていたおぞましいできごと

ドーム型《がた》のＵＦＯ

夫《ふ》妻《さい》の頭《ず》上《じょう》で止《と》まったUFOはドーム型《がた》で、窓《まど》が2列《れつ》に並《なら》び、中《なか》から宇《う》宙《ちゅう》人《じん》が見《み》下《お》ろしていたという。

事件《じけん》 DATA

事《じ》件《けん》現《げん》場《ば》	アメリカ ランカスター
発《はっ》生《せい》年《ねん》	1961 年《ねん》
危《き》険《けん》度《ど》	⚠⚠⚠

証《しょう》言《げん》者《しゃ》談《だん》

私《わたし》たちは宇《う》宙《ちゅう》人《じん》に誘《ゆう》かいされて、おぞましい人《じん》体《たい》実《じっ》験《けん》を宇《う》宙《ちゅう》人《じん》にされたのよ。あれから毎《まい》晩《ばん》悪《あく》夢《む》を見《み》るの…。

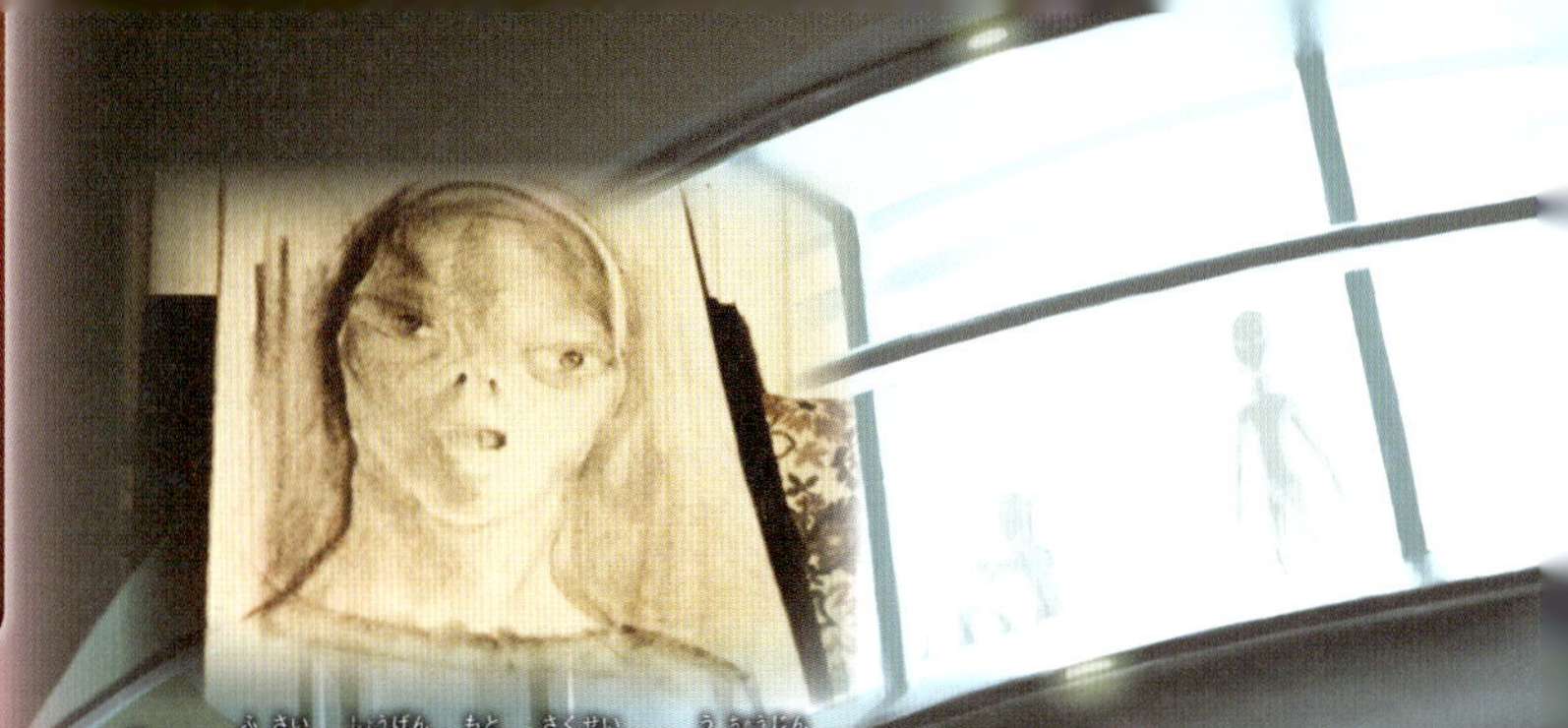

△ヒル夫妻《ふさい》の証言《しょうげん》を元《もと》に作成《さくせい》した宇宙人《うちゅうじん》のイラスト。おそらくグレイタイプだと思《おも》われる。

謎《なぞ》の音《おと》で攻撃《こうげき》？

車《くるま》で逃《に》げ出《だ》した夫妻《ふさい》は後方《こうほう》から「ビーッ」という不思議《ふしぎ》な音《おと》を聞《き》いた。宇宙人《うちゅうじん》が夫妻《ふさい》に攻撃《こうげき》をしかけたのだろうか。

UFO事件《じけん》史上《しじょう》最大《さいだい》の謎《なぞ》 宇宙人《うちゅうじん》の目的《もくてき》とは一体《いったい》⁉

ヒル夫妻《ふさい》事件《じけん》はUFO事件《じけん》史上《しじょう》、最《もっと》も有名《ゆうめい》なできごとだ。1961年《ねん》9月《がつ》19日《にち》深夜《しんや》、自宅へと車を走らせていたふたりは、夜空《よぞら》に1点《てん》の光《ひかり》を発見《はっけん》。その光《ひかり》は徐々《じょじょ》に大《おお》きくなり、妻《つま》のベティが双眼鏡《そうがんきょう》で確認《かくにん》するとUFOだとわかった。UFOの窓《まど》には5～6体《たい》の影《かげ》が見《み》え、夫妻《ふさい》はあわてて逃《に》げた。しかし、突然《とつぜん》意識《いしき》が途切《とぎ》れ、気《き》づいたときには50キロ以上《いじょう》離《はな》れた場所《ばしょ》にいた。その後《ご》、精神科医による催眠療法で、ふたりが宇宙《うちゅう》人《じん》に誘《ゆう》かいされ、人体実験《じんたいじっけん》をされたことが判明《はんめい》したのだ。一体《いったい》、宇宙人《うちゅうじん》が何《なに》を目的《もくてき》としていたのか、今《いま》となっては不明《ふめい》である。

大検証《だいけんしょう》

全世界《ぜんせかい》を震撼《しんかん》させた大事件《だいじけん》の真相《しんそう》は ヒル夫妻《ふさい》は本当《ほんとう》にさらわれた？

世紀《せいき》の大事件《だいじけん》は単《たん》なる幻想《げんそう》か!?

UFOに連《つ》れ去《さ》られ、宇宙人《うちゅうじん》によって人体実験《じんたいじっけん》を受《う》けたというヒル夫妻事件《ふさいじけん》。あまりにも衝撃《しょうげき》な事件《じけん》だが、本当《ほんとう》なのだろうか？ 夫妻《ふさい》の証言《しょうげん》がこの事件《じけん》のおもな根拠《こんきょ》であるため、否定派《ひていは》の数《かず》も多《おお》い。ここでは、代表的《だいひょうてき》な否定説《ひていせつ》である「高速道路催眠現象説《こうそくどうろさいみんげんしょうせつ》」「ストレスによる幻想説《げんそうせつ》」が妥当《だとう》かどうかを検証《けんしょう》していく。

可能性《かのうせい》 1 高速道路催眠現象《こうそくどうろさいみんげんしょう》か？

ヒル夫妻事件《ふさいじけん》に対《たい》する疑惑《ぎわく》のひとつとして強《つよ》いのが「高速道路催眠現象《こうそくどうろさいみんげんしょう》」にかかっていたという説《せつ》だ。これは高速道路《こうそくどうろ》などの単調《たんちょう》な道路《どうろ》を何時間《なんじかん》も走《はし》ることによって幻覚《げんかく》や幻聴《げんちょう》が起《お》こり、判断能力《はんだんのうりょく》が著《いちじる》しく下《さ》がることだ。また、当日《とうじつ》は木星《もくせい》が輝《かがや》いており、ヒル夫妻《ふさい》が高速道路催眠現象《こうそくどうろさいみんげんしょう》にかかった結果《けっか》、木星《もくせい》をUFOと勘《かん》ちがいしたという説《せつ》もある。

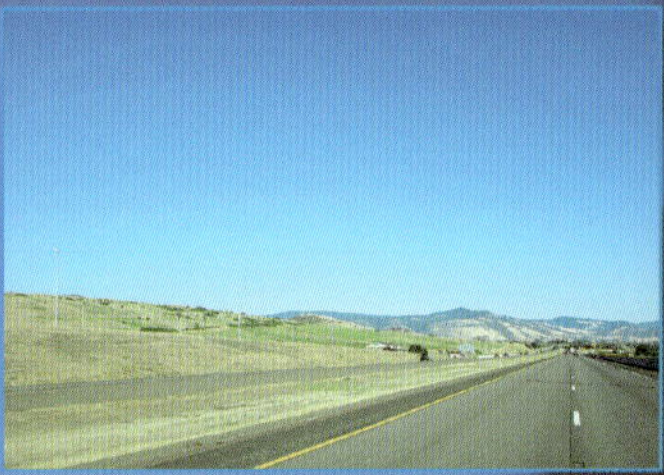

検証《けんしょう》 1 説明《せつめい》がつかないことが多数《たすう》ある

ヒル夫妻《ふさい》は事件《じけん》の当日《とうじつ》、深夜《しんや》に車《くるま》を走《はし》らせていたことから、疲《つか》れてしまって高速道路催眠現象《こうそくどうろさいみんげんしょう》にかかった可能性《かのうせい》はある。木星《もくせい》をUFOと見《み》まちがえたという説《せつ》も確《たし》かに一定《いってい》の説得力《せっとくりょく》を持《も》つ。しかし、それだけでは、なぜヒル夫妻《ふさい》が自分《じぶん》たちに関係《かんけい》のない宇宙人《うちゅうじん》の強烈《きょうれつ》な幻覚《げんかく》を見《み》たのか説明《せつめい》できない。単《たん》なる高速道路催眠現象《こうそくどうろさいみんげんしょう》で、ここまでの幻覚《げんかく》を見《み》ることはない。

可能性《かのうせい》2 ストレスによる幻想《げんそう》？

ヒル夫妻《ふさい》は精神的《せいしんてき》なストレスによって幻想《げんそう》を見《み》たのではないかという説《せつ》がある。普段《ふだん》の仕事《しごと》での疲《つか》れや、周囲《しゅうい》との人間関係《にんげんかんけい》から、当時《とうじ》のふたりは大《おお》きなストレスを抱《かか》えていたという。その結果《けっか》、ふたりとも精神障害《せいしんしょうがい》を発症《はっしょう》してしまい、さらに宇宙人《うちゅうじん》にさらわれる幻覚《げんかく》を見《み》たというのである。

検証《けんしょう》2 ふたりの証言《しょうげん》が一致《いっち》したのはなぜか？

ベティとバーニーは事件後《じけんご》、催眠療法《さいみんりょうほう》を別々《べつべつ》に受《う》けているが、そこでふたりが話《はな》した内容《ないよう》には共通《きょうつう》することが多数《たすう》あったという。さらにその内容《ないよう》は詳細《しょうさい》にわたっていたので、単《たん》なる幻覚《げんかく》では片《かた》づけることはできないのではないか。また、ふたり同時《どうじ》に同《おな》じ幻覚《げんかく》を見《み》るという可能性自体《かのうせいじたい》、極《きわ》めてありえないことだと言《い》える。

結論《けつろん》

否定説《ひていせつ》には穴《あな》が多《おお》い。
夫妻《ふさい》は本当《ほんとう》に誘《ゆう》かいされた可能性《かのうせい》が高《たか》い！

ふたつの否定説《ひていせつ》では、夫妻《ふさい》の証言《しょうげん》が一致《いっち》していたことを説明《せつめい》することができない。また、ベティが宇宙人《うちゅうじん》に見《み》せられたという星図《せいず》を再現《さいげん》したところ、地球《ちきゅう》から32万光年《まんこうねん》も離《はな》れた距離《きょり》にある星々《ほしぼし》と一致《いっち》した。ベティは星《ほし》にくわしい人《ひと》ではない。このことからも夫妻《ふさい》が未知《みち》の生物《せいぶつ》にさらわれた可能性《かのうせい》は高《たか》いと言《い》える。

ブラジルに何《なん》度《ど》も飛《ひ》来《らい》した人《ひと》の血《ち》を求《もと》めるUFO

アマゾン吸《きゅう》血《けつ》UFO事《じ》件《けん》

肉《にく》を溶《と》かす光線《こうせん》？

少量《しょうりょう》の血《ち》を抜《ぬ》かれるだけですむこともあれば、全《すべ》ての血《ち》を抜《ぬ》かれたり、肉《にく》がドロドロに溶《と》けて死《し》ぬことも…。

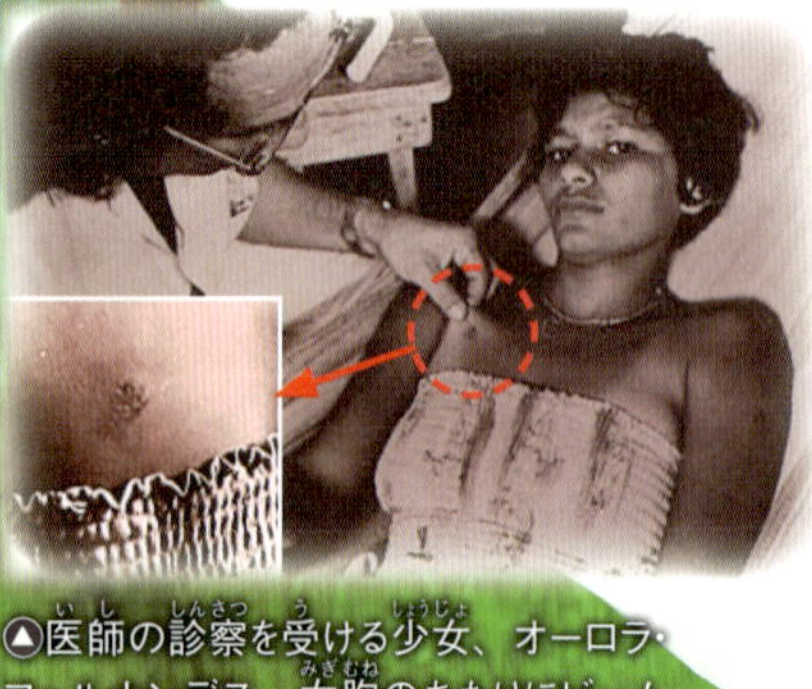

▲医師《いし》の診察《しんさつ》を受《う》ける少女《しょうじょ》、オーロラ・フェルナンデス。右胸《みぎむね》のあたりにビームを受《う》けた傷《きず》がある。

ブラジルで多発《たはつ》

発生場所《はっせいばしょ》はベレン、サン・ルイス、パルナラマなど、なぜかブラジルに集中《しゅうちゅう》。しかも、1981～1982年《ねん》に多発《たはつ》した。

UFOがビームを発射《はっしゃ》して人間《にんげん》の血《ち》を抜《ぬ》き取《と》った!?

1981年《ねん》5月《がつ》、ブラジルはアマゾン川《がわ》河口《かこう》にある町《まち》ベレンから事件《じけん》は始《はじ》まった。少女《しょうじょ》が洗濯物《せんたくもの》を取《と》り込《こ》もうと外《そと》へ出《で》たところ、光《ひか》る飛行体《ひこうたい》が発射《はっしゃ》するビームに打《う》たれた。彼女《かのじょ》は意識《いしき》を失《うしな》い、目《め》を覚《さ》ますと、右《みぎ》胸《むね》に血《ち》を吸《す》われたような傷《きず》があったという。

その後《ご》も狩《か》りに出《で》かけた猟師《りょうし》がUFOにビームを浴《あ》びせられ、全身《ぜんしん》の血《ち》を抜《ぬ》かれて死亡《しぼう》するなど、同《おな》じような事件《じけん》が多発《たはつ》した。「宇宙人《うちゅうじん》が地球人《ちきゅうじん》の血《ち》を採取《さいしゅ》して、何《なに》かの実験《じっけん》に使《つか》っている!」とブラジル国内《こくない》はパニックに。警察《けいさつ》、軍《ぐん》も調査《ちょうさ》にのりだしたが、いまだ真相《しんそう》は闇《やみ》の中《なか》だ。

事件《じけん》DATA

事件現場《じけんげんば》	ブラジル アマゾン川《がわ》など
発生年《はっせいねん》	1981～1982年《ねん》
危険度《きけんど》	⚠⚠⚠

証言者談《しょうげんしゃだん》

狩《か》りの途中にタイヤ型《がた》のUFOを見《み》た。俺《おれ》が助《たす》けを呼《よ》んで現場《げんば》に戻《もど》ると、血《ち》を吸《す》われて真《ま》っ白《しろ》になった仲間《なかま》の死体《したい》が…。

水《みず》を汲《く》んであげた代《か》わりに宇宙人《うちゅうじん》がくれたものとは…

宇《う》宙《ちゅう》人《じん》からもらったクッキー

イタリア人《じん》のような見《み》た目《め》

3体《たい》の宇宙人《うちゅうじん》は髪《かみ》や肌《はだ》が黒《くろ》く、25～30歳《さい》のイタリア人青《じんせい》年《ねん》のような見《み》た目《め》。身長《しんちょう》は1.5mほどであったという。

クッキーの味《あじ》

シモントンは、「紙《かみ》のような味《あじ》がして、あまりおいしくなかった」と語《かた》っている。

事件《じけん》DATA

事件現場《じけんげんば》	アメリカ ウィスコンシン州《しゅう》
発生年《はっせいねん》	1961年《ねん》
危険度《きけんど》	

証言者談《しょうげんしゃだん》

「それは何《なん》だ？」と聞《き》きたくてクッキー状《じょう》のものを指差《ゆびさ》したんだが、宇宙人《うちゅうじん》は私《わたし》が空腹《くうふく》だと思《おも》ったのか、それをくれたんだよ。

▼宇宙人《うちゅうじん》からもらったクッキー

UFO内《ない》で料理中《りょうりちゅう》!? 謎《なぞ》の食《た》べ物《もの》の正体《しょうたい》は…?

1961年《ねん》4月《がつ》18日《にち》、アメリカのウィスコンシン州《しゅう》に住《す》むジョー・シモントンが怪音《かいおん》に驚《おどろ》いて庭《にわ》へ出《で》ると、直径《ちょっけい》約《やく》9メートルの銀色《ぎんいろ》の物体《ぶったい》が空《そら》から降下《こうか》！ 中《なか》から身長《しんちょう》約《やく》1・5メートルで紺色《こんいろ》の服《ふく》にヘルメットをかぶった3人《にん》の男《おとこ》が出現《しゅつげん》。ひとりが水差《みずさ》しを渡《わた》してきたので、シモントンが水《みず》を汲《く》んできてやると、クッキーのようなものを3枚《まい》くれて去《さ》ってしまった。UFO内部《ないぶ》では料理《りょうり》らしきことが行《おこな》われており、宇宙人《うちゅうじん》は料理《りょうり》に使《つか》う水《みず》が欲《ほ》しかったようだ。クッキーの成分《せいぶん》は小麦《こむぎ》など地球《ちきゅう》にもある物質《ぶっしつ》だったので、地球《ちきゅう》のような環境《かんきょう》の星《ほし》から来《き》たと推測《すいそく》されている。

謎《なぞ》のクッキー

クッキーは小《ちい》さな穴《あな》がいくつも空《あ》いており、直径《ちょっけい》10cm弱《じゃく》、厚《あつ》さ約《やく》3mm。できたてなのか、まだ温《あたた》かかったという。

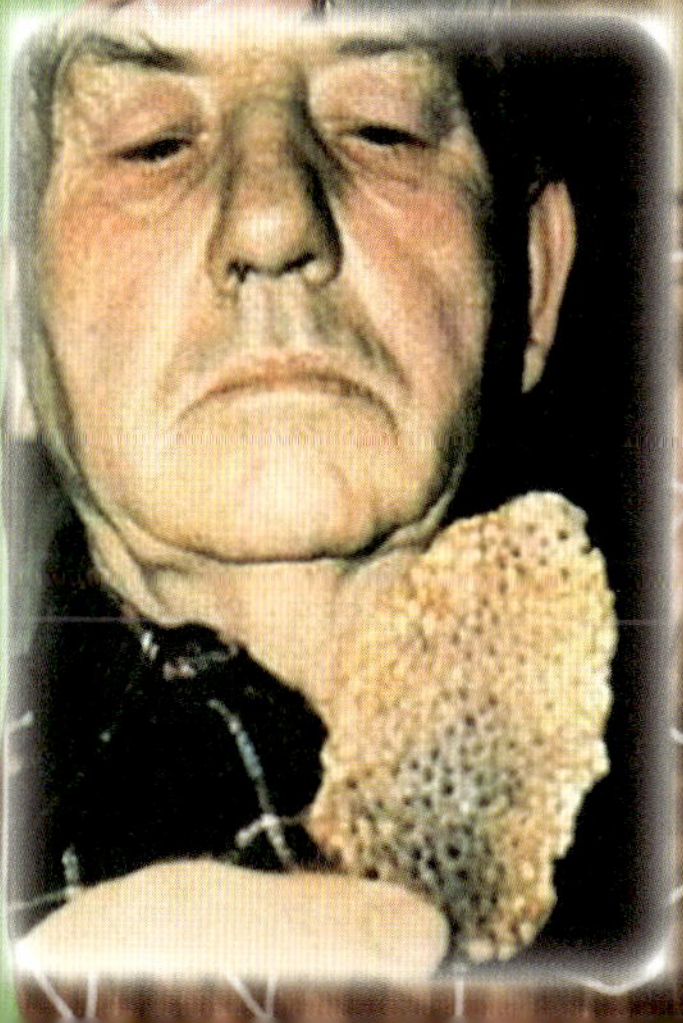

◀宇宙人《うちゅうじん》から謎《なぞ》のクッキーのようなものを受《う》け取《と》ったジョー・シモントン。

UFOから放《はな》たれたビームで人間《にんげん》が殺《ころ》された…

エイモス・ミラー事件《じけん》

事件《じけん》 DATA

- 事件現場《じけんげんば》　ニュージーランド
- 発生年《はっせいねん》　1968年《ねん》
- 危険度《きけんど》　⚠⚠⚠

証言者談《しょうげんしゃだん》

僕《ぼく》は逃《に》げたけど、父《ちち》はUFOに向《む》かっていったんだ…。皮《ひ》ふが溶《と》けるほどの攻撃《こうげき》だった。

リンを吸《す》いとられる？

検死《けんし》の結果《けっか》、エイモスの体《からだ》に頭《あたま》以外《いがい》目立《めだ》った外傷《がいしょう》はなく、骨《ほね》に含《ふく》まれているはずのリンの成分《せいぶん》だけがなくなっていたということがわかったという。

人《ひと》の皮《ひ》ふをドロドロに溶《と》かす怪光線《かいこうせん》!?

1968年《ねん》2月《がつ》2日《か》。牧場《ぼくじょう》主《ぬし》のエイモス・ミラーが息子《むすこ》と柵《さく》を修理《しゅうり》していると、空《そら》から「ビーッ」という音《おと》がした。そばにUFOが着陸《ちゃくりく》しており、近寄《ちかよ》るとビームを発射《はっしゃ》。それを浴《あ》びて死亡《しぼう》したエイモスの髪《かみ》や頭《あたま》はドロドロに溶《と》けていた。UFOのしわざと考《かんが》えられている。

◀ビームにうたれたエイモスの再現《さいげん》イラスト。

宇《う》宙《ちゅう》人《じん》に誘《ゆう》わくされた男《おとこ》

農作業中《のうさぎょうちゅう》のブラジル人《じん》青年《せいねん》が宇宙人《うちゅうじん》と接触《せっしょく》

特徴的《とくちょうてき》なヘルメット

変《か》わった形《かたち》のヘルメットに、銀色《ぎんいろ》のつなぎを着用《ちゃくよう》。UFO内部《ないぶ》に現《あらわ》れた女性《じょせい》と宇宙人《うちゅうじん》が同《おな》じかどうかは不明《ふめい》だ。

事件《じけん》DATA

事件現場《じけんげんば》	ブラジル
発生年《はっせいねん》	1957年《ねん》
危険度《きけんど》	⚠⚠（3段階中2）

証言者談《しょうげんしゃだん》

UFOの中《なか》にいた女性《じょせい》は、目《め》がつり上《あ》がっていたが、金髪《きんぱつ》で肌《はだ》の色《いろ》が人間《にんげん》のようだった。

人間《にんげん》の男《おとこ》を誘《さそ》う!? 女性型《じょせいがた》の宇宙人《うちゅうじん》

1957年《ねん》10月《がつ》15日《にち》深夜《しんや》にアントニオ・ビリャス・ボアスが農作業《のうさぎょう》をしていると、UFOが着陸《ちゃくりく》して3体《たい》の宇宙人《うちゅうじん》が出現《しゅつげん》し、彼《かれ》はUFOの中《なか》に連《れん》行《こう》された。すると人間《にんげん》に似《に》た女性《じょせい》が現《あらわ》れ、彼《かれ》を誘《ゆう》わくしてきた。その後《ご》、彼《かれ》は農場《のうじょう》に帰《かえ》ったが、体《からだ》に打撲《だぼく》のような傷《きず》が現《あらわ》れ、吐《は》き気《け》や頭痛《ずつう》に悩《なや》まされるようになった。診察《しんさつ》を受《う》けた結果《けっか》、大量《たいりょう》の有害物質《ゆうがいぶっしつ》を浴《あ》びていることが判明《はんめい》した。

大《おお》きな光《ひかり》の球《たま》に包《つつ》まれた若者《わかもの》が行方不明《ゆくえふめい》に

セルジー・ポントワーズ事件《じけん》

▲現場《げんば》で捜索《そうさく》を行《おこな》う警察官《けいさつかん》。そのときは若者《わかもの》は見《み》つからなかった。

事件《じけん》DATA

事件現場《じけんげんば》	フランス
発生年《はっせいねん》	1979年《ねん》
危険度《きけんど》	⚠⚠⚠

証言者談《しょうげんしゃだん》

宇宙人《うちゅうじん》から、地球《ちきゅう》の問題《もんだい》と解決法《かいけつほう》について教《おそ》わったということだけは覚《おぼ》えているんだ。

周囲《しゅうい》には光《ひかり》の球《たま》

車《くるま》を包《つつ》む光《ひかり》の周《まわ》りには小《ちい》さな光《ひかり》の球《たま》がいくつも散《ち》らばっていたという。その球《たま》は大《おお》きな光《ひかり》の球《たま》に吸収《きゅうしゅう》されたという。

謎《なぞ》の光《ひかり》の正体《しょうたい》はUFOが放《はな》つ光線《こうせん》？

1979年《ねん》11月《がつ》26日《にち》のこと。パリ郊外《こうがい》で若者《わかもの》3人《にん》が空《そら》に光《ひか》る物体《ぶったい》を発見《はっけん》。ふたりはカメラを取《と》りにアパートへ、ひとりが車《くるま》に残《のこ》った。すると大《おお》きな光《ひかり》が車《くるま》を包《つつ》んだ。光《ひかり》が去《さ》ると、車内《しゃない》の若者《わかもの》は消《き》えていた。1週間後《しゅうかんご》、若者《わかもの》は発見《はっけん》されたが、記憶《きおく》が消《き》えていた。夢《ゆめ》をきっかけに徐々《じょじょ》に当時《とうじ》の記憶《きおく》を思《おも》い出《だ》し、宇宙人《うちゅうじん》とのやり取《と》りを語《かた》り始《はじ》めたが、すぐに口《くち》を閉《と》ざしたという。

宇《う》宙《ちゅう》人《じん》と子《こ》どもを作《つく》った男《おとこ》

女《じょ》性《せい》型《がた》宇《う》宙《ちゅう》人《じん》が警《けい》備《び》員《いん》の男《おとこ》を誘《ゆう》わく

女性型《じょせいがた》宇《う》宙人《ちゅうじん》の特徴《とくちょう》

褐色《かっしょく》の肌《はだ》。目《め》も口《くち》も大《おお》きい。太《ふと》ももに黒《くろ》い斑点《はんてん》がたくさんあり、髪《かみ》は赤毛《あかげ》。まるで人間《にんげん》のようだったという。

事件《じけん》DATA

事件現場《じけんげんば》	ブラジル
発生年《はっせいねん》	1979年《ねん》
危険度《きけんど》	⚠⚠⚠

証言者談《しょうげんしゃだん》

気《き》づいたときには宇《う》宙人《ちゅうじん》は私《わたし》の腕《うで》に注射《ちゅうしゃ》をして体《からだ》に油状《あぶらじょう》のものをぬっていた。

人間《にんげん》と宇宙《うちゅう》人《じん》の間《あいだ》に赤《あか》ん坊《ぼう》ができた!?

1979年《ねん》6月《がつ》28日《にち》深夜《しんや》、ブラジル。警備員《けいびいん》のアントニオが3人《にん》の宇宙人《うちゅうじん》によってUFOに連《つ》れ込《こ》まれた。謎《なぞ》のガスにより意識《いしき》が薄《うす》くなる中《なか》、女性型《じょせいがた》の宇宙人《うちゅうじん》が彼《かれ》に迫《せま》ってきた。その後《ご》、彼《かれ》は開放《かいほう》されたが、1年後《ねんご》、再《ふたた》びその宇宙《うちゅう》人《じん》が出現《しゅつげん》。彼《かれ》とその宇宙人《うちゅうじん》の間《あいだ》に生《う》まれた女《おんな》の子《こ》を見《み》せられたという。物的証拠《ぶってきしょうこ》はないため、催眠療法《さいみんりょうほう》で彼《かれ》が語《かた》ったこれらの供述《きょうじゅつ》がすべてである。

パトロール中《ちゅう》の警察官《けいさつかん》が2体《たい》の宇宙人《うちゅうじん》にさらわれた

セルジオ・プチェッタ事《じ》件《けん》

大《おお》きな頭《あたま》と真《ま》っ赤《か》な目《め》

追《お》ってきた宇宙人《うちゅうじん》の背《せ》は警官《けいかん》より小《ちい》さく、体《からだ》は半透《はんとう》明《めい》で、大《おお》きな頭《あたま》と真《ま》っ赤《か》な目《め》をしていた。

事件《じけん》 DATA

事件現場《じけんげんば》	アルゼンチン ジェネラル・ピコ
発生年《はっせいねん》	2006年《ねん》
危険度《きけんど》	⚠⚠⚠

証言者談《しょうげんしゃだん》

宇宙人《うちゅうじん》は私《わたし》を使《つか》って実験《じっけん》をしていたようで、「夜《よる》にひとりでいる警官《けいかん》を見《み》たらまた捕《つか》まえる」とテレパシーで語《かた》りかけてきたんだ。

赤《あか》い目《め》の宇宙人《うちゅうじん》が警察官《けいさつかん》に人体実験《じんたいじっけん》をした!?

アルゼンチンの警察官《けいさつかん》セルジオ・プチェッタ巡査《じゅんさ》が、2006年《ねん》3月《がつ》2日夜《かよる》のパトロール中《ちゅう》に謎《なぞ》の赤《あか》い光《ひかり》を発見《はっけん》した。すぐさま署《しょ》に応援《おうえん》を要請《ようせい》したが、同僚《どうりょう》がかけつけたときには、プチェッタ巡査《じゅんさ》は携帯電話《けいたいでんわ》や銃《じゅう》などの所持品《しょじひん》だけを現場《げんば》に残《のこ》して行方不明《ゆくえふめい》に。翌日《よくじつ》、20キロ離《はな》れた場所《ばしょ》で発見《はっけん》された彼《かれ》は、「赤《あか》い光《ひかり》を見《み》たら頭《あたま》と目《め》が激《はげ》しく痛《いた》んだ。突然《とつぜん》2体《たい》の宇宙人《うちゅうじん》が現《あらわ》れ、私《わたし》を追《お》ってきたので逃《に》げたが、気《き》を失《うしな》った」と事件《じけん》を振《ふ》り返《かえ》った。警察官《けいさつかん》が自分《じぶん》で失踪《しっそう》事件《じけん》を起《お》こす理由《りゆう》もなく、状況証拠《じょうきょうしょうこ》からもUFOのせいだと考えられている。

脳《のう》に語《かた》りかけてきた
追《お》いかけてくる宇宙人《うちゅうじん》のほうを見《み》ると、プチェッタ巡査《じゅんさ》の体《からだ》が浮《う》き、宇《う》宙人《ちゅうじん》が「寿命《じゅみょう》を調《しら》べるテストを行《おこな》う」と直接脳《ちょくせつのう》に語《かた》りかけたという。

メキシコ空《くう》軍《ぐん》UFO遭《そう》遇《ぐう》事《じ》件《けん》

空《くう》軍《ぐん》パイロットが複《ふく》数《すう》の飛《ひ》行《こう》物《ぶっ》体《たい》と接《せっ》近《きん》遭《そう》遇《ぐう》

どんどん増《ふ》えた!?

2機《き》だったUFOは増《ぞう》殖《しょく》。6機《き》が3機《き》ずつに分《わ》かれたりして11機《き》まで増《ふ》え、集《しゅう》団《だん》で飛《と》んでいた。

事件《じけん》 DATA

事件現場《じけんげんば》　メキシコ ユカタン半島《はんとう》

発生年《はっせいねん》　2004年《ねん》

危険度《きけんど》　⚠⚠⚠

証言者談《しょうげんしゃだん》

私《わたし》はこの目《め》で見《み》たし、熱感知《ねつかんち》センサーも反応《はんのう》したのでまちがいない。レーダーには11機《き》のうち3機《き》しか映《うつ》らなかったが…。

信《しん》ぴょう性《せい》が高《たか》い

国防省《こくぼうしょう》が事件《じけん》を発表《はっぴょう》したのは発生《はっせい》の2か月後《げつご》。2か月間《げつかん》の調査《ちょうさ》でも正体不明《しょうたいふめい》で、UFOと認《みと》めざるを得《え》なかったのだ。

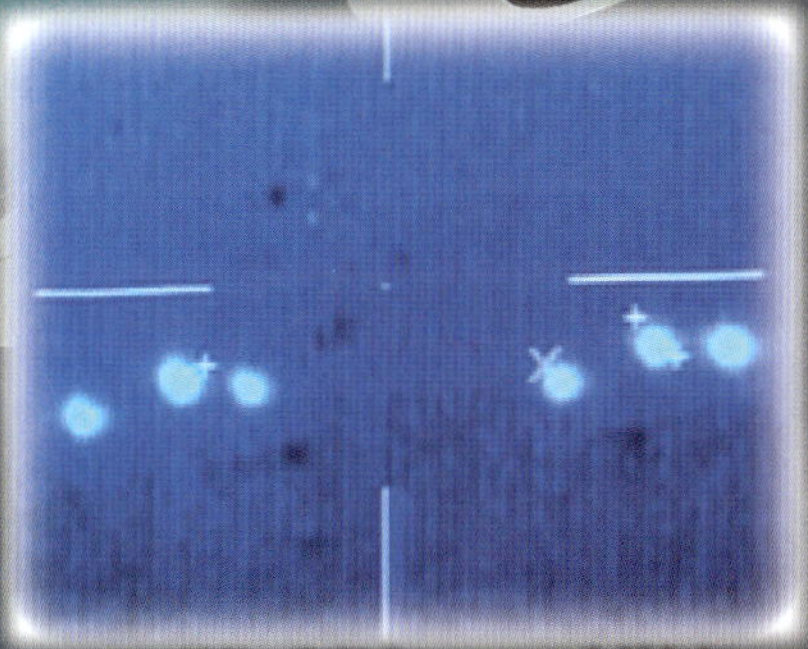

△メキシコ空軍《くうぐん》の偵察機《ていさつき》がとらえた飛行物体《ひこうぶったい》。ここでは集団《しゅうだん》で飛《と》ぶ姿《すがた》が確認《かくにん》できる。

国《くに》が正式《せいしき》にUFOを認《みと》めた衝撃《しょうげき》の事件《じけん》！

2004年《ねん》3月《がつ》5日《か》。ユカタン半島《はんとう》の高度《こうど》3300メートルを飛行中《ひこうちゅう》のメキシコ空軍偵察機《くうぐんていさつき》は、レーダーで光《ひか》る3つの飛行物体《ひこうぶったい》を感知《かんち》。パイロットは物体《ぶったい》が11機《き》まで増《ふ》えたのを目《め》で見《み》たが、レーダーに映《うつ》ったのは3機《き》だけだったという。この接近遭遇《せっきんそうぐう》は15分間続《ふんかんつづ》き、物体《ぶったい》は消《き》えたという。事件《じけん》を「油田《ゆでん》の煙突《えんとつ》から出《で》た炎《ほのお》ではないか」とか「高速道路《こうそくどうろ》を走《はし》るトラックのライトだろう」と疑《うたが》う人《ひと》も多《おお》かった。しかし、メキシコ国防省《こくぼうしょう》はこれをUFOであると発表《はっぴょう》！　国《くに》が正式《せいしき》に認《みと》めた信《しん》ぴょう性《せい》の高《たか》いUFO事件《じけん》として、全世界《ぜんせかい》に衝撃《しょうげき》を与《あた》えた。

カイコウラ事件《じけん》

テレビ局《きょく》記者《しゃ》がニュージーランド上空《じょうくう》で複数《ふくすう》のUFOを目撃《もくげき》

どんどん巨大化《きょだいか》

UFOの形《かたち》はドーム型《がた》であったと言《い》われている。また、UFOは貨物機《かもつき》と並走《へいそう》しながらだんだんと巨大化《きょだいか》していったという。

事件《じけん》DATA

事件現場《じけんげんば》	ニュージーランド
発生年《はっせいねん》	1978年《ねん》
危険度《きけんど》	

証言者談《しょうげんしゃだん》

UFO群《ぐん》は我々《われわれ》の貨物機《かもつき》と平行《へいこう》移動《いどう》したり、接近《せっきん》してきたり、上《うえ》を追《お》い越《こ》していったりと、まるで生《い》き物《もの》のように動《うご》いていた。

広範囲《こうはんい》に出現《しゅつげん》

南北《なんぼく》ふたつの島《しま》から成《な》るニュージーランド。北島南端《ほくとうなんたん》ウェリントンから南島中部《なんとうちゅうぶ》クライストチャーチにかけて出現《しゅつげん》。

△糸《いと》のような発光体《はっこうたい》をとらえた映像《えいぞう》。意思《いし》があるように貨物機《かもつき》を追《お》ってきたという。

同《おな》じルートで2度《ど》現《あらわ》れついてくるUFOの群《む》れ！

1978年《ねん》12月《がつ》21日《にち》、ニュージーランドで飛行中《ひこうちゅう》の貨物機《かもつき》がUFOを目撃《もくげき》。9日後《かご》、記者《きしゃ》のクウェンティン・フォガーティはそれを追《お》うべく、ふたりのパイロットが操縦《そうじゅう》する貨物機《かもつき》で同《おな》じルートをたどった。するとブレナムからカイコウラ半島《はんとう》にかけて、4～5機《き》のUFOがついてさた！　貨物機《かもつき》はクライストチャーチ空港《くうこう》に着陸後《ちゃくりくご》また飛《と》び立《た》ったが、今度《こんど》は巨大《きょだい》なオレンジ色《いろ》の光《ひかり》がひとつ出現《しゅつげん》。この映像《えいぞう》はテレビで放送《ほうそう》された。一般人《いっぱんじん》ではなくプロのパイロットや記者《きしゃ》、カメラマンなど複数《ふくすう》の目撃者《もくげきしゃ》がいることが、事件《じけん》の現実味《げんじつみ》を増《ま》している。

UFOが現《あらわ》れ、ニューヨークが大《だい》停《てい》電《でん》でパニックに

アメリカ大《だい》停《てい》電《でん》事《じ》件《けん》

事件《じけん》DATA

事件現場《じけんげんば》	アメリカ、カナダ
発生年《はっせいねん》	1965年《ねん》
危険度《きけんど》	⚠⚠⚠

証言者談《しょうげんしゃだん》

俺《おれ》はLIFE《ライフ》誌《し》のカメラマンだが、確《たし》かにマンハッタン上空《じょうくう》のUFOを撮影《さつえい》したんだ!

多数《たすう》のUFO目撃者《もくげきしゃ》

停電中《ていでんちゅう》、飛行機《ひこうき》のパイロット、住民《じゅうみん》など数百人《すうひゃくにん》が光《ひか》るUFO群《ぐん》を目撃《もくげき》しており、信《しん》ぴょう性《せい》が高《たか》い。

UFOの大群《たいぐん》による電《でん》磁《じ》波《は》が原《げん》因《いん》か!?

1965年《ねん》11月《がつ》9日午《かご》後《ご》5時《じ》30分《ぷん》、アメリカの9つの州《しゅう》とカナダのふたつの州《しゅう》にまたがる広範囲《こうはんい》を、大停《だいてい》電《でん》がおそった。帰宅《きたく》どきだった大都市《だいとし》ニューヨークはパニックに。停電《ていでん》の直前《ちょくぜん》から停電中《ていでんちゅう》にかけて、白《しろ》く光《ひか》るUFOの大群《たいぐん》が現《あらわ》れており、停電《ていでん》の原因《げんいん》はUFOの電磁《でんじ》波《は》が機械《きかい》や人体《じんたい》に影響《えいきょう》を及《およ》ぼす「EM効果《イーエムこうか》(⬇P21)」によるものという見方《みかた》が強《つよ》い。

空軍《くうぐん》機《き》とUFOが空中戦《くうちゅうせん》をくり広《ひろ》げた

ゴーマン少《しょう》尉《い》空《くう》中《ちゅう》戦《せん》事《じ》件《けん》

光球《こうきゅう》の様子《ようす》

点滅《てんめつ》を止《や》めたり、さらに明《あか》るく輝《かがや》いたり、消滅《しょうめつ》、出現《しゅつげん》をくり返《かえ》した。意思《いし》を持《も》った物体《たい》だと思《おも》われる。

事件《じけん》DATA

事件現場《じけんげんば》　アメリカ

発生年《はっせいねん》　1948年《ねん》

危険度《きけんど》　⚠⚠⚠

証言者談《しょうげんしゃだん》

管制官《かんせいかん》です。当時《とうじ》、あの空域《くういき》にはそのような飛行物体《ひこうぶったい》はいないはずでした。

戦闘機《せんとうき》より速《はや》い!? 謎《なぞ》の多《おお》い光《ひか》る球《たま》

1948年《ねん》10月《がつ》1日夜《たちよる》。アメリカ空軍《くうぐん》のゴーマン少尉《しょうい》は戦闘機《せんとうき》で飛行中《ひこうちゅう》、直径《ちょっけい》20センチくらいの点滅《てんめつ》する光《ひか》る球《たま》を発見《はっけん》。それは戦闘機《せんとうき》でも追《お》いつけないほど速《はや》く、消滅《しょうめつ》、再《さい》出現《しゅつげん》、急上昇《きゅうじょうしょう》とさまざまな動《うご》きを見《み》せた。20分《ぷん》も空中戦《くうちゅうせん》をくり広《ひろ》げたが捕《つか》まえられないので、彼《かれ》は追跡《ついせき》を断念《だんねん》。光《ひか》る球《たま》は消《き》えてはまた現《あらわ》れるなどをくり返《かえ》したため、ただの自《し》然現象《ぜんげんしょう》ではないことは確《たし》かだ。

アメリカ軍《ぐん》がUFOに1430発《ぱつ》の対《たい》空《くう》砲《ほう》火《か》を浴《あ》びせた

L・A《ロサンゼルス》空《くう》襲《しゅう》事《じ》件《けん》

事件《じけん》DATA

事件現場《じけんげんば》	アメリカ ロサンゼルス
発生年《はっせいねん》	1942年《ねん》
危険度《きけんど》	⚠⚠⚠

証言者談《しょうげんしゃだん》

新聞《しんぶん》にも謎《なぞ》の物体《ぶったい》の写真《しゃしん》が載《の》ったけど、あれは明《あき》らかに気球《ききゅう》じゃないよ。

数十機《すうじゅっき》のUFO群《ぐん》

発光《はっこう》しながら時速《じそく》320kmで飛行《ひこう》。その数《かず》は25機《き》と軍《ぐん》は発表《はっぴょう》したが、もっと多《おお》かったという証言《しょうげん》もある。

陸軍《りくぐん》の集中《しゅうちゅう》砲《ほう》火《か》がまったく効《き》かない!?

1942年《ねん》2月《がつ》25日《にち》深夜《しんや》、ロサンゼルス。アメリカ軍《ぐん》が空《そら》に光《ひか》る飛行物体《ひこうぶったい》の大群《たいぐん》を発《はっ》見《けん》した。軍《ぐん》は1430発《ぱつ》もの対空砲火《たいくうほうか》を行《おこな》ったが1機《き》も撃《げき》墜《つい》できなかったという。やがてそれらは西《にし》へ飛《と》び去《さ》っていった。その後《ご》、軍《ぐん》は「観測《かんそく》気球《ききゅう》と見《み》まちがえた」と発《はっ》表《ぴょう》。しかし住民《じゅうみん》の間《あいだ》では「物《ぶっ》体《たい》はジグザグに飛《と》んでいた」などの目撃情報《もくげきじょうほう》も多《おお》く、真相《しんそう》は謎《なぞ》のままだ。

火山口付近《かざんこうふきん》にUFOが何度《なんど》も現《あらわ》れる

ポポカテペトル山《さん》の光《ひか》るUFO

巨大《きょだい》な葉巻型《はまきがた》UFO

映像《えいぞう》を解析《かいせき》した結果《けっか》、UFOは葉巻型《はまきがた》で幅《はば》200m、全長《ぜんちょう》1kmはあろうかという大《おお》きさで光《ひか》っていたという。

事件《じけん》DATA

事件現場《じけんげんば》 メキシコ

発生年《はっせいねん》 2012年《ねん》

危険度《きけんど》 ⚠⚠⚠

証言者談《しょうげんしゃだん》

突然《とつぜん》UFOが現《あらわ》れて、猛《もう》スピードで火山口《かざんこう》に突《つ》っ込《こ》んでいったんだ…。

メキシコの火山《かざん》にUFO基地《きち》がある!?

メキシコにあるポポカテペトル山《さん》はUFO多発地帯《たはつちたい》で知《し》られ、山《やま》の地底《ちてい》にUFOの秘密基地《ひみつきち》があるといううわさがある。2012年《ねん》10月《がつ》25日《にち》に、山《やま》の状況《じょうきょう》を観測《かんそく》するためのモニターカメラに、偶然《ぐうぜん》UFOが映《うつ》った。巨大《きょだい》な葉巻《はまき》型《がた》UFOで、猛《もう》スピードで火《か》山《ざん》の火山口《かざんこう》に吸《す》い込《こ》まれていったのである。この映像《えいぞう》は、瞬《また》く間《ま》に世界中《せかいじゅう》に広《ひろ》がり、大《おお》きな話題《わだい》を呼《よ》んだ。

戦《せん》闘《とう》機《き》につきまとう謎《なぞ》の光《ひか》る飛《ひ》行《こう》物《ぶっ》体《たい》群《ぐん》

フーファイターとの遭《そう》遇《ぐう》

色《いろ》とりどりの発光体《はっこうたい》

赤《あか》、白《しろ》、オレンジ、緑《みどり》など、時《とき》と場合《ばあい》によって色《いろ》は違《ちが》うが、いずれも燃《も》えるようにまぶしく輝《かがや》く火《ひ》の球《たま》のようだったという。

事件《じけん》DATA

事件現場《じけんげんば》	ドイツなど
発生年《はっせいねん》	1944～1945年《ねん》
危険度《きけんど》	

証言者談《しょうげんしゃだん》

俺《おれ》たち、アメリカ陸軍航空隊《りくぐんこうくうたい》の隊《たい》員《いん》が夜間飛行《やかんひこう》をしていると、決《き》まってあの火《ひ》の球《たま》が現《あらわ》れるんだ。それは1か月以上《げついじょう》も続《つづ》いたよ。

▼フーファイターとの遭遇《そうぐう》

△1944年《ねん》。ドイツ上空《じょうくう》を飛《ひ》行中《こうちゅう》の戦闘機《せんとうき》のすぐそばに出現《しゅつげん》したフーファイター。

攻撃《こうげき》する気配《けはい》はない

戦闘機《せんとうき》につきまとい、編隊《へんたい》を組《く》んだり、急上昇《きゅうじょうしょう》や急降《きゅうこう》下《か》、急旋回《きゅうせんかい》などをするが、攻《こう》撃《げき》してくることはなかった。

ドイツ軍《ぐん》の新兵器《しんへいき》？ 謎《なぞ》の光《ひかり》が大戦中《たいせんちゅう》に続出《ぞくしゅつ》！

第《だい》2次《じ》世界大戦中《せかいたいせんちゅう》の1944年《ねん》11月《がつ》23日《にち》、ドイツ上空《じょうくう》を飛行中《ひこうちゅう》のアメリカ軍《ぐん》パイロットは、高速《こうそく》でついてくる丸《まる》い飛行物体《ひこうぶったい》群《ぐん》に遭遇《そうぐう》。赤《あか》や白《しろ》やオレンジに輝《かがや》き、クリスマスツリーのライトのようだったという。謎《なぞ》の飛行物体《ひこうぶったい》はその後《ご》も兵士達《へいしたち》によって世界中《せかいじゅう》で目撃《もくげき》され、「フーファイター」と呼《よ》ばれた。各報道機関《かくほうどうきかん》はこれを「ドイツ軍《ぐん》の新兵器《しんへいき》」、「対空砲火《たいくうほうか》、または『聖《せい》エルモの火《ひ》』という自然現象《しぜんげんしょう》ではないか」などと報《ほう》じた。果《は》たして正体《しょうたい》はそのどちらかなのか、もしくは戦争《せんそう》を見《み》にきた宇宙人《うちゅうじん》の乗《の》り物《もの》なのか…。真相《しんそう》は謎《なぞ》のままだ。

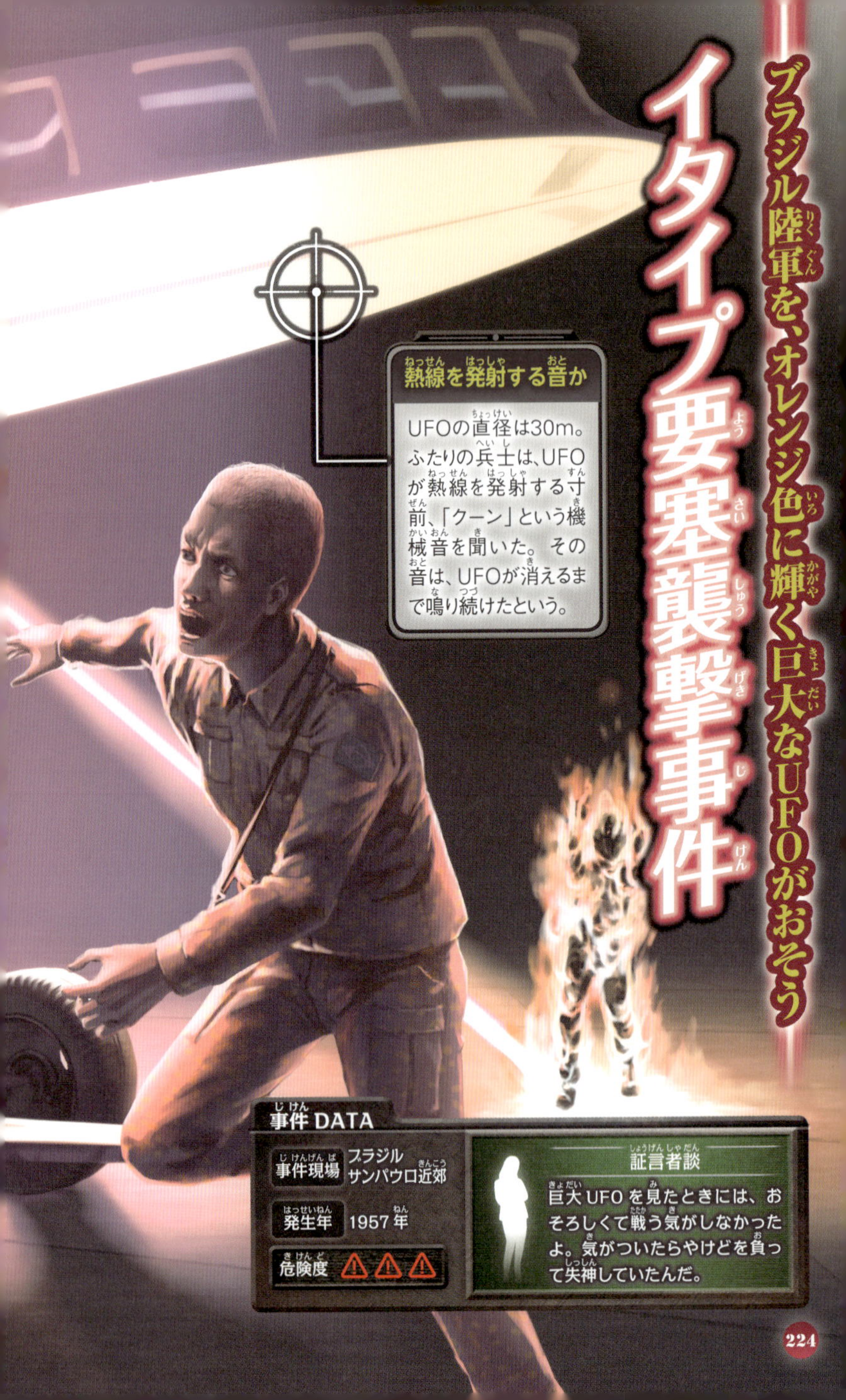

ブラジル陸軍《りくぐん》を、オレンジ色《いろ》に輝《かがや》く巨大《きょだい》なUFOがおそう

イタイプ要《よう》塞《さい》襲《しゅう》撃《げき》事《じ》件《けん》

熱線《ねっせん》を発射《はっしゃ》する音《おと》か

UFOの直径《ちょっけい》は30m。ふたりの兵士《へいし》は、UFOが熱線《ねっせん》を発射《はっしゃ》する寸《すん》前《ぜん》、「クーン」という機《き》械《かい》音《おん》を聞《き》いた。その音《おと》は、UFOが消《き》えるまで鳴《な》り続《つづ》けたという。

事件《じけん》DATA

事件現場《じけんげんば》	ブラジル サンパウロ近郊《きんこう》
発生年《はっせいねん》	1957年《ねん》
危険度《きけんど》	⚠⚠⚠

証言者談《しょうげんしゃだん》

巨大《きょだい》UFOを見《み》たときには、おそろしくて戦《たたか》う気《き》がしなかったよ。気《き》がついたらやけどを負《お》って失神《しっしん》していたんだ。

UFOが放《はな》った熱風《ねっぷう》でふたりの兵士《へいし》が大《おお》やけど！

サンパウロ近《ちか》くの軍事施設《ぐんじしせつ》をUFOがおそった。1957年《ねん》11月《がつ》。ふたりの兵士《へいし》が水平線上《すいへいせんじょう》に光《ひかり》を発見《はっけん》。それはみるみる近《ちか》づいてきて、施設《しせつ》の300メートル上空《じょうくう》に止《と》まると、燃《も》え上《あ》がるようなオレンジ色《いろ》の光《ひかり》を放《はな》った。隊員《たいいん》たちは戦闘配置《せんとうはいち》についたが、なぜか通信装置《つうしんそうち》や大砲《たいほう》などの電気設備《でんきせつび》が動《うご》かない！　そのうち、施設《しせつ》の内部《ないぶ》にも熱風《ねっぷう》が流《なが》れ込《こ》んできた。数分後《すうふんご》、電気設備《でんきせつび》が元《もと》に戻《もど》ると、UFOは上空《じょうくう》に消《き》えた。ふたりの兵士《へいし》は全身《ぜんしん》にやけどを負《お》った姿《すがた》で発見《はっけん》された。これが自然現象《しぜんげんしょう》だとは考《かんが》えにくく、現在《げんざい》もUFOの攻撃《こうげき》と考《かんが》える説《せつ》が有力《ゆうりょく》だ。

直前《ちょくぜん》に起《お》こった同様《どうよう》の事件《じけん》

施設《しせつ》が襲撃《しゅうげき》される2時間《じかん》ほど前《まえ》、ポルト・アレグレ空港《くうこう》を飛《と》び立《た》った民間機《みんかんき》が、光《ひかり》を目撃《もくげき》。近《ちか》づくと、機体内《きたいない》にこげ臭《くさ》いにおいが充満《じゅうまん》し、エンジンから煙《けむり》がふき出《だ》してしまった。

キャトルミューティレーション

体《からだ》の一部《いちぶ》を切《き》り取《と》られた家畜《かちく》たちの無残《むざん》な姿《すがた》

発生時期《はっせいじき》と件数《けんすう》

アメリカで多発《たはつ》。1960年代《ねんだい》の最初《さいしょ》の報告《ほうこく》を皮切《かわき》りに、1979年《ねん》の調査《ちょうさ》によるとコロラド州《しゅう》では8000件《けん》にまで増加《ぞうか》。

事件《じけん》DATA

事件現場《じけんげんば》	アメリカ コロラド州《しゅう》など
発生年《はっせいねん》	1967年《ねん》～
危険度《きけんど》	⚠⚠⚠

証言者談《しょうげんしゃだん》

牛《うし》の死体《したい》の周《まわ》りには６つのギザギザがある直径約《ちょっけいやく》1mの円形《えんけい》の印《しるし》があったんだ。もしかしてUFOがつけたもの？

血を一滴も流さず 肉《にく》を削《そ》がれた家畜《かちく》の謎《なぞ》…

1967年《ねん》9月《がつ》9日《か》、アメリカ・コロラド州《しゅう》の牧場《ぼくじょう》で発見《はっけん》された牛《うし》の死体《したい》は衝撃的《しょうげきてき》だった。血《ち》を1滴《てき》も残《のこ》さず、首《くび》から上《うえ》の皮《かわ》と肉《にく》が削《そ》がれて骨《ほね》だけになっていたのである。あたりには薬品《やくひん》のにおいがただよい、牧場主《ぼくじょうぬし》の妻《つま》が死体《したい》に触《ふ》れると、緑色《みどりいろ》の液体《えきたい》が出《で》てきて手《て》が焼《や》けたという。これが世界《せかい》初《はつ》の「キャトルミューティレーション」の報告《ほうこく》となった。この現象《げんしょう》は、家畜《かちく》の体《からだ》の一《いち》部《ぶ》がメスを使《つか》ったようにキレイに切《き》り取《と》られており、出血《しゅっけつ》が全《まった》くないのが特徴《とくちょう》。周囲《しゅうい》でUFOの目撃情報《もくげきじょうほう》もあることから、おそらく宇宙人《うちゅうじん》による生体実験《せいたいじっけん》だろう。

死体《したい》の状態《じょうたい》

特《とく》に目《め》、耳《みみ》、アゴ肉《にく》、舌《した》、生殖器《せいしょくき》、腸《ちょう》などが持《も》ち去《さ》られていることが多《おお》い。そして共通《きょうつう》するのは出血《しゅっけつ》がないことだ。

◀最初《さいしょ》の被害《ひがい》を受《う》けたコロラド州《しゅう》アラモサの牛《うし》。目《め》をおおうほど無残《むざん》な姿《すがた》になっている。

大検証《だいけんしょう》

キャトルミューティレーションの真相《しんそう》

宇宙人《うちゅうじん》のしわざ？ それとも自然死《しぜんし》？

不可解《ふかかい》な死体《したい》が伝《つた》えることとは!?

1960年代《ねんだい》に突如《とつじょ》として報告《ほうこく》されたキャトルミューティレーション。宇宙人《うちゅうじん》による未知《みち》の攻撃《こうげき》を受《う》けたと言《い》われているが、否定的《ひていてき》な意見《いけん》もある。無残《むざん》に死《し》んでしまった家畜《かちく》たちの死《し》の真相《しんそう》は何《なん》なのか――。ここでは、宇宙人《うちゅうじん》のしわざを否定《ひてい》するおもなふたつの説《せつ》を検証《けんしょう》したい。

可能性《かのうせい》 1 野生生物《やせいせいぶつ》におそわれた？

キャトルミューティレーションは、腹《はら》を空《す》かせたコヨーテなどの野生生物《やせいせいぶつ》によって、家畜《かちく》が食《く》い殺《ころ》されただけのものではないかという説《せつ》がある。事件現場《じけんげんば》は大《だい》自然《しぜん》に近《ちか》い場合《ばあい》が多《おお》く、そこに暮《く》らす危険《きけん》な生物《せいぶつ》による被害《ひがい》をUFOによるものと勘《かん》ちがいする可能性《かのうせい》はあるかもしれない。

検証《けんしょう》 1 傷口《きずぐち》に不審《ふしん》な点《てん》がある

事件《じけん》の一部《いちぶ》は確《たし》かに野生生物《やせいせいぶつ》に食《く》い殺《ころ》された、もしくは家畜《かちく》の死体《したい》を食《く》い荒《あ》らされたものを、勘《かん》ちがいしてしまったという可能性《かのうせい》もありえる。しかし、家畜《かちく》の死体《したい》には、野生《やせい》生物《せいぶつ》が噛《か》んだとは思《おも》えないような鋭利《えいり》な切《き》り口《くち》があったりしたなど、不審《ふしん》な点《てん》も多《おお》く見《み》られている。

可能性《かのうせい》2 単《たん》なる自然死《しぜんし》によるもの?

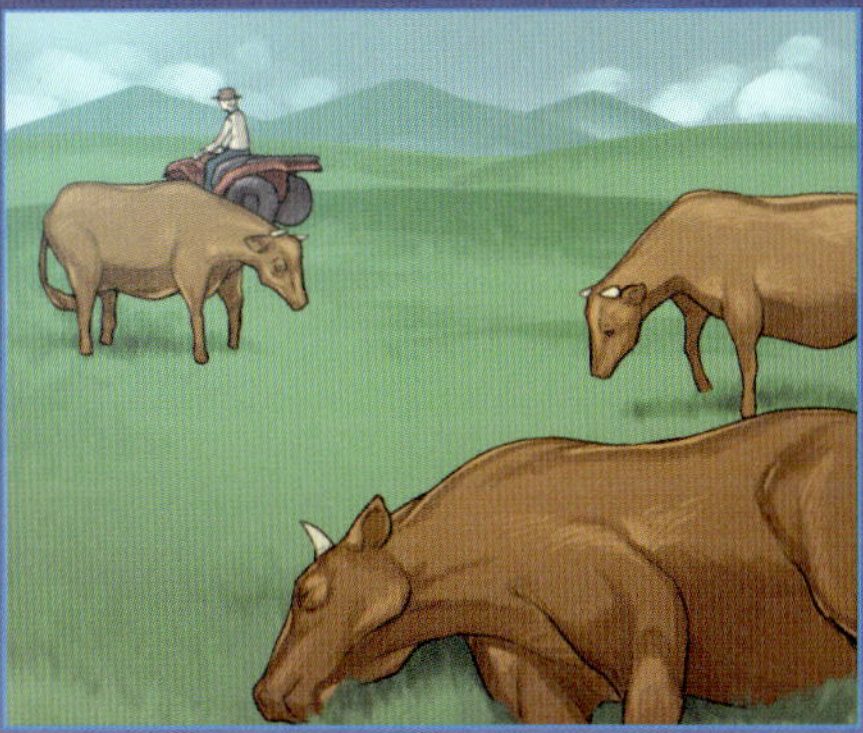

　単《たん》に家畜《かちく》が病気《びょうき》などで死亡《しぼう》し、それに牧場主《ぼくじょうぬし》が気《き》づかずにいたところ、腐敗《ふはい》してしまった死体《したい》を、キャトルミューティレーションと勘《かん》ちがいしているだけだ、という主張《しゅちょう》がある。確《たし》かに広大《こうだい》な牧場《ぼくじょう》などでは、その奥地《おくち》で1匹《ひき》の家畜《かちく》が死《し》んでも、牧場主《ぼくじょうぬし》が気《き》づかないことはありえるだろう。

検証《けんしょう》2 自然死《しぜんし》ではありえない不可解《ふかかい》な点《てん》が多《おお》い！

　家畜《かちく》の死体《したい》は眼球《がんきゅう》や乳房《ちぶさ》、生殖器《せいしょくき》などがが不自然《ふしぜん》になくなっていたり、全身《ぜんしん》の血《ち》が抜《ぬ》かれていたりと、自然死《しぜんし》では説明《せつめい》できないことが多《おお》い。また、100匹《ひき》の家畜《かちく》が同時《どうじ》に死《し》んでいたという報告《ほうこく》もあり、これだけの数《かず》の家畜《かちく》が同時《どうじ》に自然《しぜん》死《し》したとは考《かんが》えにくい。

結論《けつろん》

明《あき》らかに何者《なにもの》かの意図《いと》があるといえる

これまでキャトルミューティレーションとして報告《ほうこく》されたもので、野生牛物《やせいせいぶつ》におそわれたものや、自然死《しぜんし》だったものを勘《かん》ちがいしてしまっただけのケースもあるだろう。しかし、死体《したい》の切《き》り口《くち》の不自然《ふしぜん》さ、全身《ぜんしん》の血《ち》がないなどの証拠《しょうこ》から、明《あき》らかに何者《なにもの》かの意図《いと》が感《かん》じられる。それが宇宙人《うちゅうじん》によるものか、人間《にんげん》によるものか。今後《こんご》も検証《けんしょう》する必要《ひつよう》があるだろう。

UFOの形状《けいじょう》についての研究分析《けんきゅうぶんせき》

UFOといえば、円盤型《えんばんがた》を想像《そうぞう》する人《ひと》が多《おお》いだろう。確《たし》かに昔《むかし》は、そのような形《かたち》のUFOが一般的《いっぱんてき》だった。しかし、近年《きんねん》ではドローンズ(➡P148)のようなかなり複雑《ふくざつ》な形《かたち》をしたUFOの目撃情報《もくげきじょうほう》も相次《あいつ》いでいる。ここでは多様化《たようか》するUFOの特徴《とくちょう》を、形状別《けいじょうべつ》に分類《ぶんるい》していく。

ドーム・お皿型《さらがた》

目撃情報《もくげきじょうほう》がもっとも多《おお》く、UFO の基本《きほん》とも言《い》えるのがこれらのタイプだ。その名《な》が示《しめ》すように、ドーム状《じょう》の天井《てんじょう》に円形《えんけい》の窓《まど》がついたのがドーム型《がた》。皿《さら》にそっくりなのが、お皿型《さらがた》である。

ドーム型《がた》
昔《むかし》からある
定番《ていばん》タイプ
アダムスキー(➡P104)が目撃《もくげき》したことで有名《ゆうめい》に。UFOといえばドーム型《がた》を思《おも》い浮《う》かべる人《ひと》がほとんど。

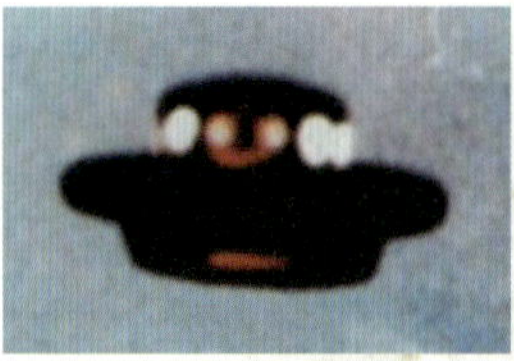
▲ドーム部分《ぶぶん》にライトや窓《まど》がついている場合《ばあい》もある。

▲2004年《ねん》フィンランドに出現《しゅつげん》した。これはうすいタイプのお皿型《さらがた》。

お皿型《さらがた》
丸《まる》みを帯《お》びた
フォルムが特徴《とくちょう》
ドーム型《がた》の次《つぎ》に目撃情報《もくげきじょうほう》が多《おお》いタイプ。かなりうすく、平《ひら》べったいタイプも存在《そんざい》する。

葉《は》巻《まき》型《がた》

葉巻型《はまきがた》UFOはほかのUFOに比《くら》べて巨大《きょだい》なものが多《おお》い。そのため、中《なか》に小《ちい》さいUFOが収納《しゅうのう》されているのではないか、という研究結果《けんきゅうけっか》も発表《はっぴょう》されている。

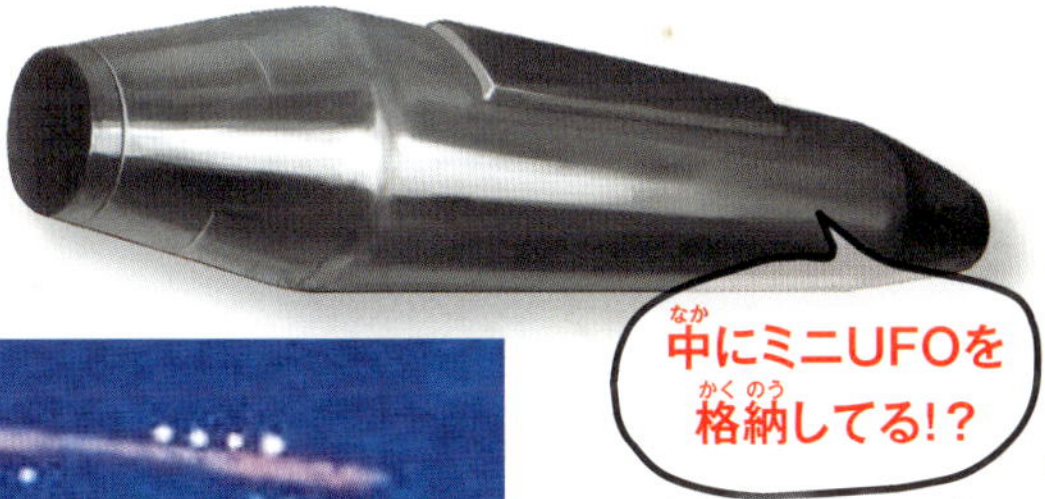
中《なか》にミニUFOを
格納《かくのう》してる!?

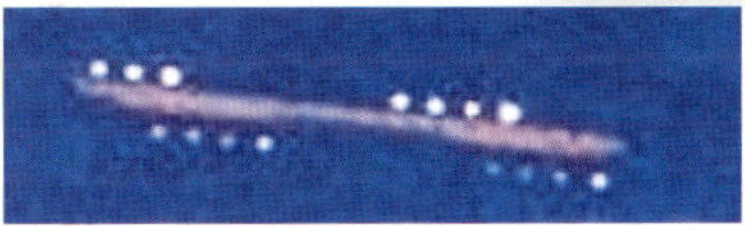

△2005年《ねん》にアメリカで撮《と》られた写真《しゃしん》。窓《まど》のようなものが機体《きたい》についていた。

横《よこ》に長《なが》く葉巻《はまき》に似《に》た形《かたち》をしている。窓《まど》のようなものがついていたりすることもある。

光《ひかり》型《がた》

強《つよ》い光《ひかり》を放《はな》ちながら出現《しゅつげん》する光型《ひかりがた》。１機《き》だけでなく、ブーメラン状《じょう》や十字架状《じゅうじかじょう》など、複雑《ふくざつ》な編隊飛行《へんたいひこう》するのも特徴《とくちょう》だ。赤《あか》・緑《みどり》・青《あお》など、光《ひか》る色《いろ》を変《か》える様子《ようす》も目撃《もくげき》されている。

強《つよ》い光《ひかり》を放《はな》つ
発行体《はっこうたい》!

丸《まる》い形《かたち》だったり、立体的《りったいてき》な形《かたち》だったりさまざまな形状《けいじょう》で出現《しゅつげん》。出現方法《しゅつげんほうほう》も多様《たよう》だ。

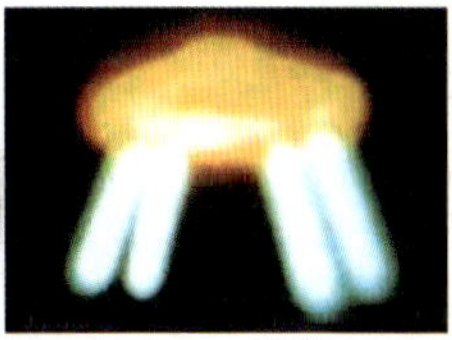

△フランスで目撃《もくげき》された。光《ひかり》はプラズマではないかと推測《すいそく》されている。

三角型《さんかくがた》

近年《きんねん》、目撃情報《もくげきじょうほう》が多《おお》いのが三角型《さんかくがた》の形状《けいじょう》のUFO。アメリカ空軍《くうぐん》のステルス偵察機《ていさつき》に似《に》ているため、UFOではなく軍《ぐん》が開発《かいはつ》した秘密兵器《ひみつへいき》ではないかという説《せつ》もあるが、真相《しんそう》は明《あき》らかにされていない。

アメリカ軍《ぐん》の
秘密兵器《ひみつへいき》!?

二等辺三角形《にとうへんさんかくけい》や、正三角形《せいさんかくけい》など形状《けいじょう》は複数《ふくすう》ある。底部《ていぶ》にライトがある場合《ばあい》が多《おお》い。

▲イギリス・スコットランドで2002年《ねん》に目撃《もくげき》された三角型《さんかくがた》UFO。

ブーメラン型《がた》

ブーメラン型《がた》UFOは世界各地《せかいかくち》で目撃《もくげき》されていて、その目撃数《もくげきすう》は、ドーム型《がた》UFOと並《なら》ぶほど。目撃証言《もくげきしょうげん》によれば、世界《せかい》で初《はじ》めて目撃《もくげき》されたUFOはブーメラン型《がた》だった。ゆっくりと飛《と》ぶ機体《きたい》が多《おお》いという。

アメリカに
特《とく》に多《おお》い!

三日月《みかづき》のような形《かたち》をしていて、表面《ひょうめん》には丸《まる》い窓《まど》のようなものがついている。音《おと》もなく飛《と》ぶものが多《おお》い。

▲2008年《ねん》トルコに出現《しゅつげん》した。正面《しょうめん》にコックピットらしきものがある。

異形《いぎょう》

近年《きんねん》、これまでの常識《じょうしき》では考《かんが》えられないような驚《おどろ》くべき姿《すがた》をしたUFOが数多《かずおお》く目撃《もくげき》されるようになった。宇宙人《うちゅうじん》の科学《かがく》は、地球人《ちきゅうじん》の想像以《そうぞうい》上《じょう》に進化《しんか》しているのかもしれない。

ドローン型《がた》

まるで
精密機械《せいみつきかい》！

かなり複雑《ふくざつ》な構造《こうぞう》をしているが、その目的《もくてき》は不明《ふめい》。また、ドローンズは無人《むじん》で飛行《ひこう》している。

△2007年《ねん》、カリフォルニア州《しゅう》に出現《しゅつげん》した。音《おと》も立《た》てず静《しず》かに飛行《ひこう》していたという。

ピラミッド型《がた》

窓《まど》も入《い》り口《ぐち》
もない!?

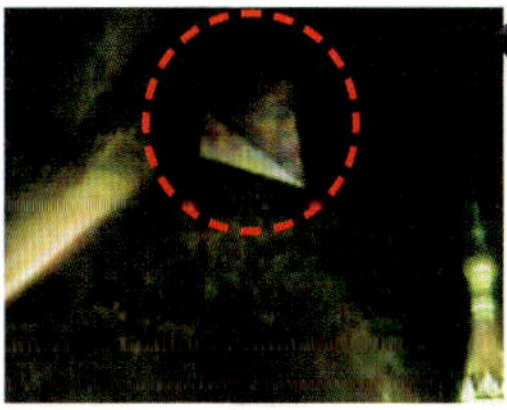

△2011年《ねん》、ロシアで目撃《もくげき》されたピラミッド型《がた》UFO。

世界各地《せかいかくち》で目撃証言《もくげきしょうげん》が相次《あいつ》いでいる。その名《な》のとおり、ピラミッドのような立《りっ》体的《たいてき》な構造《こうぞう》をしている。

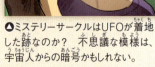

号《ごう》外《がい》

宇宙人《うちゅうじん》の痕跡《こんせき》!!

△ミステリーサークルはUFOが着地《ちゃくち》した跡《あと》なのか？　不思議《ふしぎ》な模様《もよう》は、宇宙人《うちゅうじん》からの暗号《あんごう》かもしれない。

宇宙人《うちゅうじん》ははるか昔《むかし》から存在《そんざい》していた!?

ミステリーサークルと古代《こだい》遺跡《いせき》の謎《なぞ》に迫《せま》る！

宇宙人《うちゅうじん》とのつながりは太古《たいこ》から続《つづ》いている！

我々《われわれ》は、何千年《なんぜんねん》ものはるか昔《むかし》から、宇宙人《うちゅうじん》が地球《ちきゅう》に降《お》り立《た》っていたという、動《うご》かぬ証拠《しょうこ》を手《て》に入《い》れた！　そのひとつが、イギリスなど世界中《せかいじゅう》の畑《はたけ》に突然《とつぜん》現《あらわ》れる謎《なぞ》の現象《げんしょう》、ミステリーサークルだ。中《なか》に

古《こ》代《だい》遺《い》跡《せき》に宇《う》宙《ちゅう》人《じん》!!

△高度《こうど》な技術《ぎじゅつ》を人々《ひとびと》に授《さず》けるため、宇宙人《うちゅうじん》は古《こ》代《だい》に現《あらわ》れたのだろうか。

はイタズラで作《つく》られたものもあるが、人間《にんげん》がひと晩《ばん》で完成《かんせい》させるのは不可能《ふかのう》な、複雑《ふくざつ》な形《かたち》をしたものも多《おお》く発見《はっけん》されており、宇宙人《うちゅうじん》が何《なん》らかのメッセージを残《のこ》したと考《かんが》えるのが自然《しぜん》だろう。

さらに、古代遺跡《こだいいせき》の中《なか》にもUFO・宇宙人《うちゅうじん》の存在《そんざい》を示《しめ》すものが数《かず》多《おお》く見《み》つかった。ナスカの地上《ちじょう》絵《え》、古代《こだい》エジプトの壁画《へきが》、ロケット形《がた》の彫刻《ちょうこく》、宇宙人《うちゅうじん》をモチーフに作《つく》られたような奇妙《きみょう》な像《ぞう》――。人《じん》類《るい》はたびたび宇宙人《うちゅうじん》におそわれていたのか、それとも宇宙人《うちゅうじん》を神《かみ》として崇《あが》めていたのだろうか。

古代《こだい》から続《つづ》く宇宙人《うちゅうじん》とのつながりを、例《れい》を挙《あ》げて検証《けんしょう》していこう。

謎《なぞ》が謎《なぞ》を呼《よ》ぶミステリーサークル

発生《はっせい》の原因《げんいん》はいまだ謎《なぞ》 ミステリーサークルとは？

誰《だれ》が何《なん》のために作《つく》っている？

畑《はたけ》などに突如《とつじょ》として出現《しゅつげん》する円《えん》（サークル）状《じょう》の模様《もよう》を、ミステリーサークルと呼《よ》ぶ。1970年代《ねんだい》からイギリスを中心《ちゅうしん》に世界中《せかいじゅう》で報告《ほうこく》されているが、ミステリーサークルはそれ以前《いぜん》から出現《しゅつげん》していた。1678年《ねん》にイギリス東部《とうぶ》のハートフォードシャーで発見《はっけん》されたものが、記録《きろく》ではもっとも古《ふる》い。

円形《えんけい》が多《おお》いが、円以外《えんいがい》の形《かたち》がいくつも配置《はいち》された複雑《ふくざつ》なタイプなどもある。また、ミステリーサークルが作《つく》られる原因《げんいん》にもいくつかの説《せつ》があり、その謎《なぞ》はいまだ解明《かいめい》されていない。

ミステリーサークルはどうやってできるのか？

1 UFOのしわざ

作物《さくもつ》が不自然《ふしぜん》に折《お》れ曲《ま》がっていることなどから、UFOの着陸《ちゃくりく》あとといわれることが多《おお》い。

2 人間《にんげん》のイタズラ

1991年《ねん》にふたりのイギリス人《じん》が製作《せいさく》したと告白《こくはく》。かんたんな道具《どうぐ》で作《つく》れたと主張《しゅちょう》する。

3 プラズマ現象《げんしょう》

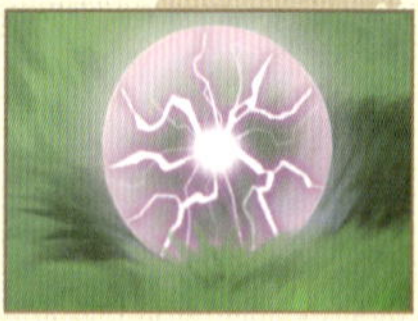

科学的《かがくてき》に作《つく》り出《だ》したプラズマを浴《あ》びせると、瞬時《しゅんじ》に複雑《ふくざつ》な模様《もよう》ができあがる。

最《もっと》も多《おお》い円形《えんけい》タイプ 人間《にんげん》のしわざか？ それとも…

現場《げんば》ではＵＦＯの目撃情報《もくげきじょうほう》も

　ミステリーサークルは、円形《えんけい》タイプと幾何学《きかがく》（円形《えんけい》・三角形《さんかくけい》を組《く》み合《あ》わせた模様《もよう》）タイプの２種類《しゅるい》に分《わ》けられる。１９７０年前後《ねんぜんご》に発見《はっけん》されたものは単純《たんじゅん》な円形《えんけい》が多《おお》く、１９６６年《ねん》にオーストラリア・クイーンズランドで発見《はっけん》されたものが代表的《だいひょうてき》だ（⬇写真《しゃしん》）。その後《あと》も円形《えんけい》タイプのミステリーサークルはたびたび出現《しゅつげん》している。

　これまで発見《はっけん》されたミステリーサークルの中《なか》には、イタズラによるものもある。しかし、倒《たお》れている作物《さくもつ》を調《しら》べたところ、茎《くき》が折《お》れずに不自然《ふしぜん》に曲《ま》がっているものや、根《ね》が活性化《かっせいか》されて大《おお》きく成長《せいちょう》しているものもあった。さらに、ミステリーサークル上空《じょうくう》で、ＵＦＯを目撃《もくげき》したという証言《しょうげん》も多《おお》く得《え》られている。

　これらの事実《じじつ》からも、ミステリーサークルには宇宙人《うちゅうじん》が関《かか》わっていると言えるだろう。

オーストラリア・クイーンズランド

湿地帯《しっちたい》に出現《しゅつげん》した円形《えんけい》タイプは、葦《あし》が時計回《とけいまわ》りに倒《たお》されていたという。

宇宙人《うちゅうじん》からのメッセージ？謎多《なぞおお》き幾何学《きかがく》タイプ

人間《にんげん》が作《つく》るのは不可能《ふかのう》

1980年《ねん》以降《いこう》、線《せん》や円《えん》を組《く》み合《あ》わせて描《えが》かれた幾何学模様《きかがくもよう》や、宇宙人《うちゅうじん》グレイの顔《かお》を思《おも》わせるものなど、単純《たんじゅん》な円《えん》だけではない複雑化《ふくざつか》したミステリーサークルが多《おお》く発見《はっけん》されている。

たとえば、2014年《ねん》にイギリス南西部《なんせいぶ》のドーセットシャーに出現《しゅつげん》したのは、均等《きんとう》に並《なら》んだ大小《だいしょう》15の円《えん》を複数《ふくすう》の線《せん》でつないだ幾何学《きかがく》タイプだった。ミステリーサークルの多《おお》くはイタズラだと主張《しゅちょう》する人《ひと》もいるが、果《は》たしてこれほどまでに細《こま》かくて巨大《きょだい》な模様《もよう》を、人間《にんげん》が一晩《ひとばん》で完成《かんせい》させることはできるだろうか。ミステリーサークルを自作《じさく》したことのあるマシュー・ウィリアムズ氏《し》は、自《みずか》らの経《けい》験《けん》を踏《ふ》まえて、これは宇宙人《うちゅうじん》の仕業《しわざ》だと主張《しゅちょう》している。

幾何学模様《きかがくもよう》に込《こ》められた宇宙人《うちゅうじん》のメッセージとは、一体何《いったいなん》なのか。我々《われわれ》は引《ひ》き続《つづ》き情報《じょうほう》を追《お》っていく。

▼イギリス・ウィルトシャーで2011年《ねん》に見《み》つかった、全長《ぜんちょう》180mのサークル。

古代遺跡《こだいいせき》と宇宙人《うちゅうじん》のミステリー

古代《こだい》の宇宙人《うちゅうじん》が遺跡《いせき》から発掘《はっくつ》!?

宇宙人《うちゅうじん》は、はるか昔《むかし》から地球《ちきゅう》に来《き》ていた——。こんな説《せつ》を裏《うら》づける証拠《しょうこ》が、世界各地《せかいかくち》で見《み》つかっている。古代遺跡《こだいいせき》から発掘《はっくつ》された像《ぞう》のことだ。どう見《み》ても宇宙人《うちゅうじん》としか思《おも》えない像《ぞう》は、古代《こだい》の人類《じんるい》と宇宙人《うちゅうじん》が接触《せっしょく》していた証拠《しょうこ》。そして、日本《にほん》にもそんな像《ぞう》がある。青森県《あおもりけん》にある亀《かめ》ヶ《が》岡《おか》遺跡《いせき》で発掘《はっくつ》された、縄文時代《じょうもんじだい》の土偶《どぐう》。これは「遮光器土偶《しゃこうきどぐう》」（⬇写真左《しゃしんひだり》）と呼《よ》ばれ、ヘルメットやゴーグルなどは、まるで宇宙服《うちゅうふく》のようだ。

宇宙人《うちゅうじん》は、昔《むかし》から地球《ちきゅう》に来《き》ていたのか。さらなる調査《ちょうさ》が待《ま》たれる。

宇宙人《うちゅうじん》にも見《み》える像《ぞう》の数々《かずかず》

△亀ヶ岡《かめがおか》遺跡《いせき》の土偶《どぐう》。現代《げんだい》でも復元困難《ふくげんこんなん》な技術《ぎじゅつ》が使《つか》われているという。

◀エクアドルの「気密服《きみつふく》を着《き》た謎《なぞ》の神《かみ》」という土偶《どぐう》。

△宇宙服《うちゅうふく》のようなコロンビアの「黄金製《おうごんせい》の像《ぞう》」。

▶1936年《ねん》に発見《はっけん》された「ナスカの地上絵《ちじょうえ》」。ハチドリを描《えが》いたものが有名《ゆうめい》だ。

宇宙人《うちゅうじん》と交信《こうしん》!? 巨大《きょだい》すぎる地上絵《ちじょうえ》

次《つぎ》に我々《われわれ》は、南米《なんべい》ペルーの「ナスカの地上絵《ちじょうえ》」にも、宇宙人《うちゅうじん》が関《かか》わっていたという情報《じょうほう》をキャッチした。平原《へいげん》に描《えが》かれた、いくつもの巨大《きょだい》な図形《ずけい》。その中《なか》には数十《すうじゅっ》キロにも及《およ》ぶものもあるという。さらに、約《やく》2500年前《ねんまえ》に描《えが》かれたにもかかわらず、上空《じょうくう》300メートル以上《いじょう》から見《み》ないと全体像《ぜんたいぞう》がわからない。

これほどまでに巨大《きょだい》な地上絵《ちじょうえ》を、どのような技術《ぎじゅつ》を使《つか》い、何《なん》の目的《もくてき》で描《えが》いたのかは、いまだ謎《なぞ》のままだ。一説《いっせつ》には、宇宙人《うちゅうじん》が地球《ちきゅう》に降《お》り立《た》つための標識《ひょうしき》だったとも言《い》われている。

巨大過《きょだいす》ぎる地上絵《ちじょうえ》

◀まっすぐに伸《の》びた地上絵《ちじょうえ》は、宇宙船《うちゅうせん》の滑走路《かっそうろ》かもしれない。

▼ナスカから北西《ほくせい》170kmの地点《ちてん》には、「三叉《さんさ》の大《だい》燭台《しょくだい》」が描《えが》かれている。

ロケット技術《ぎじゅつ》は古代《こだい》から存在《そんざい》した!?

ロケット技術《ぎじゅつ》もはるか昔《むかし》から存在《そんざい》していたらしい。その証拠《しょうこ》となるのが、熊本県宇城市《くまもとけんうきし》の桂原古墳《かつらばらこふん》で見《み》つかった石板《せきばん》だ。そこには、葉巻型《はまきがた》ＵＦＯのようにも見《み》える、ロケットのようなものが描《えが》かれていたのだ。

この石板《せきばん》は、約《やく》３０００年以上《ねんいじょう》も前《まえ》に作《つく》られたもの。当時《とうじ》にロケットが存在《そんざい》しなかったのは明《あき》らかで、宇宙人《うちゅうじん》が乗《の》っていたＵＦＯを描《えが》いたと考《かんが》えられる。現在《げんざい》この石板《せきばん》は行方不明《ゆくえふめい》のため、謎《なぞ》は解明《かいめい》できないままだ。

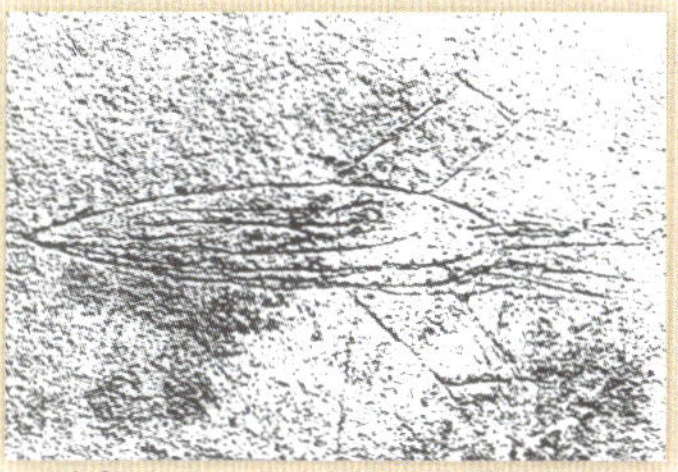

△石板《せきばん》はUFO研究団体《けんきゅうだんたい》「CBA《シービーエー》」により発見《はっけん》された。

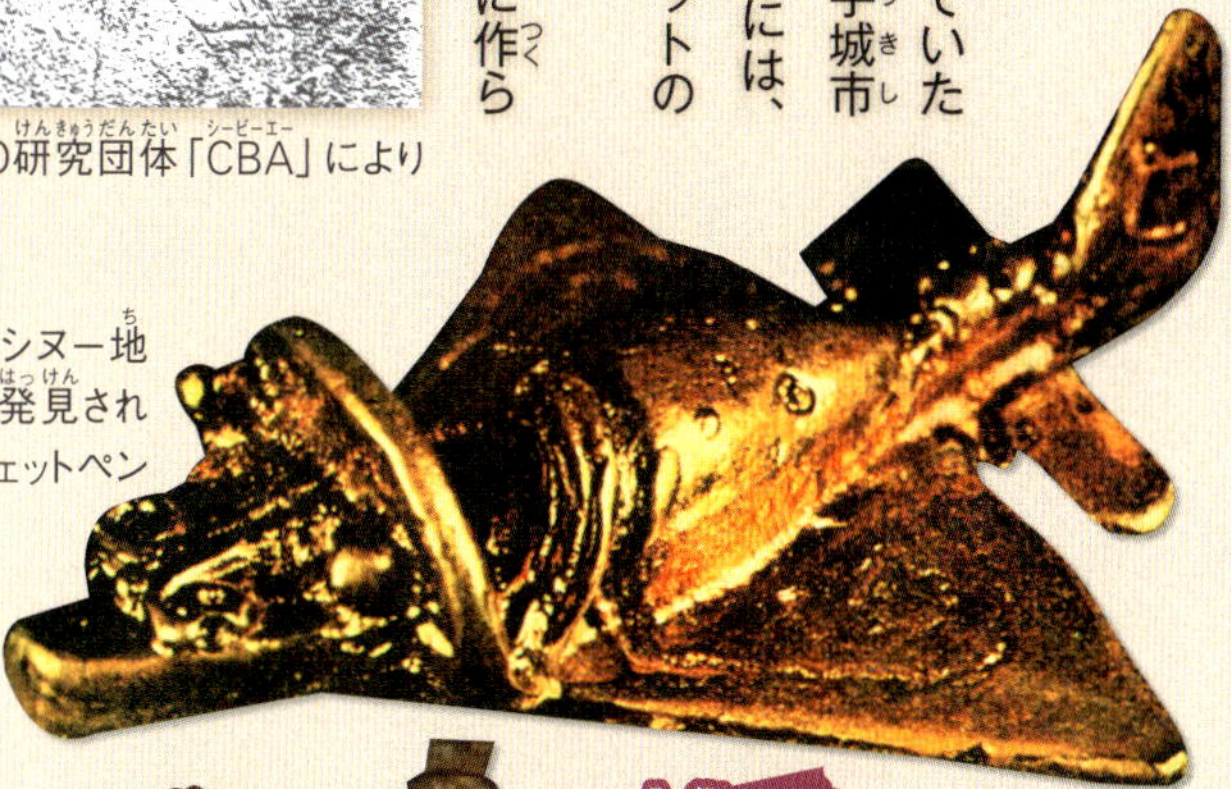

▷コロンビア・シヌー地方《ちほう》の遺跡《いせき》から発見《はっけん》された、黄金《おうごん》のジェットペンダント。

古代《こだい》のロケットか？

▽エジプトのセティ1世《せい》の葬祭《そうさい》神殿《しんでん》の壁画《へきが》には、飛行機《ひこうき》らしきものが描《えが》かれている。

△メキシコのオルメカ文明時代《ぶんめいじだい》に作《つく》られた、小型飛行艇《こがたひこうてい》の形《かたち》で作《つく》られた笛《ふえ》。

壁《かべ》に書《か》き残《のこ》されたＵＦＯと宇宙人《うちゅうじん》!?

古代《こだい》の人々《ひとびと》が宇宙人《うちゅうじん》やＵＦＯの存在《そんざい》を後世《こうせい》に伝《つた》えようとしたのであろうか、世界各地《せかいかくち》に残《のこ》された壁画《へきが》には、さまざまな宇宙人《うちゅうじん》やＵＦＯの姿《すがた》が描《えが》かれている。その代表的《だいひょうてき》なものが、北《きた》アフリカのサハラ砂漠《さばく》にあるタッシリ・ナジェールに残《のこ》された、おびただしい数《かず》の岩絵《いわえ》や壁画《へきが》だ。新石器時代初期《しんせっきじだいしょき》から数千年《すうせんねん》という長《なが》い間《あいだ》に描《えが》かれたものの中《なか》には、まるで宇宙空間《うちゅうくうかん》を浮遊《ふゆう》する宇宙人《うちゅうじん》のような絵《え》も存在《そんざい》する。

古代人《こだいじん》が記録《きろく》したUFO&宇宙人《うちゅうじん》

▲数千年前《すうせんねんまえ》に描《えが》かれた、ナジェールの壁画《へきが》。宇宙人《うちゅうじん》の姿《すがた》か？

検証《けんしょう》 ミステリーサークルや古代遺跡《こだいいせき》から宇宙人《うちゅうじん》は昔《むかし》から地球《ちきゅう》に来《き》ていたとわかる

世界各地《せかいかくち》に残《のこ》された不可思議《ふかしぎ》な現象《げんしょう》や遺跡《いせき》を検証《けんしょう》した結果《けっか》、人間《にんげん》の力《ちから》では到底《とうてい》作れないものや、何《なん》らかの形《かたち》でUFO・宇宙人《うちゅうじん》を指《さ》し示《しめ》しているものが発見《はっけん》された。UFO・宇宙人《うちゅうじん》は、我々《われわれ》が生《う》まれるはるか昔《むかし》から、地球《ちきゅう》と深《ふか》いつながりがあったのだ。

▶古代《こだい》エジプトのファラオの壁画《へきが》。その手《て》の先《さき》には、光《ひかり》を放《はな》つUFOが！

PART 4

日本《にほん》のUFO・宇宙《うちゅう》人《じん》事件《じけん》

実《じつ》は日本《にほん》でもUFOとの接近事件《せっきんじけん》が数多《かずおお》く報告《ほうこく》されており、死亡事故《しぼうじこ》まで起《お》こっている。また、平安時《へいあんじ》代《だい》にUFOが飛来《ひらい》していたという逸話《いつわ》もある。宇宙《うちゅう》人《じん》にとって、日本《にほん》は重要《じゅうよう》な国《くに》なのかもしれない。

UFOつかまえた!?
介《け》良《ら》事《じ》件《けん》

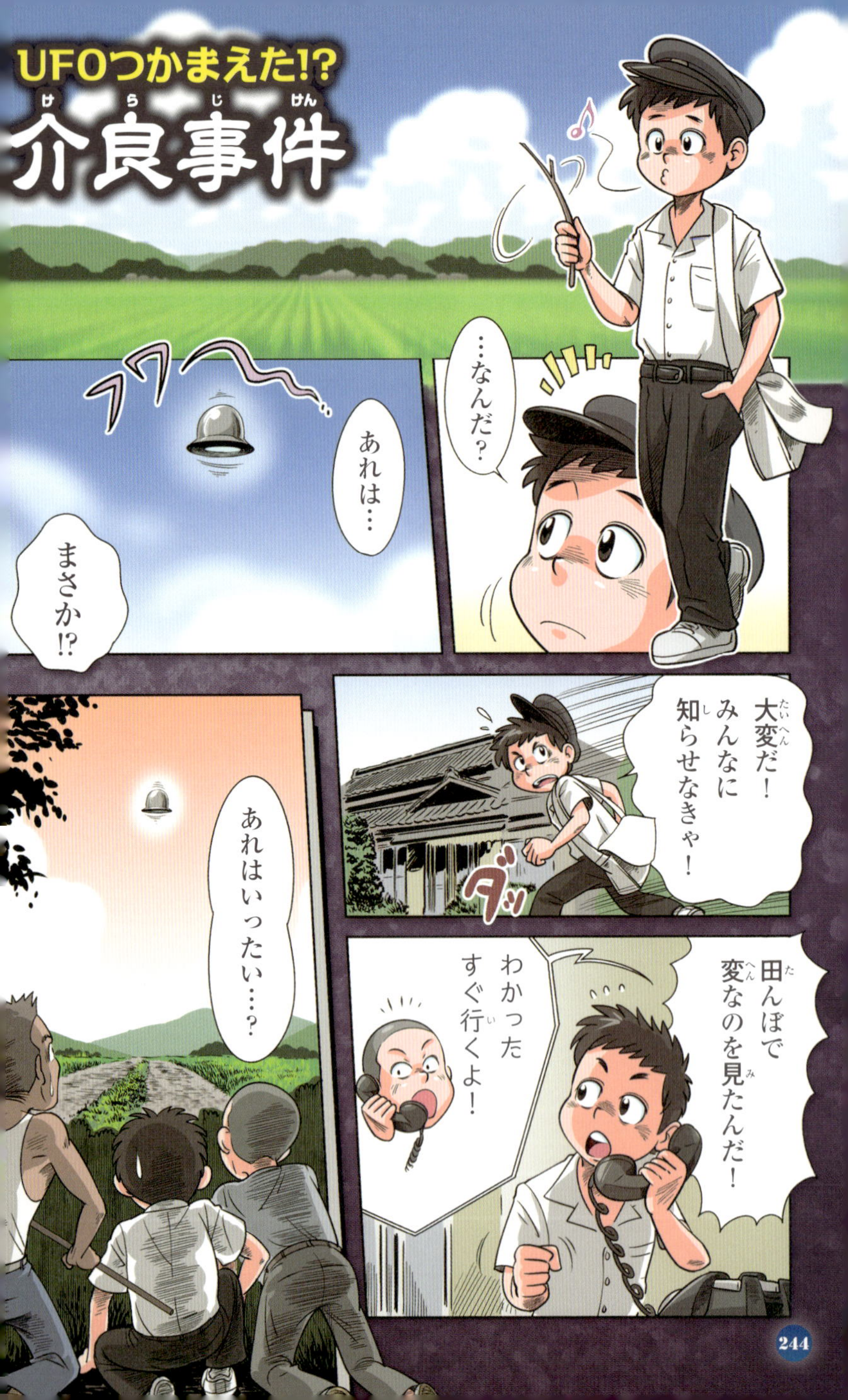

…もしかしてUFO?
もしかしなくてもUFOだろ
やっぱりそうだよね…
意外《いがい》に小《ちい》さいんだなぁ…
スー……
あっ
お 降《お》りてきた…
よようし
つかまえてやろうぜ!
おう!
ヴォンッ
!?
カッ
わっ

こ 攻撃《こうげき》してきた!?
うわあああ…
逃《に》げろ〜!
翌週《よくしゅう》——
こないだのUFO…なんだったんだろう…
ん…
あれは!
今日《きょう》は光《ひか》ってないな…
よーし…
そろ〜り
やった!!
バッ
サッ
UFOつかまえた!!
明日《あした》学校《がっこう》でみんなに見《み》せよう!!

翌日《よくじつ》の朝《あさ》
あれぇ!?

いない!!

いない!!

!?

お母《かあ》さん ボクの UFO 知《し》らない?

もう寝《ね》ぼけてないで 早《はや》くご飯《はん》食《た》べて 学校《がっこう》行《い》きなさい!!

そんな… 確《たし》かにつかまえたのに…

こちら 先日地球人《せんじつちきゅうじん》に 捕獲《ほかく》されたが無事脱出《ぶじだっしゅつ》に成功《せいこう》
引《ひ》き続《つづ》き、地球《ちきゅう》を するために調査任務《ちょうさにんむ》を…

その後《あと》もUFOは たびたび田《た》んぼ 付近《ふきん》で発見《はっけん》されて 少年《しょうねん》たちに つかまえられた しかしその度《たび》に こつ然《ぜん》と姿《すがた》を 消《け》してしまったのだ という——

介《げ》良《ら》事《じ》件《けん》

捕《つか》まえてもすぐに消《き》える…少《しょう》年《ねん》とUFOの捕《ほ》獲《かく》&逃《とう》走《そう》劇《げき》

△少年《しょうねん》たちが撮影《さつえい》した唯一《ゆいいつ》の写《しゃ》真《しん》。田《た》んぼの上《うえ》に小《ちい》さく光《ひか》る物《ぶっ》体《たい》が見《み》える。

事件《じけん》DATA

事件現場《じけんげんば》	高知県《こうちけん》 介良地区《けらちく》
発生年《はっせいねん》	1972年《ねん》
危険度《きけんど》	

証言者談《しょうげんしゃだん》

UFOが逃《に》げないように座布団《ざぶとん》をかぶせても、リュックに入《い》れても、針金《はりがね》で巻《ま》いて袋《ふくろ》に入《い》れても、いつの間《ま》にか消《き》えていたんだよ。

少年《しょうねん》たちが小型《こがた》ＵＦＯを家《いえ》に持《も》ち帰《かえ》った⁉

1972年《ねん》8月《がつ》、高知市介良地区《こうちしけらちく》。4人《にん》の男子中学生《だんしちゅうがくせい》が、田《た》んぼの上《うえ》を飛《と》ぶ小型《こがた》ＵＦＯを数日間《すうじつかん》で3回《かい》も目撃《もくげき》。近寄《ちかよ》ると光《ひか》ったので、いずれも怖《こわ》くて逃《に》げてしまった。

9月《がつ》6日《か》、少年《しょうねん》たちはついにＵＦＯを捕獲《ほかく》して家《いえ》に持《も》ち帰《かえ》ることに成功《せいこう》。だがそれは突然《とつぜん》消《き》え、また田《た》んぼに戻《もど》っていたという。

9月《がつ》29日《にち》、少年《しょうねん》たちは再《ふたた》び捕獲《ほかく》したＵＦＯを針金《はりがね》でぐるぐる巻《ま》いてビニール袋《ぶくろ》に入《い》れ、自転車《じてんしゃ》で運《はこ》んだ。すると見《み》えない力《ちから》に引《ひ》っ張《ぱ》られて転倒《てんとう》、ＵＦＯはまた消滅《しょうめつ》。これが最後《さいご》の目撃《もくげき》だった。少年《しょうねん》たちが撮《と》ったＵＦＯの写真《しゃしん》が、ウソではないという証拠《しょうこ》だ。

UFOの形状《けいじょう》

銀色《ぎんいろ》で高《たか》さ7cm、つばの直径《ちょっけい》は18.2cm、重《おも》さ1.3kg。底部《ていぶ》には波《なみ》のような不思議《ふしぎ》な模様《もよう》がある。

少年《しょうねん》たちによる実験《じっけん》

底《そこ》には小《ちい》さな穴《あな》があり、のぞくと機械部品《きかいぶひん》が見《み》えた。少年《しょうねん》たちがUFOにやかん2杯分《はいぶん》の水《みず》を入《い》れても溢《あふ》れることはなく、ジージーと音《おと》がしたという。

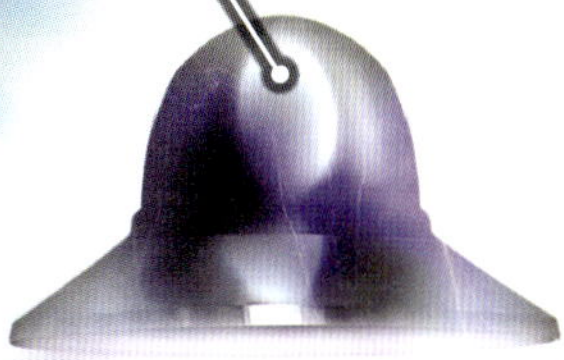

大検証《だいけんしょう》

介良《けら》事件《じけん》で少年《しょうねん》たちが見《み》たものは？

無人《むじん》の偵察機《ていさつき》？ それとも少年《しょうねん》たちの見《み》まちがえ？

少年《しょうねん》たちの証言《しょうげん》は信用《しんよう》できるのか？

少年《しょうねん》たちが何度《なんど》も光《ひか》る物体《ぶったい》を目撃《もくげき》し、捕獲《ほかく》に一時《いちじ》は成功《せいこう》した介良《けら》事件《じけん》。この事件《じけん》はすぐさま全国《ぜんこく》に広《ひろ》がり、テレビや週刊誌《しゅうかんし》で大々的《だいだいてき》に取《と》り上《あ》げられた。しかし、目撃《もくげき》者《しゃ》が少年《しょうねん》のみということやＵＦＯがあまりに小《ちい》さすぎることから、さまざまな疑問《ぎもん》や否定《ひてい》が投《な》げかけられている。ここではおもにふたつの説《せつ》を検証《けんしょう》する。

可能性《かのうせい》1 ただのラジコン？

UFOは高《たか》さ約《やく》7cm×幅《はば》18.2cmと、かなり小《ちい》さめで宇宙人《うちゅうじん》が乗《の》っていたとは考《かんが》えにくい。ここで考《かんが》えられるのが、UFOは誰《だれ》かが操作《そうさ》するラジコンだったのではないか？　という説《せつ》だ。誰《だれ》かが少年《しょうねん》たちを驚《おどろ》かすために、UFOに似《に》せたラジコンでイタズラをしていたのかもしれない。

▲子《こ》どもたちには細工《さいく》されたラジコンがUFOに見《み》えた可能性《かのうせい》がある。

検証《けんしょう》1 少年《しょうねん》たちの証言《しょうげん》が正《ただ》しければラジコン説《せつ》はありえない

少年《しょうねん》たちが目撃《もくげき》したというUFOの大《おお》きさを考《かんが》えると、ラジコンという説《せつ》も納得《なっとく》できる。しかし、少年《しょうねん》たちはUFOを捕獲《ほかく》し、突然《とつぜん》消《き》えてしまったと証言《しょうげん》している。もし、ラジコンであれば、そのようになるはずがない。この事実《じじつ》だけでも、ラジコン見《み》まちがえ説《せつ》は可能性《かのうせい》が低《ひく》いと考《かんが》えられるだろう。

可能性《かのうせい》2 煙草盆《たばこぼん》と見《み》まちがえた?

△江戸時代《えどじだい》から作《つく》られている煙草盆《たばこぼん》。右半分《みぎはんぶん》が灰受《はいう》け部分《ぶぶん》になっている。

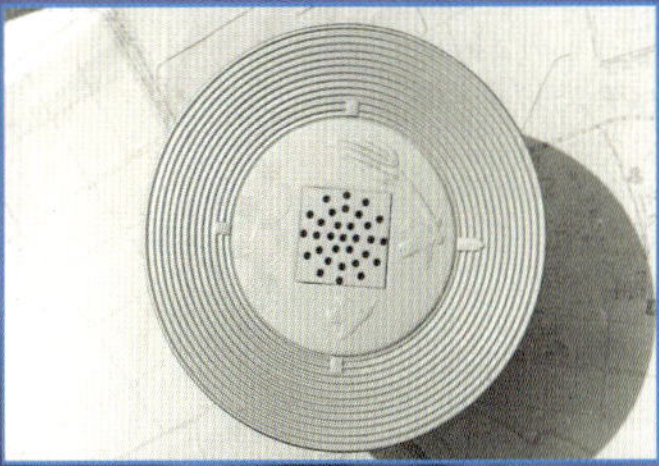

△小型《こがた》UFOを再現《さいげん》した模型《もけい》の底部《ていぶ》。確《たし》かに煙草盆《たばこぼん》と似《に》ている。

少年《しょうねん》たちの証言《しょうげん》から再現《さいげん》したUFOスケッチの底部分《そこぶぶん》の模様《もよう》が、煙草盆《たばこぼん》(きせる、たばこ入《い》れ、灰受《はいう》けがひとつにまとめられたもの)の灰受《はいう》けに似《に》ていることから、この説《せつ》が主張《しゅちょう》されることとなった。さらに、介良周辺《けらしゅうへん》には金属《きんぞく》を作《つく》る工場《こうじょう》も多《おお》かったという。

検証《けんしょう》2

ただの煙草盆《たばこぼん》は飛《と》びも光《ひか》りもしない

何《なに》よりも少年《しょうねん》たちは、小型《こがた》の物体《ぶったい》は飛《と》んだり、光《ひか》ったりしていたと証言《しょうげん》しているので、ただの煙草盆《たばこぼん》であるはずがない。少年《しょうねん》たちがウソをついている可能性《かのうせい》もあるが、少年《しょうねん》たちに取材《しゅざい》をした作家《さっか》によると、目《め》の前《まえ》で本気《ほんき》で言《い》い争《あらそ》いをはじめるなど、周囲《しゅうい》をだまそうとしている風《ふう》には見《み》えなかったという。

結論《けつろん》

UFOとは断定《だんてい》できないが謎《なぞ》の飛行物体《ひこうぶったい》が実在《じつざい》した可能性《かのうせい》は高《たか》い

全国的《ぜんこくてき》に話題《わだい》となったこの介良事件《けらじけん》。ほかのUFO事件《じけん》と同様《どうよう》に、確定的《かくていてき》な証拠《しょうこ》はないものの、複数《ふくすう》の少年《しょうねん》たちが同時《どうじ》に飛行物体《ひこうぶったい》を目撃《もくげき》していること、その証言《しょうげん》が明《あき》らかなウソと言《い》える証拠《しょうこ》もないことから、何《なに》かしらの物体《ぶったい》が飛《と》んでいたのは確実《かくじつ》だと考《かんが》えられるだろう。しかし、新《あたら》しい目撃情報《もくげきじょうほう》や新証言《しんしょうげん》はなく、その飛行物体《ひこうぶったい》が無人探査機《むじんたんさき》だったのか、それとも別《べつ》の何《なに》かだったのかは不明《ふめい》のままである。

甲《こう》府《ふ》事《じ》件《けん》

多《おお》くの大人《おとな》も目撃《もくげき》！小学生《しょうがくせい》に接触《せっしょく》してきたUFOと宇宙人《うちゅうじん》

事件《じけん》DATA

事件現場《じけんげんば》	山梨県《やまなしけん》甲府市《こうふし》
発生年《はっせいねん》	1975年《ねん》
危険度《きけんど》	⚠⚠⚠

証言者談《しょうげんしゃだん》

車《くるま》を運転中《うんてんちゅう》、道《みち》に立《た》ちふさがるふたつの人影《ひとかげ》。ひとりが寄《よ》ってきて車《くるま》の窓《まど》に手《て》をつけたのですが、肌《はだ》は真《ま》っ黒《くろ》でした…。

奇妙《きみょう》な文字《もじ》と謎《なぞ》の装置《そうち》

UFOの側面《そくめん》には四角《しかく》い窓《まど》がたくさんあり、奇妙《きみょう》な5つの文字《もじ》があった。底《そこ》には回転《かいてん》する3つの丸《まる》い装置《そうち》がついていたという。

ブドウ畑《はたけ》に着陸《ちゃくりく》した UFOから宇宙人《うちゅうじん》が！

1975年《ねん》2月《がつ》23日夕方《にちゆうがた》、山梨県甲府市《やまなしけんこうふし》。小学校《しょうがっこう》2年生《ねんせい》のK君《くん》とY君《くん》が空《あ》き地《ち》で遊《あそ》んでいると、オレンジ色《いろ》の光《ひか》るUFOが飛来《ひらい》。ふたりが逃《に》げるとそれは去《さ》っていったので、ホッとして家路《いえじ》についた。しかし、帰《かえ》る途中《とちゅう》にあるブドウ畑《ばたけ》に、先《さき》ほどのUFOが着陸《ちゃくりく》し、中《なか》から宇宙人《うちゅうじん》が出現《しゅつげん》！　Y君《くん》は背後《はいご》からもうひとりの宇宙人《うちゅうじん》に肩《かた》を叩《たた》かれ、恐怖《きょうふ》におののき、ふたりで家《いえ》に逃《に》げ帰《かえ》った。そして家族《かぞく》を連《つ》れて現場《げんば》に戻《もど》ったが、UFOは目《め》の前《まえ》でスーッと消《き》えていった。ふたり以外《いがい》にも複数《ふくすう》の大人《おとな》もUFOを目撃《もくげき》しており、子《こ》どもの証言《しょうげん》はウソではないと思《おも》われる。

目《め》と鼻《はな》がない！

身長約《しんちょうやく》130cm、顔《かお》はシワだらけで目《め》と鼻《はな》がないのっぺらぼう。耳《みみ》が長《なが》く、口《くち》には3本《ほん》の銀色《ぎんいろ》のキバがあった。

◀少年《しょうねん》が描《えが》いた宇《う》宙人《ちゅうじん》とUFOの再現《さいげん》イラスト。宇宙人《うちゅうじん》は銃《じゅう》のようなものを持《も》っていたという。

アメリカ軍基地上空《ぐんきちじょうくう》で何度《なんど》も目撃《もくげき》された巨大《きょだい》な飛行物体《ひこうぶったい》

全日空三沢事件《ぜんにっくうみさわじけん》

煙《けむり》を出《だ》しながら移動《いどう》？

うす茶色《ちゃいろ》で葉巻《はまき》や人差《ひとさ》し指《ゆび》のような形《かたち》。煙《けむり》のようなものを出《だ》しながら動《うご》いていたという。

動《うご》きはゆっくり

動《うご》きはゆっくりで、急上昇《きゅうじょうしょう》や急降下《きゅうこうか》など、ほかのUFOによくある動《うご》きはしなかったという。

事件《じけん》DATA

事件現場《じけんげんば》	青森県《あおもりけん》三沢市上空《みさわしじょうくう》
発生年《はっせいねん》	1982年《ねん》
危険度《きけんど》	

証言者談《しょうげんしゃだん》

最初《さいしょ》は飛行機《ひこうき》だと思《おも》ったのですが、飛行機《ひこうき》にしては大《おお》きすぎる。あれは明《あき》らかに「物体《ぶったい》」で、雲《くも》を見《み》まちがえたとは考《かんが》えられません。

アメリカ軍《ぐん》と関係《かんけい》が!? モヤに包《つつ》まれた謎《なぞ》のUFO

1982年《ねん》10月《がつ》28日朝《にちあさ》。全日空《ぜんにっくう》771便《びん》は、千歳空港《ちとせくうこう》へ向《む》けて大阪空港《おおさかくうこう》を出発《しゅっぱつ》。青《あお》森県《もりけん》三沢市上空《みさわしじょうくう》を通過中《つうかちゅう》、謎《なぞ》の飛行物体《ひこうぶったい》が出現《しゅつげん》した。全長約《ぜんちょうやく》400メートル、葉巻《はまき》のような色《いろ》と形《かたち》で、白《しろ》いモヤに包《つつ》まれていた。機長《きちょう》は札幌《さっぽろ》の航空管制《こうくうかんせい》に連絡《れんらく》したが、レーダーには何《なに》も映《うつ》っていなかったという。物体《ぶったい》はゆっくり先端《せんたん》を771便《びん》に向《む》けて接近《せっきん》してくるように見《み》えたので、乗組員《のりくみいん》の間《あいだ》に緊《きん》張《ちょう》が走《はし》ったが、降下《こうか》すると視界《しかい》から消《き》えた。この付近《ふきん》では何度《なんど》か謎《なぞ》の物体《ぶったい》が目撃《もくげき》されているという。三沢《みさわ》といえばアメリカ軍基地《ぐんきち》が有名《ゆうめい》だが、何《なに》か関係《かんけい》があるのだろうか。

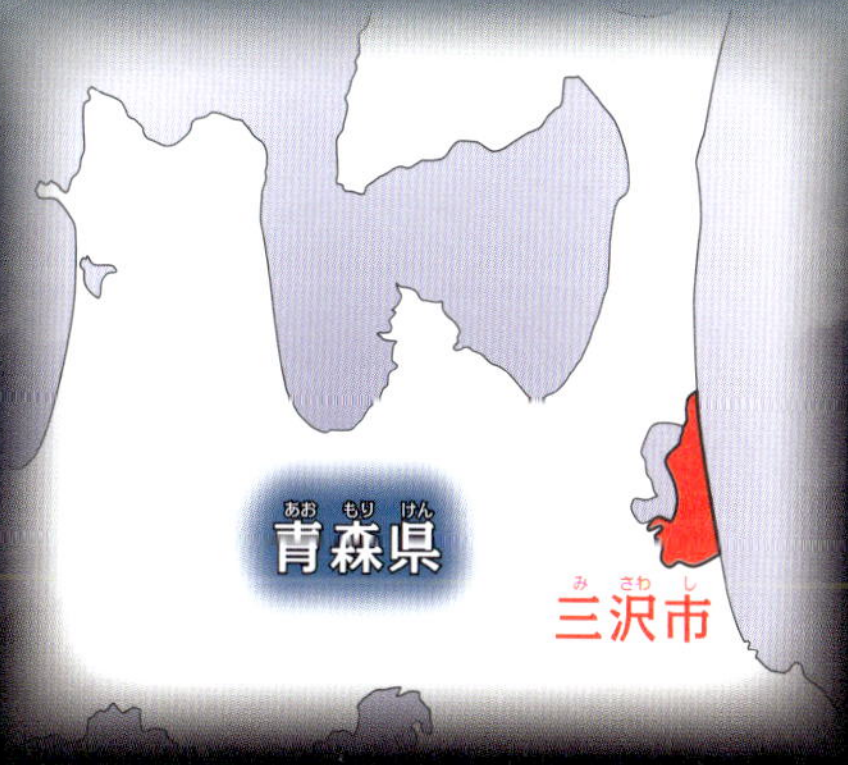

▲三沢市《みさわし》は沿岸部《えんがんぶ》に位置《いち》する街《まち》だ。UFOが煙《けむり》を出《だ》しながら移動《いどう》していたためか、この事件《じけん》における陸地《りくち》からの目撃情報《もくげきじょうほう》はない。

日《に》本《ほん》人《じん》機《き》長《ちょう》が謎《なぞ》の光《ひかり》と巨《きょ》大《だい》UFOに遭《そう》遇《ぐう》

日《にっ》航《こう》機《き》アラスカ沖《おき》事《じ》件《けん》

巨大《きょだい》な円形《えんけい》UFO

お椀《わん》をふたつ合《あ》わせたような形状《けいじょう》。左右《さゆう》の端《はし》にライトがついている。日《にっ》航機《こうき》につきまとい、突如《とつじょ》として姿《すがた》を消《け》した。

事件《じけん》 DATA

事件現場《じけんげんば》	アラスカ沖《おき》
発生年《はっせいねん》	1986年《ねん》
危険度《きけんど》	⚠ (1/3)

証言者談《しょうげんしゃだん》

「惑星《わくせい》を見《み》まちがえたのだろう」と言《い》われましたが、そんなものではない。我《わ》が機《き》に50分《ぷん》もつきまとってきたのですから…。

航空会社《こうくうがいしゃ》が隠《いん》ぺいか⁉ UFOと50分間《ぶんかん》のコンタクト

1986年《ねん》11月《がつ》17日《にち》、アラスカ上空《じょうくう》。日《に》本航空特別貨物便《ほんこうくうとくべつかもつびん》の前方《ぜんぽう》にふたつのオレンジ色《いろ》に光《ひか》る物体《ぶったい》が現《あらわ》れた。それはしばらくして消《き》えたが、今度《こんど》はふたつの青《あお》い光《ひかり》が出《しゅつ》現《げん》。すると乗員《じょういん》は驚《おどろ》くべき光景《こうけい》を目《め》にした。日航機《にっこうき》の数十倍《すうじゅうばい》はあろうかという球状《きゅうじょう》の宇《う》宙《ちゅう》母《ぼ》艦《かん》が現《あらわ》れたのだ！　青《あお》い光《ひかり》の正体《しょうたい》は母《ぼ》艦《かん》の両端《りょうたん》についていたライト。このUFOとの遭遇《そうぐう》は50分間《ぶんかん》も続《つづ》いた。機長《きちょう》は日本航《にほんこう》空《くう》に報告書《ほうこくしょ》を提出《ていしゅつ》したが、地上勤務《ちじょうきんむ》に回《まわ》され、以後《いご》は事件《じけん》について堅《かた》く口《くち》を閉《と》ざすようになった。同乗《どうじょう》の副操縦士《ふくそうじゅうし》と機関士《きかんし》も沈《ちん》黙《もく》し、真相《しんそう》は闇《やみ》の中《なか》だ。

報道規制《ほうどうきせい》がされた？

惑星誤認説《わくせいごにんせつ》に反論《はんろん》するために、機長《きりょう》は証言《しょうげん》インタビューを行《おこな》ったものの、なぜかどのマスメディアも報道《ほうどう》しなかった。

開《かい》洋《よう》丸《まる》事《じ》件《けん》

同《おな》じ調《ちょう》査《さ》船《せん》が2度《ど》も謎《なぞ》のUFOと遭《そう》遇《ぐう》

1回《かい》目《め》の遭遇《そうぐう》

空《そら》を見《み》上《あ》げると、オリオン座《ざ》の辺《あた》りでフラフラとジグザグに飛《ひ》行《こう》していた光。急《きゅう》加《か》速《そく》して一直線《いっちょくせん》に東《ひがし》へ飛《と》んでいったという。

2回《かい》目《め》の遭遇《そうぐう》

全《ぜん》長《ちょう》300mのだ円《えん》形《けい》。レーダーには映《うつ》るが目《め》には見《み》えない。去《さ》り際《ぎわ》にゴォーッという爆音《ばくおん》をさせて閃光《せんこう》を放《はな》ったという。

科学者《かがくしゃ》も証言《しょうげん》！ レーダーにしか映《うつ》らない透明《とうめい》なUFO？

水産庁調査船《すいさんちょうちょうさせん》の開洋丸《かいようまる》が2度《ど》もUFOに遭遇《そうぐう》。1回目《かいめ》は1984年《ねん》12月《がつ》18日午前《にちごぜん》0時《じ》、南大西洋上《みなみたいせいようじょう》。浮遊《ふゆう》する光《ひかり》が10分《ぷん》おきに8回現《かいあらわ》れ、その後《ご》、東《ひがし》へ飛《と》んでいった。

次《つぎ》は2年後《ねんご》の12月《がつ》21日午後《にちごご》10時半《じはん》、北太平洋上《きたたいへいようじょう》で、開洋丸《かいようまる》のレーダーが、巨大《きょだい》な物体《ぶったい》をキャッチ。なぜか姿《すがた》は肉眼《にくがん》で見《み》えなかったが、レーダー上《じょう》の物体《ぶったい》は開洋丸《かいようまる》に急接近《きゅうせっきん》。あわや衝突《しょうとつ》かと思《おも》った瞬間《しゅんかん》、急《きゅう》に向《む》きを変《か》えて強《つよ》い光《ひかり》を放《はな》ち、彼方《かなた》に消《き》えた。

乗船《じょうせん》していた9人《にん》の科学者《かがくしゃ》が公式《こうしき》に目撃《もくげき》を報告《ほうこく》をし、信《しん》ぴょう性《せい》は高《たか》いと言《い》える。

◀UFOに遭遇《そうぐう》した開洋丸《かいようまる》。乗船《じょうせん》していた科学者《かがくしゃ》を含《ふく》む多《おお》くの人《ひと》が、謎《なぞ》の物体《ぶったい》を目撃《もくげき》したという。

事件《じけん》DATA

事件現場《じけんげんば》	南大西洋上《みなみたいせいようじょう》、北太平洋上《きたたいへいようじょう》
発生年《はっせいねん》	1984年《ねん》、1986年《ねん》
危険度《きけんど》	⚠⚠⚠

証言者談《しょうげんしゃだん》

巨大《きょだい》UFOは開洋丸《かいようまる》に衝突寸前《しょうとつすんぜん》、レーダーから消滅《しょうめつ》。すると真上《まうえ》で轟音《ごうおん》がして前方《ぜんぽう》に赤《あか》と黄《き》の光《ひかり》。私《わたし》は「いた！」と叫《さけ》びました。

山《やま》形《がた》県《けん》のミステリーサークル

電《でん》波《ば》障《しょう》害《がい》や火《ひ》の玉《たま》出《しゅつ》没《ぼつ》の翌《よく》日《じつ》に現《あらわ》れた、謎《なぞ》の円《えん》状《じょう》の跡《あと》

電《でん》磁《じ》効《こう》果《か》が発《はっ》生《せい》

前《ぜん》日《じつ》に起《お》きたUFO出《しゅつ》現《げん》にともなう電《でん》波《ば》障《しょう》害《がい》は、EM効《イーエムこう》果《か》（➡P21）、別《べつ》名《めい》「電《でん》磁《じ》効《こう》果《か》」と呼《よ》ばれている。

サークルの形《けい》状《じょう》

葦《あし》に折《お》れたり焼《や》けた跡《あと》はなく、中《ちゅう》央《おう》から外《そと》側《がわ》に向《む》かって放《ほう》射《しゃ》線《せん》を描《えが》くようなすり鉢《ばち》状《じょう》に倒《たお》れていた。

事《じ》件《けん》DATA

事《じ》件《けん》現《げん》場《ば》	山《やま》形《がた》県《けん》西《にし》川《かわ》町《まち》
発《はっ》生《せい》年《ねん》	1986年《ねん》
危《き》険《けん》度《ど》	⚠⚠⚠

証《しょう》言《げん》者《しゃ》談《だん》

発《はっ》見《けん》の２日《か》前《まえ》から沼《ぬま》の水《すい》位《い》が8～10cmくらい下《さ》がったかと思《おも》ったら、いきなりミステリーサークルができていたんだよ。

△実際《じっさい》の着陸跡《ちゃくりくあと》。葦《あし》にかなり強《つよ》い力《ちから》が加《くわ》わったことが見《み》てとれる。

UFOの着陸跡《ちゃくりくあと》!? 沼地《ぬまち》で起《お》きた怪現象《かいげんしょう》…

1986年《ねん》8月《がつ》9日《か》、山形県西村山郡西《やまがたけんにしむらやまぐんにし》川町《かわまち》の沼地《ぬまち》でミステリーサークルが見《み》つかった。長《なが》さ約《やく》2メートルの葦《あし》が根元《ねもと》から外側《そとがわ》に倒《たお》れているが折《お》れてはおらず、先端《せんたん》が上向《うわむ》きにカーブしていた。ここは沼《ぬま》に浮《う》かぶ浮《う》き島《しま》で、人《ひと》が乗《の》ることは不可能《ふかのう》。人《ひと》の力《ちから》で葦《あし》が倒《たお》されたとは思《おも》えないのだ。

実《じつ》は、発見者《はっけんしゃ》の家《いえ》で前日《ぜんじつ》の夜《よる》にテレビの音声《おんせい》や画像《がぞう》が乱《みだ》れるという異常《いじょう》が発生《はっせい》していた。こういった電波障害《でんぱしょうがい》はUFOが出現《しゅつげん》する時《とき》によく起《お》こる現象《げんしょう》。また、火《ひ》の玉《たま》の目撃情報《もくげきじょうほう》もあったという。これらの条件《じょうけん》から、UFOの着陸跡《ちゃくりくあと》である可能性《かのうせい》が高《たか》い。

牛《うし》が惨《ざん》殺《さつ》される事《じ》件《けん》は日《に》本《ほん》でも起《お》きていた…

青《あお》森《もり》県《けん》のキャトルミューティレーション

牛《うし》の状態《じょうたい》

最初《さいしょ》に被害《ひがい》にあった牛《うし》は体長《たいちょう》2.5mで、体重《たいじゅう》400kg。傷口《きずぐち》は直径《ちょっけい》25cm、深《ふか》さ15cmの円《えん》状《じょう》だったという。

事件《じけん》 DATA

事件現場《じけんげんば》	青森県《あおもりけん》田子町《たっこまち》
発生年《はっせいねん》	1989年《ねん》
危険度《きけんど》	⚠⚠⚠

証言者談《しょうげんしゃだん》

新聞《しんぶん》やテレビでも取《と》り上《あ》げられると、見知《みし》らぬ人《ひと》から私《わたし》をおどす電話《でんわ》が。「事件《じけん》はなかったことにしろ」と……。

検死《けんし》の結果《けっか》
獣医《じゅうい》が検死《けんし》した結果《けっか》、病死《びょうし》と判断《はんだん》された。しかし飼《か》い主《ぬし》によれば、どの牛《うし》も前日《ぜんじつ》までは元気《げんき》だったという。

同《おな》じ町《まち》の牧場《ぼくじょう》にUFOが！ 牛《うし》の変死《へんし》が相次《あいつ》ぐ!!

1989年《ねん》、家畜《かちく》の飼育《しいく》の盛《さか》んな青森県《あおもりけん》三戸郡田子町《さんのへぐんたっこまち》で牛《うし》の変死《へんし》が2件続《けんつづ》いた。最初《さいしょ》の事件《じけん》は8月《がつ》31日《にち》、牧場《ぼくじょう》で監視員《かんしいん》が乳房《ちぶさ》を切《き》り取《と》られて死《し》んでいる2頭《とう》のメス牛《うし》を発見《はっけん》。血《ち》を抜《ぬ》かれてミイラ化《か》していたが、血《ち》の跡《あと》は一滴《いってき》も残《のこ》っていなかった。

次《つぎ》は10月《がつ》の初《はじ》め、同町内《どうちょうない》の別《べつ》の牧場《ぼくじょう》で発生《はっせい》。やはりメス牛《うし》1頭《とう》が乳房《ちぶさ》を切《き》り取《と》られて死亡《しぼう》しており、血《ち》の跡《あと》は見《み》られなかった。

事件《じけん》の夜《よる》、牛《うし》の所有者《しょゆうしゃ》の知人《ちじん》が牧場方面《ぼくじょうほうめん》へ飛《と》んでいく奇妙《きみょう》な光《ひかり》を目撃《もくげき》したと語《かた》っている。これはまちがいなくUFOによるキャトルミューティレーションだ。

約《やく》200年前《ねんまえ》の本《ほん》に書《か》かれているUFO伝説《でんせつ》

虚《うつろ》舟《ぶね》と謎《なぞ》の女性《じょせい》型《がた》宇《う》宙《ちゅう》人《じん》

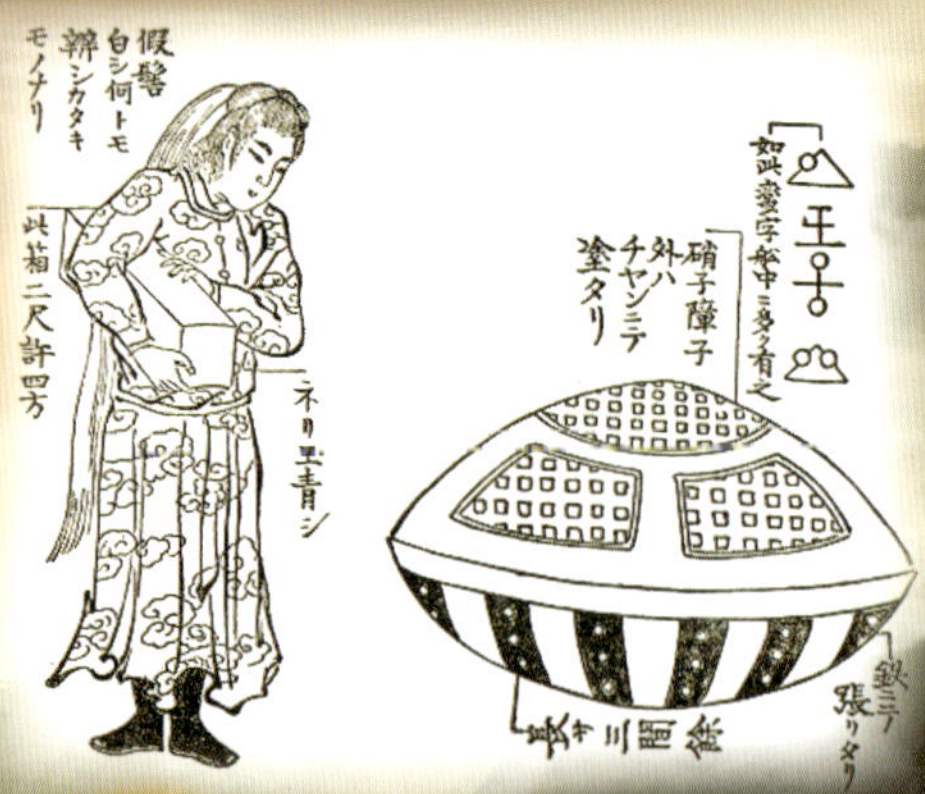

△江戸時代《えどじだい》の有名《ゆうめい》な戯作者《げさくしゃ》、曲亭馬琴《きょくていばきん》が描《えが》いた絵《え》。現代《げんだい》のUFOと思《おも》わしきものと謎《なぞ》の女性《じょせい》が書《か》かれている。

舟《ふね》の中《なか》には食《た》べ物《もの》

高《たか》さ3.3m、幅《はば》5.5m。中《なか》には謎《なぞ》の文字《もじ》が書《か》かれ、水入《みずい》りのビン、敷物《しきもの》ふたつ、お菓子《かし》、肉《にく》をねった食《た》べ物《もの》があった。

事件《じけん》DATA

事件現場《じけんげんば》	茨城県《いばらきけん》大洗町《おおあらいまち》
発生年《はっせいねん》	1803年《ねん》
危険度《きけんど》	

証言者談《しょうげんしゃだん》

女《おんな》は異国《いこく》の姫《ひめ》で身分《みぶん》の低《ひく》い男《おとこ》と不貞《ふてい》を働《はたら》いて島流《しまなが》しにされたのじゃろう。箱《はこ》には死刑《しけい》にされた恋人《こいびと》の首《くび》が入《はい》っているはずじゃ。

美《うつく》しくほほえむ？

推定《すいてい》20歳《さい》ぐらいで身長《しんちょう》約《やく》1.5m、美《うつく》しい顔《かお》だった。手《て》には60cm四方《しほう》の箱《はこ》。言葉《ことば》は通《つう》じず、ただニコニコほほえんでいるだけだったという。

江戸時代《えどじだい》の日本人《にほんじん》が宇宙人《うちゅうじん》とコンタクト!?

江戸時代《えどじだい》の書物《しょもつ》に「虚舟《うつろぶね》」という伝説《でんせつ》が記《しる》されている。1803年《ねん》2月《がつ》24日《か》午後《ごご》、茨城県大洗町《いばらきけんおおあらいまち》の沖《おき》に奇妙《きみょう》な舟《ふね》が漂着《ひょうちゃく》。中《なか》から言葉《ことば》の通《つう》じない女《おんな》がひとり出《で》てきた。肌《はだ》はピンクでマユと髪《かみ》は赤《あか》く、白《しろ》いつけ毛《げ》をたらしていた。そして謎《なぞ》の箱《はこ》を大事《だいじ》そうに抱《かか》え、誰《たれ》にも触《さわ》らせなかった。対処《たいしょ》に困《こま》った住民《じゅうみん》たちは、女《おんな》の乗《の》った舟《ふね》を再《ふたた》び沖《おき》に流《なが》してしまった。その舟《ふね》は丸《まる》く、上部《じょうぶ》にはガラス窓《まど》がたくさんあり、底部《ていぶ》は金属板《きんぞくばん》をはり合《あ》わせてあったという。外国人《がいこくじん》かとも思《おも》われるが、当時《とうじ》こんな形状《けいじょう》の船《ふね》はなく、宇《う》宙人《ちゅうじん》である可能性《かのうせい》も高《たか》いと言《い》える。

平安時代《へいあんじだい》から飛来《ひらい》していたUFOと誘《ゆう》かい事件《じけん》

石川県《いしかわけん》のそうはちぼん

複数《ふくすう》で出現《しゅつげん》!

山《やま》の中腹《ちゅうふく》から複数《ふくすう》の火《ひ》の球《たま》のような光《ひかり》が横《よこ》に連《つら》なって現《あらわ》れる。谷《たに》に入《はい》って消《き》え、また山《やま》の上《うえ》に現《あらわ》れるという不思《ふし》議《ぎ》な動《うご》きをしたという。

▲もともと、そうはちぼんは日蓮宗《にちれんしゅう》で使用《しよう》されていた仏具《ぶつぐ》だ。確《たし》かに、その形《かたち》がUFOに似《に》ている。

事件《じけん》DATA

事件現場《じけんげんば》	石川県《いしかわけん》羽咋市《はくいし》
発生年《はっせいねん》	江戸時代《えどじだい》
危険度《きけんど》	⚠⚠⚠

証言者談《しょうげんしゃだん》

不思議《ふしぎ》な火《ひ》の球《たま》がよう出《で》るのは、春《はる》の夕暮《ゆうぐ》れや。小田中《こだなか》や高畠《たかばたけ》のもんは「また、そうはちぼんが出《で》たわい」と言《い》うたもんや。

そうはちぼんとは

仏教《ぶっきょう》で使《つか》うシンバルのような楽器《がっき》。平《ひら》たい円盤《えんばん》の中《ちゅう》央《おう》がドーム型《かた》になっていて、その形《かたち》はUFOそっくりだ。

鍋《なべ》のふたのような物体《ぶったい》が飛来《ひらい》して人《ひと》を誘《ゆう》かい!?

石川県《いしかわけん》羽咋市《はくいし》には江戸《えど》時代《じだい》から伝《つた》わる奇《き》妙《みょう》な伝承《でんしょう》がある。眉丈山《びじょうさん》から、シンバルに似《に》た楽器《がっき》「そうはちぼん」のような物体《ぶったい》が光《ひかり》を放《はな》って、夜《よる》に飛《と》んでくるというのだ。その山《やま》では「鍋《なべ》のふたが飛《と》んできて人《ひと》をさらう」という逸話《いつわ》もある。これはＵＦＯが平《へい》安時代《あんじだい》に存在《そんざい》したということではないか?

また、地元《じもと》のお寺《てら》には平安時代《へいあんじだい》の古文書《こもんじょ》「気多古縁起《きたこえんぎ》」が収《おさ》められていて、神通力《じんつうりき》で空《そら》を飛《と》ぶ球《たま》について書《か》かれている。平安時《へいあんじ》代《だい》と江戸《えど》時代《じだい》、数百年《すうひゃくねん》の時《とき》を超《こ》えて、同《おな》じ市内《しない》で「光《ひか》る飛行物体《ひこうぶったい》」にまつわる伝説《でんせつ》があるのは、ただの偶然《ぐうぜん》ではないはずだ。

日本《にほん》でも起《お》こっていたUFOによる死《し》亡《ぼう》事《じ》故《こ》

自《じ》衛《えい》隊《たい》機《き》墜《つい》落《らく》事《じ》件《けん》

1974年《ねん》の事件《じけん》

直径《ちょっけい》10mでオレンジ色《いろ》に光《ひか》るだ円形《えんけい》のUFO。地上《ちじょう》からも数十人《すうじゅうにん》がそれを目撃《もくげき》し、レーダーにも映《うつ》ったという。

1998年《ねん》の事件《じけん》

赤《あか》い火《ひ》の球《たま》が突進《とっしん》してきたので、それを避《さ》けようとした1機《き》がもう1機《き》に衝突《しょうとつ》し、両方《りょうほう》墜落《ついらく》したと言《い》われている。

事件《じけん》DATA

事件現場《じけんげんば》	茨城県《いばらきけん》、青森県《あおもりけん》
発生年《はっせいねん》	1974年《ねん》、1998年《ねん》
危険度《きけんど》	⚠⚠⚠

証言者談《しょうげんしゃだん》

私《わたし》は墜落機《ついらくき》とともに物体《ぶったい》を追跡《ついせき》しましたが、あれは高度《こうど》に発達《はったつ》した知性《ちせい》と文明《ぶんめい》を持《も》つ生物《せいぶつ》の乗《の》り物《もの》だとしか思《おも》えません。

航空自衛隊員《こうくうじえいたいいん》がUFOに撃墜《げきつい》された!?

1974年《ねん》6月《がつ》9日《か》、茨城県百里基地《いばらきけんひゃくりきち》。空《そら》に現《あらわ》れた謎《なぞ》の飛行体《ひこうたい》を確認《かくにん》するよう命《めい》じられた隊員《たいいん》2名《めい》は、戦闘機《せんとうき》で出動《しゅつどう》。するとその正体《しょうたい》は直径《ちょっけい》10メートルのUFOだった。UFOに突進《とっしん》された1機《き》は墜落《ついらく》、パイロットは死亡《しぼう》した。また1998年《ねん》8月《がつ》25日《にち》、青森県三沢基地《あおもりけんみさわきち》から発進《はっしん》した戦闘機《せんとうき》3機《き》のうち2機《き》がレーダーから消滅《しょうめつ》。翌日《よくじつ》、機体《きたい》の一部《いちぶ》が海《うみ》で発見《はっけん》された。生還《せいかん》した1機《き》のパイロットは謎《なぞ》の火《ひ》の球《たま》を見《み》たという。

防衛省《ぼうえいしょう》はUFO説《せつ》を完全否定《かんぜんひてい》したが、自衛隊員《じえいたいいん》のUFO目撃《もくげき》は実《じつ》はかなり多《おお》い。防衛省《ぼうえいしょう》による真相《しんそう》の公開《こうかい》が待《ま》たれるところだ。

仁頃《にころ》事件《じけん》

宇宙人《うちゅうじん》と交信《こうしん》し、何度《なんど》もUFOに乗《の》った青年《せいねん》

オレンジ色《いろ》に発光《はっこう》

直径《ちょっけい》8m、高《たか》さ1.5mほどで、オレンジ色《いろ》に発光《はっこう》。てっぺんにはアンテナ、底《そこ》には着陸《ちゃくりく》するための脚《あし》がついていた。

事件《じけん》DATA

事件現場《じけんげんば》	北海道《ほっかいどう》 仁頃《にころ》
発生年《はっせいねん》	1974年《ねん》
危険度《きけんど》	

証言者談《しょうげんしゃだん》

事件《じけん》から２日後《かご》、宇宙人《うちゅうじん》と交信《こうしん》して再《ふたた》びUFOに乗《の》ったのは覚《おぼ》えているのですが、気《き》づいたら山《やま》で雪《ゆき》の上《うえ》に倒《たお》れていました。

タコ形《がた》宇宙人《うちゅうじん》たちが日本《にほん》の青年《せいねん》と接触《せっしょく》!?

1974年《ねん》4月《がつ》6日《か》午前《ごぜん》3時《じ》過《す》ぎ、北海《ほっかい》道《どう》北見《きたみ》市《し》仁頃《にころ》。青年《せいねん》Fさんは玄関《げんかん》を叩《たた》く音《おと》に目《め》を覚《さ》まして外《そと》へ出《で》ると、そこには2体《たい》のタコ型《がた》宇宙人《うちゅうじん》が！　すると熱風《ねっぷう》が吹《ふ》いてFさんはUFOに吸《す》い上《あ》げられたのだ。UFOは空《そら》を飛《と》び始《はじ》めたが、しばらくすると着陸《ちゃくりく》し、Fさんは飛《と》び降《お》りて脱出《だっしゅつ》。それ以《い》来《らい》Fさんは宇宙人《うちゅうじん》とテレパシーで交信《こうしん》できるようになり、何度《なんど》かUFOとコンタクトを取《と》るようになったという。山《やま》に入《はい》ったFさんの捜索隊《そうさくたい》もUFOを目撃《もくげき》しているなど、第三者《だいさんしゃ》による裏《うら》づけもあり、Fさんの体験談《たいけんだん》の信《しん》ぴょう性《せい》は高《たか》いと考《かんが》えられる。

巨大《きょだい》なタコのよう！

身長約《しんちょうやく》1m。形《かたち》も、ぬめりがあり透《す》き通《とお》っている皮《ひ》ふも、まさにタコのよう。目《め》と耳《みみ》と鼻《はな》はつり上《あ》がっていた。

松島事件《まつしまじけん》

戦闘機《せんとうき》を制御《せいぎょ》不能《ふのう》にする葉巻型《はまきがた》のUFOが出現《しゅつげん》

事件《じけん》DATA

事件現場《じけんげんば》	宮城県《みやぎけん》
発生年《はっせいねん》	1983年《ねん》
危険度《きけんど》	⚠⚠⚠

証言者談《しょうげんしゃだん》

葉巻《はまき》のような形《かたち》で変《へん》則的《そくてき》な動《うご》きをしていたので、民間機《みんかんき》ではないと確信《かくしん》しました。

不規則《ふきそく》な動《うご》き

瞬間移動《しゅんかんいどう》をくり返《かえ》したり、停《てい》止《し》していて加速《かそく》せずにいきなり移動《いどう》するなど、飛行機《ひこうき》とは違《ちが》う動《うご》きをしていた。

自衛隊《じえいたい》教官《きょうかん》ふたりが同《おな》じUFOを目撃《もくげき》

1983年《ねん》6月《がつ》8日《か》のこと。宮城県《みやぎけん》航空自衛隊《こうくうじえいたい》の教官《きょうかん》は練習機《れんしゅうき》で松島基地《まつしまきち》に帰《かえ》る途《と》中《ちゅう》、葉巻型《はまきがた》の飛行物体《ひこうぶったい》を発《はっ》見《けん》。すると突然《とつぜん》、機体《きたい》が制御《せいぎょ》不能《ふのう》になり電気系統《でんきけいとう》に異常《いじょう》が発生《はっせい》。しかし、その物体《ぶったい》が去《さ》ると正常《せいじょう》に戻《もど》った。同日《どうじつ》、別《べつ》の教官《きょうかん》も同《おな》じ物体《ぶったい》に遭遇《そうぐう》して機器《きき》トラブルに見舞《みま》われたという。教官《きょうかん》を務《つと》めるふたりがウソをついているとは思《おも》えず、UFOの可能性《かのうせい》が高《たか》い。

新田原事件《にゅうたばるじけん》

戦闘機《せんとうき》にピッタリとついてくる謎《なぞ》の光《ひかり》

戦闘機《せんとうき》にはりつく

白色《しろいろ》の光《ひかり》。高度《こうど》6100mで出現《しゅつげん》。戦闘機《せんとうき》が着陸態勢《ちゃくりくたいせい》に入《はい》っても、急上昇《きゅうじょうしょう》してもついてきた。目的《もくてき》は不明《ふめい》だ。

事件《じけん》 DATA

事件現場《じけんげんば》	宮崎県《みやざきけん》
発生年《はっせいねん》	1979年《ねん》
危険度《きけんど》	⚠⚠⚠

証言者談《しょうげんしゃだん》

光《ひかり》はずっとまとわりついてきて、明《あき》らかに通常《つうじょう》の飛行機《ひこうき》とは別物《べつもの》でした。

レーダーに映《うつ》らない正体不明機《しょうたいふめいき》とは!?

1979年《ねん》10月《がつ》28日《にち》午《ご》後《ご》7時半《じはん》、宮崎県《みやざきけん》。航空《こうくう》自衛隊《じえいたい》の三等空佐《さんとうくうさ》が戦闘機《せんとうき》で新田原《にゅうたばる》基地《きち》に向《む》かっていると、動《うご》く謎《なぞ》の光《ひかり》に遭遇《そうぐう》。それはピッタリと戦闘機《せんとうき》についてきた。三《さん》佐《さ》は何《なん》とか光《ひかり》を振《ふ》り切《き》って帰《き》還《かん》したが、この光《ひかり》はレーダーに映《うつ》っていなかったという。つまり、遭遇《そうぐう》した謎《なぞ》の光《ひかり》は科学《かがく》では説明《せつめい》できない物体《ぶったい》、UFOの可能性《かのうせい》があるということだ。

緊急報告書《きんきゅうほうこくしょ》④

秘

UFO・宇《う》宙《ちゅう》人《じん》に関《かん》する研《けん》究《きゅう》結《けっ》果《か》

我々《われわれ》宇宙《うちゅう》ミステリー研究会《けんきゅうかい》は、長年《ながねん》UFO・宇宙人《うちゅうじん》に関《かん》する事件《じけん》を研究《けんきゅう》・検証《けんしょう》してきた。ここではUFOはどこからやって来《く》るのか、という基本的《きほんてき》な疑問《ぎもん》から、どうやって飛《と》ぶのかというUFOの構造《こうぞう》まで、幅広《はばひろ》く宇宙人《うちゅうじん》・UFOの謎《なぞ》に答《こた》えていく。

Q1 UFO・宇《う》宙《ちゅう》人《じん》はどこから来《く》るのか？

A はるか遠《とお》くの惑《わく》星《せい》からやって来《く》る

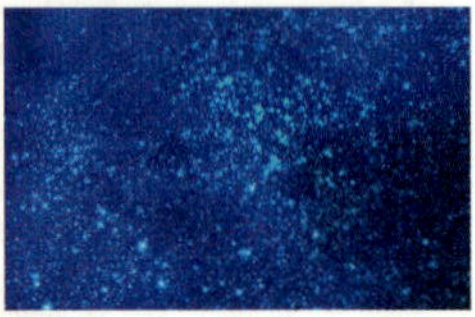

△無限《むげん》に広《ひろ》がる宇宙《うちゅう》には、無数《むすう》の宇宙人《うちゅうじん》がいるかもしれない…。

現時点《げんじてん》では人類《じんるい》がまだ知《し》らないはるか遠《とお》くの惑星《わくせい》から来《く》るUFO・宇宙人《うちゅうじん》が多《おお》い。プレアデス星人《せいじん》やウンモ星人《せいじん》のように、遠《とお》い惑星《わくせい》に故郷《こきょう》を持《も》つ宇宙人《うちゅうじん》がこれにあたる。ほかにも、我々《われわれ》とは違《ちが》う次元《じげん》に住《す》んでいて、その時《じ》空《くう》を超《こ》えて地球《ちきゅう》までにやってくるのではないかという説《せつ》を唱《とな》える研究家《けんきゅうか》も存在《そんざい》する。

Q2 宇《う》宙《ちゅう》人《じん》は本《ほん》当《とう》にいるのか？

A 存《そん》在《ざい》する可《か》能《のう》性《せい》は限《かぎ》りなく高《たか》い

これまでの目撃情報《もくげきじょうほう》や証拠写真《しょうこしゃしん》の量《りょう》を考《かんが》えると、実在《じつざい》する可能性《かのうせい》が高《たか》いと言《い》っていいだろう。すでに、宇宙人《うちゅうじん》にはさまざまなタイプが存在《そんざい》することもわかっている。現在《げんざい》は宇宙人《うちゅうじん》が普段《ふだん》どのような生活《せいかつ》をしているのか、どういった性格《せいかく》なのかを研究《けんきゅう》する段階《だんかい》にきているのだ。

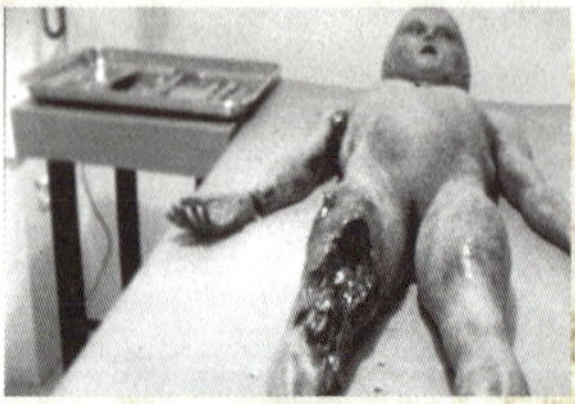

△写真《しゃしん》は宇宙人《うちゅうじん》の存在《そんざい》を肯定《こうてい》する上《うえ》で重要《じゅうよう》な証拠《しょうこ》だ。

Q3 宇宙人《うちゅうじん》は何《なん》のために地球《ちきゅう》に来《く》る？

A 地球《ちきゅう》の調査《ちょうさ》という説《せつ》が有力《ゆうりょく》

この疑問《ぎもん》に関《かん》しては、さまざまな目的《もくてき》を持《も》った宇宙人《うちゅうじん》がいるため、現在《げんざい》も調査《ちょうさ》・研究中《けんきゅうちゅう》だ。しかし、地球《ちきゅう》が宇宙人《うちゅうじん》にとって適応《てきおう》できる場所《ばしょ》かを調査《ちょうさ》しているという説《せつ》が有力《ゆうりょく》。UFOが上空《じょうくう》に出現《しゅつげん》し、すぐ消《き》えるというのは、もしかしたら乗《の》っている宇宙人《うちゅうじん》に、地球《ちきゅう》の環境《かんきょう》が合《あ》わないと判断《はんだん》したからかもしれない。

Q4 UFOはどうやって飛《と》ぶのか？

A 人工重力場発生装置《じんこうじゅうりょくばはっせいそうち》が原動力《げんどうりょく》

ジグザグ飛行《ひこう》や直角《ちょっかく》ターンなど、飛行機《ひこうき》やヘリコプターではありえない動《うご》きをするUFOは、ジェット推進《すいしん》やプロペラ推進《すいしん》ではなく、UFO内部《ないぶ》に重力《じゅうりょく》を人工的《じんこうてき》に作《つく》る機能《きのう》（人工重力場発生装置《じんこうじゅうりょくばはっせいそうち》）を有《ゆう》しているはずだ。そして、それを動力源《どうりょくげん》とし、地球《ちきゅう》の重力《じゅうりょく》とバランスを取《と》りながら飛行《ひこう》していると考《かんが》えられる。これを人工重力場推進説《じんこうじゅうりょくばすいしんせつ》と呼《よ》ぶ。

Q5 宇宙人《うちゅうじん》はどうやって繁殖《はんしょく》するのか？

A まだ不明《ふめい》な点《てん》が多《おお》い

グレイに誘《ゆう》かいされた人物《じんぶつ》によると、グレイは地球人《ちきゅうじん》との混血《こんけつ》を目指《めざ》しているという。宇宙人《うちゅうじん》が地球《ちきゅう》に来《く》る理由《りゆう》のひとつは実《じつ》は、子孫繁栄《しそんはんえい》のためなのかもしれない。ただ、宇宙人《うちゅうじん》の繁殖《はんしょく》に関《かん》しては不明《ふめい》な点《てん》が多《おお》く、まだまだ研究《けんきゅう》が必要《ひつよう》である。

Q6 なぜ裸《はだか》の宇宙人《うちゅうじん》が多《おお》いのか？

A どんな環境《かんきょう》にも対応《たいおう》できる肌《はだ》だから

宇宙人《うちゅうじん》は我々《われわれ》が思《おも》っている以上《いじょう》に、進化的《しんかてき》な生物《せいぶつ》であることはまちがいない。実際《じっさい》に、人類《じんるい》が存在《そんざい》できない宇宙空間《うちゅうくうかん》に存在《そんざい》できる宇宙人《うちゅうじん》の報告《ほうこく》も多《おお》い。おそらくではあるが、進化《しんか》の段階《だんかい》でどんな環境《かんきょう》にもある程度《ていど》対応《たいおう》できるような体《からだ》のつくりになったのではと考《かんが》えられる。

Q7 なぜ人間《にんげん》をUFOに連《つ》れていくのか？

A7 地球人《ちきゅうじん》をくわしく調《しら》べるため

宇宙人《うちゅうじん》にとって我々人類《われわれじんるい》は調査《ちょうさ》の対象《たいしょう》なのだと考《かんが》えられる。我々《われわれ》が宇《う》宙人《ちゅうじん》を知《し》りたがっているように、宇宙人《うちゅうじん》も我々《われわれ》を知《し》りたがっているのだ。宇宙人《うちゅうじん》が持《も》っていない何《なに》かを人間《にんげん》が持《も》っていれば、宇宙人《うちゅうじん》がそれをほしがるのは当然《とうぜん》といえる。よりよい進化《しんか》のために人間《にんげん》を誘《ゆう》かいし、ときに人体実験《じんたいじっけん》までしてしまうのかもしれない。

Q8 UFO・宇宙人《うちゅうじん》に出会《であ》ったらどうすべきか？

A8 危険《きけん》を回避《かいひ》しながら証拠《しょうこ》を残《のこ》す

△何度《なんど》も目撃《もくげき》したら、それぞれに共通《きょうつう》することがないかも確認《かくにん》してみよう。

まずはUFO・宇宙人《うちゅうじん》から距離《きょり》を置《お》き、安《あん》全《ぜん》の確保《かくほ》を最優先《さいゆうせん》したい。できれば100m以上離《いじょうはな》れよう。安全《あんぜん》が確保《かくほ》できたら、宇宙《うちゅう》人《じん》と出会《であ》った証拠《しょうこ》を残《のこ》そう。UFOは見《み》まちがいも多《おお》いので、まずはじっくりと観察《かんさつ》し、人工衛星《じんこうえいせい》や人工物《じんこうぶつ》でないことを確認《かくにん》。そして、必《かなら》ずカメラに撮《と》ろう。

20XX年《ねん》○月《がつ》○日《にち》　UFO・宇宙人新聞《うちゅうじんしんぶん》＜号外《ごうがい》＞

号《ごう》外《がい》

テレパシーで交《こう》信《しん》!?

地《ち》球《きゅう》と宇《う》宙《ちゅう》を結《むす》ぶ、選《えら》ばれし人《ひと》々《びと》

宇《う》宙《ちゅう》人《じん》と交《こう》信《しん》できる人《にん》間《げん》が存《そん》在《ざい》する?

△友好的《ゆうこうてき》に接触《せっしょく》をしてきた宇宙人《うちゅうじん》が多《おお》いようだ。

宇宙人《うちゅうじん》と会話《かいわ》ができる人々《ひとびと》が存在《そんざい》する!?

我々《われわれ》の調査《ちょうさ》により、宇宙人《うちゅうじん》はその姿《すがた》を時《とき》おり現《あらわ》すだけではなく、何《なん》らかのメッセージを伝《つた》えるのにふさわしい人間《にんげん》（コンタクティー）に接触《せっしょく》していたことが判明《はんめい》!　ここでは、その謎《なぞ》のコンタクティーについて紹介《しょうかい》しよう。

実録《じつろく》! 宇宙人《うちゅうじん》と接触《せっしょく》した!? "コンタクティー"の実態《じったい》

コンタクティーとは…?

テレパシーなどで、宇宙人《うちゅうじん》と友好的《ゆうこうてき》に接触《せっしょく》(コンタクト)できる人々《ひとびと》のこと。ジョージ・アダムスキーが世界《せかい》で最初《さいしょ》のコンタクティーといわれている。

メンジャーが月面《げつめん》で撮影《さつえい》した金星人《きんせいじん》の姿《すがた》。

妻《つま》のコニーは金星《きんせい》人《じん》の生《う》まれ変《か》わりだと、宇宙人《うちゅうじん》から告《つ》げられました

ハワード・メンジャー

アメリカで最《もっと》も有名《ゆうめい》なコンタクティーのひとりを紹介《しょうかい》しよう。１９２２年《ねん》に誕生《たんじょう》したハワード・メンジャーは、10歳《さい》で初《はじ》めて宇宙人《うちゅうじん》と接触《せっしょく》。長《なが》い金髪《きんぱつ》の少女《しょうじょ》の姿《すがた》をした宇宙人《うちゅうじん》から、地球人《ちきゅうじん》と連絡《れんらく》を取《と》るために地球《ちきゅう》にやってきたと告《つ》げられた。１９４６年《ねん》、同《おな》じ地《ち》へ足《あし》を運《はこ》んだときには、巨大《きょだい》ＵＦＯに遭《そう》遇《ぐう》。最初《さいしょ》に出会《であ》った宇宙人《うちゅうじん》と再《さい》会《かい》したという。

そして１９５６年《ねん》には、メンジャーは宇宙人《うちゅうじん》のガイドで月《つき》へ旅立《たびだ》った。その際《さい》に撮影《さつえい》されたＵＦＯや基地《きち》の写真《しゃしん》は、今《いま》も貴《き》重《ちょう》な資料《しりょう》として残《のこ》されている。

宇宙人《うちゅうじん》といっしょに月《つき》の裏側《うらがわ》にも土《ど》星《せい》にも旅行《りょこう》したことがあるんです
ジョージ・アダムスキー

世界初《せかいはつ》のコンタクティーであるジョージ・アダムスキー。彼《かれ》は、20回以上《かいいじょう》も金星人《きんせいじん》や土星人《どせいじん》とコンタクトし、何度《なんど》も宇宙旅行《うちゅうりょこう》を経験《けいけん》したという。

△アダムスキーがコンタクトした宇宙人《うちゅうじん》が搭乗《とうじょう》する葉巻型《はまきがた》UFO。

1954年《ねん》の宇宙《うちゅう》旅行後《りょこうご》には、「金《きん》星《せい》には建物《たてもの》が立《た》ち並《なら》ぶ都市《とし》があり、金星人《きんせいじん》の寿命《じゅみょう》は1000年《ねん》もある」と発表《はっぴょう》し、多《おお》くの人《ひと》を驚《おどろ》かせた。

1955年《ねん》、数回《すうかい》にわたり飛来《ひらい》したUFOで、火星《かせい》、金星《きんせい》、月《つき》を旅《たび》したと言《い》われているアメリカ人《じん》のバック・ネルソン。その3日間《かかん》の宇宙旅行《うちゅうりょこう》については講演会《こうえんかい》などで発表《はっぴょう》され、注目《ちゅうもく》を集《あつ》めた。しかし、宇宙旅行《うちゅうりょこう》については、秘密《ひみつ》にしたいことがあるのか、くわしくは語《かた》ってはいない。

△ネルソンが撮影《さつえい》した貴《き》重《ちょう》なUFOの写真《しゃしん》。

愛犬《あいけん》といっしょにUFOに乗《の》り込《こ》み、宇宙人《うちゅうじん》たちの生活《せいかつ》に触《ふ》れました
JUNE
28-29
SPACE
CRAFT
バック・ネルソン

アメリカ・ネバダ州《しゅう》の整備士《せいびし》トルーマン・ベサラムは、クラリオン星人《せいじん》と接触《せっしょく》していたことで知《し》られている。1952年《ねん》、トラックで寝《ね》ていたベサラムは、クラリオン星人《せいじん》に起《お》こされ、彼《かれ》らのUFOで美《うつく》しい女性型《じょせいがた》宇《う》宙人《ちゅうじん》から、クラリオン星《せい》の哲学《てつがく》などを伝《つた》えられたのだという。

クラリオン星人《せいじん》はとても平和的《へいわてき》で、さまざまなことを教《おし》えてくれました

トルーマン・ベサラム

▼真夜中《まよなか》にクラリオン星人《せいじん》に遭遇《そうぐう》したベラサムは、UFOに乗《の》るように誘《さそ》われた。

航空機設計技師《こうくうきせっけいぎし》として働《はたら》いていたジョージ・ヴァン・タッセルは、ネイティヴ・アメリカンの聖地《せいち》〝ジャイアント・ロック〟で宇宙人《うちゅうじん》との交信《こうしん》を試《こころ》み、1953年《ねん》に金《きん》星人《せいじん》「シルガンダ」に遭遇《そうぐう》。UFOの中《なか》に招《まね》き入《い》れられ、人体《じんたい》を若返《わかがえ》らせるという技術《ぎじゅつ》を伝《つた》えられた。

若返《わかがえ》りの技術《ぎじゅつ》を実現《じつげん》しようと、一大《いちだい》プロジェクトを立《た》ち上《あ》げました

ジョージ・ヴァン・タッセル

▲「シルガンダ」は、ツリガネのような形《かたち》のUFOで現《あらわ》れた。

宇宙人《うちゅうじん》に導《みちび》かれて、多《おお》くのＵＦＯの写真《しゃしん》を撮《と》ることができました

▼1963年《ねん》に初《はじ》めて撮《さつ》影《えい》に成功《せいこう》したUFO。

ドーム型《がた》、お皿型《さらがた》、小型《こがた》の無人機《むじんき》など、さまざまなタイプのＵＦＯを撮影《さつえい》したことで知《し》られているのが、アメリカ人《じん》のポール・ヴィラだ。

１９５３年《ねん》に、髪《かみ》の毛座《けざ》の銀河《ぎんが》から来《き》たという宇宙人《うちゅうじん》と初《はじ》めてコンタクト。その後《ご》、１９６３年《ねん》には宇宙人《うちゅうじん》からテレパシーを受《う》け、ニューメキシコ州《しゅう》で直径《ちょっけい》20ｍほどの円盤《えんばん》型《がた》のＵＦＯに出合《であ》う。撮影《さつえい》にも成功《せいこう》し、その写真《しゃしん》は大《おお》きな注目《ちゅうもく》を浴《あ》びた。そのＵＦＯには９体《たい》の宇宙人《うちゅうじん》が乗《の》っていたという。ヴィラは、その後《ご》も多《おお》くのＵＦＯを撮影《さつえい》した。

◀ヴィラは、大《おお》きなものから小《ちい》さなものまで、多《おお》くのUFOを撮影《さつえい》。

▼1966年《ねん》には、1mほどの小型《こがた》の無人偵察機《むじんていさつき》の写真《しゃしん》を撮《と》った。

キリスト像《ぞう》に向《む》かってビームを放《はな》つ!

出現場所《しゅつげんばしょ》	コロンビア オカニャ
発生年《はっせいねん》	2009年《ねん》
タイプ	お皿型《さらがた》

キリストの像《ぞう》の上《うえ》に現《あらわ》れたUFOは、突如《とつじょ》キリストの頭《あたま》に向《む》かってビームを放《はな》ち、去《さ》っていったという。くわしいことは謎《なぞ》に包《つつ》まれたままである。

まだまだある! UFO・宇宙人《うちゅうじん》目撃情報《もくげきじょうほう》

世界中《せかいじゅう》にはまだまだUFO・宇宙人《うちゅうじん》の目撃情報《もくげきじょうほう》があふれている。彼《かれ》らは今《いま》もどこかにひそんでいるかもしれないのだ。明日《あす》には君《きみ》が目撃者《もくげきしゃ》になるかもしれない!

オリンピックを宇宙人《うちゅうじん》が観戦《かんせん》?

出現場所《しゅつげんばしょ》	イギリス ロンドン
発生年《はっせいねん》	2012年《ねん》
タイプ	ドーム型《がた》

ロンドンオリンピックの開会式会場《かいかいしきかいじょう》にUFOらしきものが姿《すがた》を現《あらわ》した。UFOはしばらく上空《じょうくう》をただよった後《あと》、姿《すがた》を消《け》した。

闇夜《やみよ》に光《ひか》るヒューマノイド!?

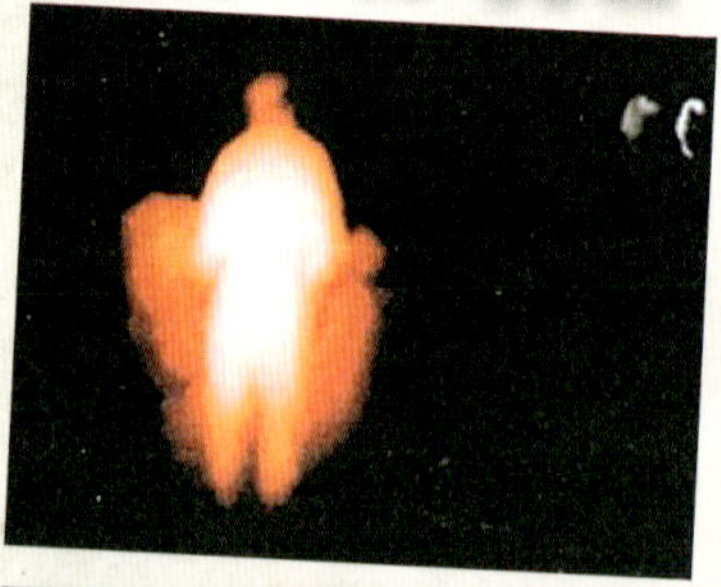

出現場所《しゅつげんばしょ》	日本《にほん》 愛媛県《えひめけん》
発生年《はっせいねん》	1975年《ねん》
タイプ	ヒューマノイドタイプ

撮影者《さつえいしゃ》は、強《つよ》い光《ひかり》が空中《くうちゅう》に走《はし》ると同時《どうじ》に白《しろ》とオレンジ色《いろ》の光《ひかり》が現《あらわ》れ、徐々《じょじょ》に人《ひと》のような形《かたち》になったと証言《しょうげん》している。

母船《ぼせん》から出《で》てくる小型《こがた》UFOを激写《げきしゃ》!

出現場所《しゅつげんばしょ》 ▶	オーストラリア マスリンビーチ
発生年《はっせいねん》 ▶	1993年《ねん》
タイプ ▶	ドーム型《がた》

オーストラリアのビーチの海上《かいじょう》にドーム型《がた》のUFOが出現《しゅつげん》。その場《ば》にいた男性《だんせい》がこのUFOから小型《こがた》のものが出《で》てくる瞬間《しゅんかん》の撮影《さつえい》に成功《せいこう》した。

森《もり》を走《はし》り抜《ぬ》ける緑色《みどりいろ》の宇宙人《うちゅうじん》!?

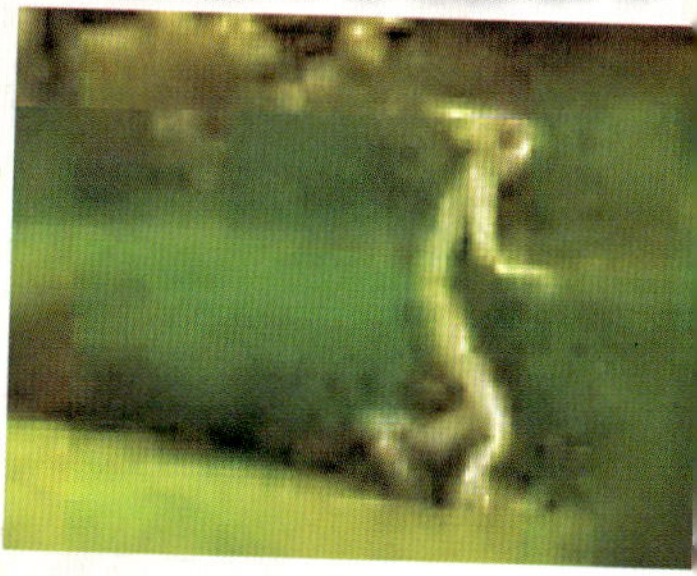

出現場所《しゅつげんばしょ》 ▶	イギリス郊外《こうがい》
発生年《はっせいねん》 ▶	2006年《ねん》
タイプ ▶	クリーチャータイプ

小柄《こがら》で棒《ぼう》のように細《ほそ》い体《からだ》つきをした緑色《みどりいろ》の宇宙人《うちゅうじん》が偶然撮影《ぐうぜんさつえい》された。後頭部《こうとうぶ》がとがっているため、地球人《ちきゅうじん》の姿《すがた》ではありえないとわかる。この宇宙人《うちゅうじん》は小走《こばし》りにどこかへ去《さ》っていったという。

空《そら》から降《ふ》ってきた宇宙人《うちゅうじん》?ロボット

出現場所《しゅつげんばしょ》 ▶	メキシコ ユカタン半島《はんとう》
発生年《はっせいねん》 ▶	2013年《ねん》
タイプ ▶	ヒューマノイドタイプ

上空《じょうくう》から火《ひ》の玉《たま》が落下《らっか》。現場《げんば》には、焦《こ》げた人型《ひとがた》の物体《ぶったい》が転《ころ》がっており、調《しら》べてみると、機械的《きかいてき》な関節《かんせつ》や配線《けいせん》が体内《たいない》から見《み》つかった。もしかしたらこれは、「エイリアンのロボット」なのかもしれない。

UFOがパソコンをハッキング！？

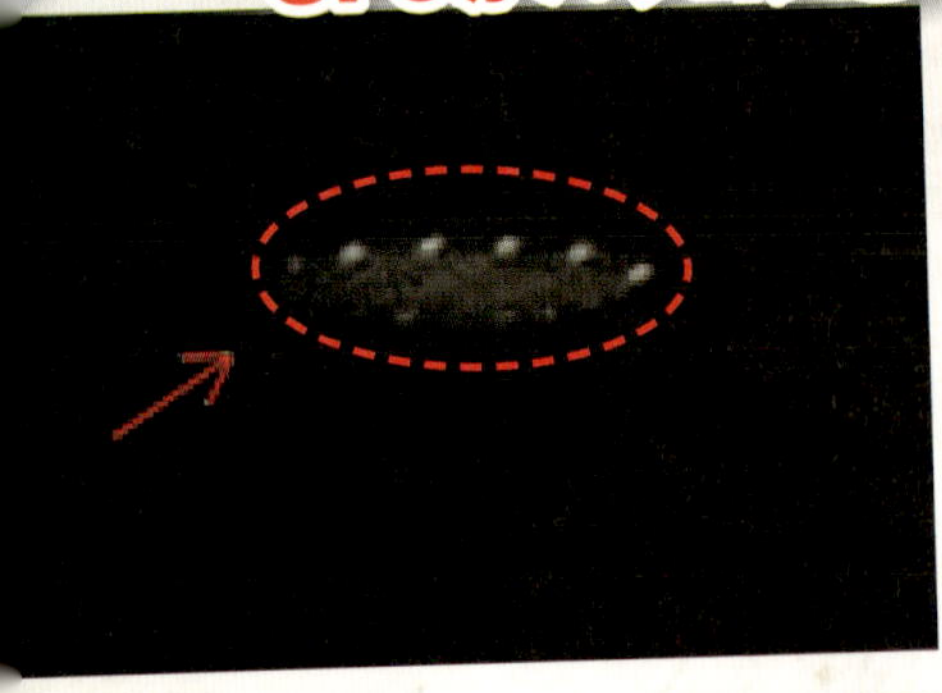

出現場所《しゅつげんばしょ》	▶	アラブ首長国連邦《しゅちょうこくれんぽう》 ドバイ
発生年《はっせいねん》	▶	2004年《ねん》
タイプ	▶	お皿型《さらがた》

ドバイの街《まち》の上空《じょうくう》に、突然光《とつぜんひか》りながら現《あらわ》れ、あっという間《ま》に姿《すがた》を消《け》したという。その上《うえ》、出現現場近《しゅつげんげんばちか》くのショッピングモールの警備室《けいびしつ》にあるパソコンの画面《がめん》が、奇妙《きみょう》な文字《もじ》で埋《う》め尽《つ》くされたという。

森《もり》の中《なか》に巨大宇宙人《きょだいうちゅうじん》が！？

出現場所《しゅつげんばしょ》	▶	ブルガリア プロブジフ
発生年《はっせいねん》	▶	2013年《ねん》
タイプ	▶	グレイタイプ

森林《しんりん》を散歩《さんぽ》していた若者《わかもの》が偶然撮影《ぐうぜんさつえい》した1枚《まい》。宇宙人《うちゅうじん》はかなり長身《ちょうしん》のグレイタイプだ。写真《しゃしん》に撮《と》られたことに気《き》がついた宇《う》宙人《ちゅうじん》は、あっという間《ま》に姿《すがた》を消《け》したという。

聖地《せいち》の上空《じょうくう》に出現《しゅつげん》したUFO！

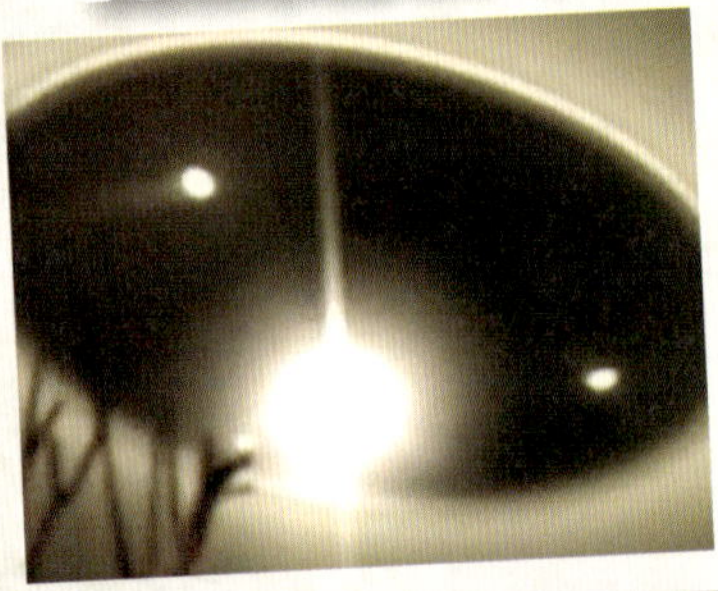

出現場所《しゅつげんばしょ》	▶	イスラエル エルサレム
発生年《はっせいねん》	▶	2011年《ねん》
タイプ	▶	お皿型《さらがた》

エルサレムにあるイスラム教《きょう》の聖地《せいち》である岩《いわ》のドーム上空《じょうくう》にUFOが出現《しゅつげん》。UFOはドームの屋根《やね》スレスレでしばらく浮遊《ふゆう》したのち、突然白《とつぜんしろ》く光《ひか》って急上昇《きゅうじょうしょう》し、消《き》えたという。

UFO・宇《う》宙《ちゅう》人《じん》目《もく》撃《げき》情《じょう》報《ほう》地《ち》図《ず》

北《きた》アメリカ大陸《たいりく》

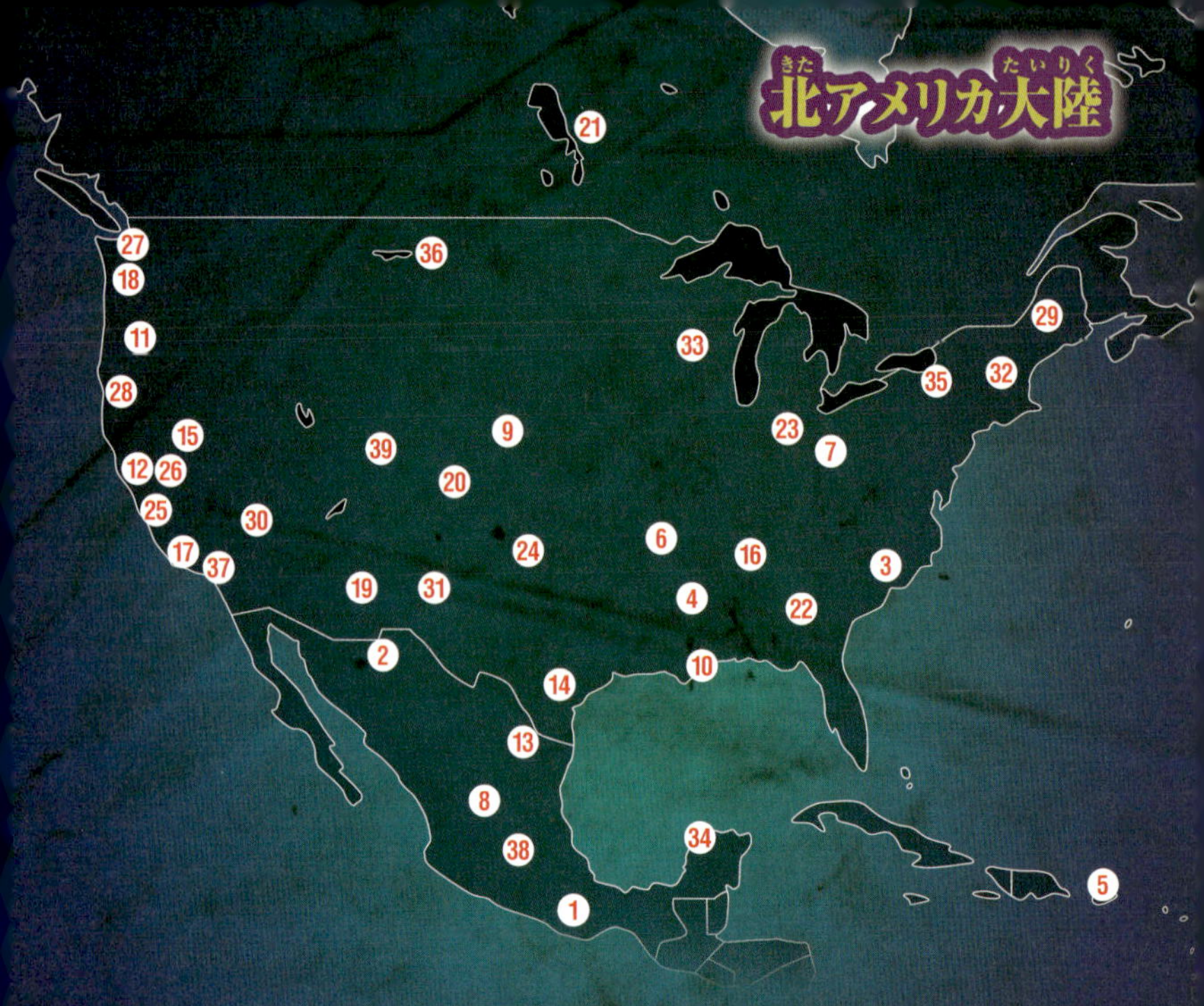

ヨーロッパ

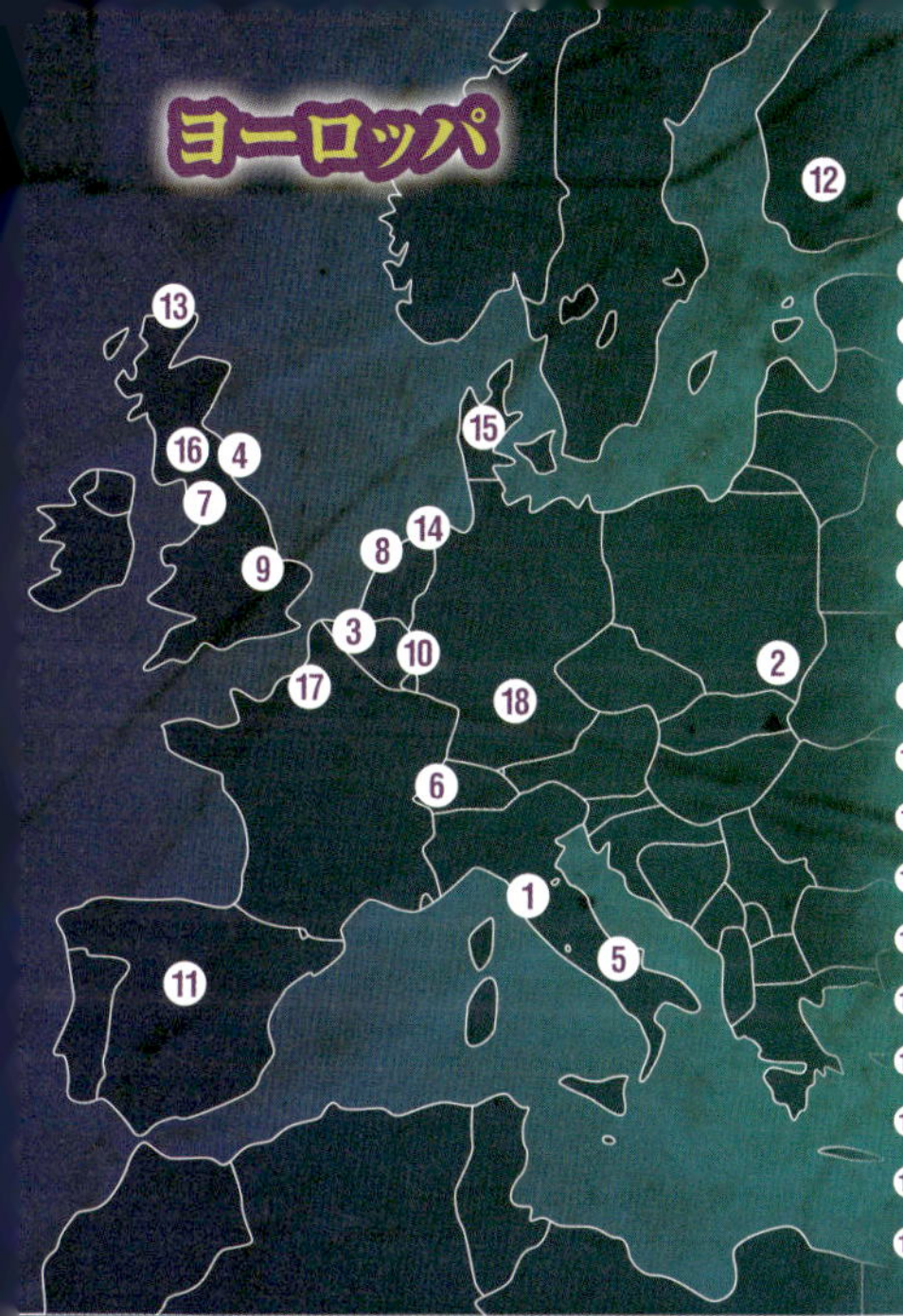

① チェンニーナ事件《じけん》の宇宙人《うちゅうじん》………（➡P44）
② エミルシン事件《じけん》の宇宙人《うちゅうじん》…………（➡P52）
③ ワルヌトンの宇宙人《うちゅうじん》…………………（➡P56）
④ イルクリーに現《あらわ》れた緑色《みどりいろ》の宇宙人《うちゅうじん》…（➡P58）
⑤ イタリアで目撃《もくげき》された宇宙人《うちゅうじん》………（➡P60）
⑥ ベルニナ山脈《さんみゃく》の宇宙人《うちゅうじん》…………（➡P81）
⑦ スペーススーツの宇宙人《うちゅうじん》…………（➡P84）
⑧ オランダの幽霊《ゆうれい》エイリアン…………（➡P85）
⑨ レンドルシャムの森《もり》事件《じけん》のUFO…（➡P108）
⑩ ベルギー空軍《くうぐん》が発見《はっけん》したUFO….（➡P112）
⑪ ウンモ星人《せいじん》のUFO………………（➡P120）
⑫ フィンランドのベル型《がた》UFO………（➡P136）
⑬ スコットランドの触手《しょくしゅ》を持《も》つUFO…..（➡P142）
⑭ オランダのクラゲ型《がた》UFO…………（➡P156）
⑮ ヴィボーの蒸気《じょうき》に包《つつ》まれたUFO….（➡P160）
⑯ 宇宙人《うちゅうじん》“ヨセフ”のUFO………（➡P162）
⑰ セルジー・ポントワーズ事件《じけん》………（➡P210）
⑱ フーファイターとの遭遇《そうぐう》…………（➡P222）

日本列島《にほんれっとう》

① 介良《けら》事件《じけん》………………………………（➡P248）
② 甲府《こうふ》事件《じけん》………………………………（➡P252）
③ 全日空機《ぜんにっくうき》三沢《みさわ》事件《じけん》……………………（➡P254）
④ 開洋丸《かいようまる》事件《じけん》…………………………（➡P258）
⑤ 山形県《やまがたけん》のミステリーサークル…………（➡P260）
⑥ 青森県《あおもりけん》のキャトルミューティレーション…（➡P262）
⑦ 虚舟《うつろぶね》と謎《なぞ》の女性型《じょせいがた》宇宙人《うちゅうじん》……………（➡P264）
⑧ 石川県《いしかわけん》のそうはちぼん…………………（➡P266）
⑨ 自衛隊機《じえいたいき》墜落《ついらく》事件《じけん》……………………（➡P268）
⑩ 仁頃《にころ》事件《じけん》………………………………（➡P270）
⑪ 松島《まつしま》事件《じけん》………………………………（➡P272）
⑫ 新田原《にゅうたばる》事件《じけん》…………………………（➡P273）

●マンガ――イシダコウ

●イラスト――なんばきび　Moopic　精神暗黒街こう　千葉伸一　きんにく

●執筆協力――上村絵美　石井亮子　元井朋子　小口梨乃　籔下純子　中村瑠衣

●デザイン――芝智之、村口敬太（スタジオダンク）
シンプリィ　アトムスタジオ　アトリエゼロ

●編集協力――フィグインク

●取材協力――山口敏太郎タートルカンパニー

●写真協力――ハミング　シリウスタバコ　水産庁　PIXTA

衝撃《しょうげき》ミステリーファイル３

UFO《ユーフォー》・宇《う》宙《ちゅう》人《じん》大《だい》図《ず》鑑《かん》

2016 年 1 月 15 日発行　第 1 版
2017 年 7 月 20 日発行　第 1 版　第 5 刷

●編著者――宇宙ミステリー研究会［うちゅうみすてりーけんきゅうかい］

●発行者――若松 和紀
●発行所――株式会社西東社《せいとうしゃ》
〒113-0034 東京都文京区湯島 2-3-13
営業部：TEL（03）5800-3120　FAX（03）5800-3128
編集部：TEL（03）5800-3121　FAX（03）5800-3125
URL：http://www.seitosha.co.jp/

ISBN978-4-7916-2392-1